Engineering Mathematics

공업수학

머 리 말

전기 · 전자 · 통신분야를 공부하는 대학생들은 전공 과목을 수학하는데 있어 중요한 도구(Tool)인 공업수학을 반드시 이수하여야 한다. 그런데 대개 대학에서 사용되는 공업수학에 관한 교재들은 수학적인 완성도를 높이기 위한 목적으로 전기 · 전자 · 통신분야를 공부하는데 꼭 필요한 내용보다 훨씬 더 많은 내용을 넣어 백과사전과 같은 형태로 구성되어 있다. 따라서 공업수학을 처음 대하는 학생들은 그러한 책들의 방대한 분량으로 인해 공부하기도 전에 위압감을 느낄 수 있고 나아가 쉽고 실용적인 학문을 오히려 어렵다고 회피할 수도 있다. 또한 실제로 공부하는 분량 면에서 보아도 1년 과정으로 배워도 교재의 반 정도를 이수하는 실정이다. 필자는 공업수학 교육을 통해 내용의 구성과 분량 면에서 현실에 알맞은 전기 · 전자 · 통신분야의 공업수학 교재에 대한 필요성을 느꼈기에, 그러한 관점에서 이 책을 쓰게 되었다.

이 책의 내용은 총 6장으로 구성되어 있는데, '미분방정식의 해를 구하는 관점'에서 보면 크게 네 가지 그룹으로 나누어질 수 있다. 첫 번째 그룹은 '선형/비선형 1차 상미분방정식의 유형에 따른 해법'과 '선형 2차 상미분방정식에 대한 일반 해법'을 다루는 것인데, 제1장 미분방정식이 여기에 속한다. 두 번째 그룹은 선형 상미분방정식을 대수방정식으로 변환하여 해를 구하는 방법인데, 제2장 Laplace 변환이 여기에 해당된다. 세 번째 그룹은 선형 1차 상미분방정식이 연립된 형태의 해법에 관한 것이며, 제3장 벡타, 제4장 행렬 및 제5장 연립미분방정식 등이 여기에 포함된다. 네 번째 그룹은 특수한 형태의 편미분방정식에 대한 해법으로서, 제6장 Fourier 급수가 이 그룹으로 분류된다.

특히 문제를 푸는데 사용되는 체계적인 기법에 대해서는 개념의 설명이 끝난 뒤에 해법이라는 제목으로 본문에서 설명된 내용을 요약함으로서 기억하기 쉽도록 배려하였으며, 각 장에서 공부한 수학적 내용이 전기 · 전자 · 통신분야에 어떻게 활용되고 있는지를 알 수 있는 예제들을 넣음으로서 학습 동기를 부여하고자 했다.

아직 보완하여야 할 점이 많지만 책을 출판토록 해주신 홍릉과학출판사의 우명찬 · 송준 사장님께 감사드린다.

2011. 02.
저 자

차 례

Part 1 미분방정식

Part 2 Laplace 변환

Part 6 Fourier 급수

PART 1
미분방정식

1.1 미분방정식이란?

1.2 선형 1차 미분 방정식의 해법

1.3 제차 선형 2차 상미분 방정식의 해법

1.4 비제차 선형 2차 상미분 방정식의 해법

1.1 미분 방정식이란?

미분 방정식이란 미분항이 포함되어 있는 방정식을 의미한다. 예를 들어 다음과 같은 방정식을 보자.

$$y^2 + 4y + 3 = 0 \tag{1-1}$$

이 방정식은 대수 방정식이다. 그런데 만약 방정식 내에 y의 미분항이 포함되면 미분방정식이 되는데 몇 가지 예를 들면 다음과 같다.

$$\frac{d^2y}{dx^2} + 4y + 3 = 0 \tag{1-2}$$

$$y^2 + 4\frac{dy}{dx} + 3 = 0 \tag{1-3}$$

1.1.1 미분방정식의 분류

미분방정식의 종류는 너무나 많기 때문에 몇 가지 기준을 정해 분류하는 것이 다루기가 편리하다. 대개 미분방정식은 차수, 형태 및 선형성의 세 가지 지표를 기준으로 나눈다.

차수 (Order)

미분방정식의 차수라는 것은 미분 방정식에 있는 미분항 중에서 가장 미분을 많이 한 항의 미분 횟수를 의미한다. 예를 들면 다음과 같다.

$$\frac{d^2y}{dx^2} + 2\frac{dy}{dx} + 3y = 0 \text{ (2차)} \tag{1-4}$$

$$\frac{d^2y}{dx^2} + 2\left(\frac{dy}{dx}\right)^5 + 3y = 0 \text{ (2차)} \tag{1-5}$$

$$x^2\frac{dy}{dx} + y = 0 \text{ (1차)} \tag{1-6}$$

위의 두 번째 예가 2차인 이유는 미분 방정식의 차수란 미분의 횟수를 의미하기 때문이다. 즉, $(y')^5$은 한 번 미분한 함수를 다섯 번 곱한 것이므로 미분의 횟수는 1회이다.

형태 : 상미분 방정식과 편미분 방정식

미분방정식의 형태라는 것은 미분 방정식내에 독립 변수의 개수에 따른 분류를 의미하는데, 1개인 경우를 상미분 방정식(Ordinary differential equation)이라 하고 2개 이상인 경우를 편미분 방정식(Partial differential equation)이라고 정의한다. 그리고 구분을 쉽게 하기 위해 미분의 기호를 서로 다르게 사용하며, 상미분 방정식에서는 'd' 로, 편미분 방정식에서는 '∂'로 미분을 표현한다. 몇 가지 예를 들면 다음과 같다.

$$\frac{d^2y}{dx^2}+e^x\frac{dy}{dx}+3y=\sin x \text{ (상미분 방정식)} \tag{1-7}$$

$$\frac{dy}{dt}+3\frac{dx}{dt}=3x \text{ (상미분 방정식)} \tag{1-8}$$

$$\frac{\partial y}{\partial u}+5\frac{\partial y}{\partial v}=0 \text{ (편미분 방정식)} \tag{1-9}$$

$$\frac{\partial^2 y}{\partial u^2}+\frac{\partial y}{\partial u}+4\frac{\partial y}{\partial v}=0 \text{ (편미분 방정식)} \tag{1-10}$$

선형성 : 선형 미분 방정식과 비선형 미분 방정식

선형(Linear) 미분 방정식이란 다음과 같은 형태로 표현되는 미분 방정식을 의미한다.

$$C_n(x)\frac{d^ny}{dx^n}+C_{n-1}(x)\frac{d^{n-1}y}{dx^{n-1}}+\cdots+C_1(x)\frac{dy}{dx}+C_0(x)y=f(x) \tag{1-11}$$

선형 미분 방정식이 아닌 경우를 비선형 미분 방정식이라 한다. 또한 여기서 $f(x)=0$인 경우를 제차형(Homogeneous), $f(x)\neq 0$ 인 경우를 비제차형(Nonhomogeneous) 미분 방정식이라고 부른다. 다음에 선형 미분 방정식과 비선형 미분 방정식의 몇 가지 예를 보인다.

$$x^2\frac{d^2y}{dx^2}+2x\frac{dy}{dx}+3y=0 \text{ (선형 미분 방정식)} \tag{1-12}$$

$$\frac{dy}{dx}+5y=\sin x \text{ (선형 미분 방정식)} \tag{1-13}$$

$$y\frac{dy}{dx}+x^2y=0 \text{ (비선형 미분 방정식)} \tag{1-14}$$

$$\frac{d^2y}{dx^2}+3\frac{dy}{dx}+y^2=e^{5x} \text{ (비선형 미분 방정식)} \tag{1-15}$$

위의 예에서 세 번째 미분 방정식은 계수 함수(Coefficient function)가 독립 변수만의 함수로 구성되지 않고 종속 변수 y가 포함되어 있으므로 비선형 미분 방정식이며, 네 번째 미분 방정식은 종속 변수인 y의 제곱항이 포함되어 있기 때문에 비선형 미분 방정식이 된다.

1.1.2 미분 방정식의 해(Solution)와 해의 종류

미분 방정식의 해란 주어진 미분 방정식을 만족시키는 함수를 의미한다. 그런데 미분 방정식의 해는 해의 형태와 성격에 따라 분류된다. 먼저 해의 형태에 대해 살펴보면 해가 $y=f(x)$의 형태로 표현되는 것을 '명시적 해(Explicit solution)'라고 부르며, $f(x,y)=0$의 형태로 유도된 해를 '암시적 해(Implicit solution)'라고 한다.

또, 해의 성격에 따라서도 여러 가지 종류가 있다. 어떤 미분 방정식들의 해들을 구했을 때 다음과 같다고 해 보자.

$$y = cx \tag{1-16}$$

$$y = c_1 e^{x} + c_2 e^{-2x} \tag{1-17}$$

첫 번째 해는 c 라는 한 개의 미지 상수를 포함하고 있으며, 두 번째 해는 c_1 , c_2 라는 두 개의 미지 상수들을 가지고 있다. 이와 같이 미지의 상수들을 포함하고 있는 해를 '같은 형태의 해집합' 또는 '일반해'라고 부른다. 이 일반해에 특별한 조건을 주어 미지의 상수를 하나의 값으로 고정시킨 해는 '특수해(Particular solution)'라고 한다. 그리고 $y=0$인 쓸모 없는 해를 '자명해(Trivial solution)'라고 약속하며, 주어진 미분 방정식을 만족하는 해가 되지만 그 해가 일반해로부터 미지의 상수를 선정하여 유도될 수 없는 해이면 '특이해(Singular solution)'라고 정의한다.

1.2 선형(또는 비선형) 1차 상미분 방정식의 해법

다음에 선형(또는 비선형) 1차 상미분 방정식의 형태에 따라 적절한 해법을 알아 본다.

1.2.1 변수 분리법(Separation of variables)

1차 미분 방정식이 다음과 같은 형태로 표현되어 있다고 생각하여 보자.

$$\frac{dy}{dx} = f(x,y) = f(x)g(y) \text{ 또는 } \frac{f(x)}{g(y)} \tag{1-18}$$

이런 유형의 미분 방정식은 $f(x)$ 또는 $g(y)$의 위치를 바꾸면 다음과 같이 같은 변수끼리만 묶여진 형태로 변형시킬 수 있다.

$$p(x)dx = q(y)dy \tag{1-19}$$

그러므로 변형된 미분 방정식의 양변을 적분하면

$$\int p(x)dx = \int q(x)dy \tag{1-20}$$

가 되며, 여기서 x와 y의 관계, 즉 주어진 원래의 미분 방정식에 대한 해를 구할 수 있다.

해법 : 변수 분리법

- **Step 1**
  같은 변수끼리 함수를 모은다.
- **Step 2**
  양변을 적분한다.

예제 1.1

$\frac{dy}{dx} = e^{5x}$의 해를 구하시오.

풀이

Step 1 : 같은 변수끼리 함수를 모은다.

$$dy = e^{5x}dx$$

Step 2 : 양변을 적분한다.

$$\int dy = \int e^{5x}dx$$

따라서

$$y = \frac{1}{5}e^{5x} + c$$

■■■

예제 1.2

$\frac{dy}{dx} = 1 + x$ 의 해를 구하시요.

풀이

Step 1 : 같은 변수끼리 함수를 모은다.

$$dy = (1+x)dx$$

Step 2 : 양변을 적분한다.

$$\int dy = \int (1+x)dx$$

따라서

$$y = x + \frac{1}{2}x^2 + c$$

■■■

예제 1.3

$y(x+5)\ dy - \ dx = 0$의 해를 구하시오.

풀이

Step 1 : 같은 변수끼리 함수를 모은다.

$$y\,dy = \frac{1}{x+5}dx$$

Step 2 : 양변을 적분한다.

$$\int y\ dy = \int \frac{1}{x+5}dx$$

따라서

$$\frac{y^2}{2} = \ln|x+5| + c$$

■■■

예제 1.4

$dy - e^{-y}\cos x\,dx = 0$의 해를 구하시오. 단, $y(0) = 0$

풀이

Step 1 : 같은 변수끼리 함수를 모은다.

$$e^{y}dy = \cos x \ dx$$

Step 2 : 양변을 적분한다.

$$\int e^{y} \ dy = \int \cos x \ dx$$

따라서

$$e^{y} = \sin x + c$$

$y(0) = 0$ 이므로 $1 = 0 + c$, 그러므로

$$e^{y} = 1 + \sin x$$

■■■

예제 1.5

100℃로 가열된 돌을 20℃의 물에 넣었을 때 돌의 온도가 50℃로 되는데 까지 소요되는 시간을 구하시오. 단 돌을 넣은 후 1분 후에 돌의 온도는 60℃이었다고 가정한다. (힌트 : 전도에 관한 법칙을 이용한다.)

풀이

$T_{돌}(t)$를 임의의 시점 t 에서 돌의 온도라 약속하고, k를 전열상수로 정하면 전도(Conduction)에 관한 법칙을 이용하여 $T_{돌}(t)$의 변화를 다음과 같이 표현할 수 있다.

$$\frac{dT_{돌}}{dt} = k(T_{돌} - 20), \qquad T_{돌}(0) = 100$$

이 미분 방정식은 변수 분리형이므로 다음과 같이 쓸 수 있다.

$$\frac{dT_{돌}}{T_{돌} - 20} = k \ dt$$

양변을 적분하면

$$\ln|T_{돌}(t) - 20| = kt + c$$

를 얻는다. 따라서 $T_{돌}(t)$는

$$T_{돌}(t) = 20 + c_1 e^{kt}$$

로 유도된다. 여기서 $c_1 = e^{c}$ 이다.

그런데 $T_{돌}(0) = 100 = 20 + c_1$ 이므로 $c_1 = 80$ 이며, $T_{돌}(60) = 60$ 으로부터

$$60 = 20 + 80e^{k(60)}$$

이 성립하므로 k는 다음과 같다.

$$k = -\frac{1}{60} ln2 = -0.01155$$

그러므로 $T_{돌}(t)$는

$$T_{돌}(t) = 20 + 80e^{-0.01155t}$$

로 표현된다.

그러면 $T_{돌}(t) = 50℃$가 될때 까지 소요되는 시간은 다음과 같다.

$$50 = 20 + 80e^{-0.01155t}$$

로부터

$$t = 84.92(초)$$

■■■

1.2.2 완전 미분형(Exact differential) 해법

다음과 같은 미분 방정식을 생각해 보자.

$$y\,dx + x\ dy = 0 \tag{1-21}$$

이 미분 방정식은 변수 분리형이지만 다른 방향에서 보면 다음과 같이 표현될 수 있다.

$$y\,dx + x\ dy = d(xy) = 0 \tag{1-22}$$

즉 $xy = c$가 됨을 알 수 있다. 이와 같이 주어진 미분 방정식이 어떤 함수의 전미분으로 표현되는 경우에는 해를 바로 구할 수 있게 된다.

이를 일반적으로 표현하기 위해 다음과 같은 1차 미분 방정식을 생각해 보자.

$$P(x,y)dx + Q(x,y)dy = 0 \tag{1-23}$$

이때

$$df(x,y) = P(x,y)dx + Q(x,y)dy \tag{1-24}$$

가 성립하는 함수 $f(x,y)$가 존재하면, 주어진 미분 방정식의 해는

$$f(x,y) = c \tag{1-25}$$

로 표현된다. 이때 $f(x,y)$의 존재 여부를 판정할 수 있는 조건식은 다음과 같다.

$$\frac{\partial P}{\partial y} = \frac{\partial Q}{\partial x} \tag{1-26}$$

이 관계가 성립하면 주어진 미분 방정식이 함수 $f(x,y)$의 전미분으로 표현되는

$f(x,y)$가 존재한다.

해법 : 완전 미분형 해법

- **Step 1**

  $P(x,y)$ 및 $Q(x,y)$를 구한다.

- **Step 2**

  완전미분형이 되는지를 점검한다.

  $\frac{\partial P}{\partial y} = \frac{\partial Q}{\partial x}$가 성립하는가?

- **Step 3**

  $f(x,y)$와 $P(x,y)$ 및 $Q(x,y)$의 관계를 표현한다.

  $df(x,y) = \frac{\partial f}{\partial x}dx + \frac{\partial f}{\partial y}dy$ 로 부터

  $\frac{\partial f}{\partial x} = P(x,y)$, $\quad \frac{\partial f}{\partial y} = Q(x,y)$를 구한다.

- **Step 4**

  Step 3의 결과 중 하나의 식을 적분한다.

  $f(x,y) = \int P(x,y)\,dx$ 또는 $f(x,y) = \int Q(x,y)\,dy$

  를 연산한다.

- **Step 5**

  Step 4에서 구한 $f(x,y)$를 Step 3의 남은 식에 대입하여 적분 상수를 구한다.

  ① $f(x,y) = \int P(x,y)\,dx \quad \rightarrow \quad \frac{\partial f}{\partial y} = Q(x,y)$에 대입한다.

  ② $f(x,y) = \int Q(x,y)\,dx \quad \rightarrow \quad \frac{\partial f}{\partial x} = P(x,y)$에 대입한다.

- **Step 6**

  주어진 미분 방정식의 해는 다음과 같다.

  $f(x,y) = c$

예제 1.6

$x^2y\,dx + \frac{1}{3}x^3\,dy = 0$의 해를 구하시요.

풀이

Step 1 : $P(x,y)$ 및 $Q(x,y)$를 구한다.

$$P(x,y) = x^2y, \qquad Q(x,y) = \frac{1}{3}x^3$$

Step 2 : 완전 미분형이 되는 지의 점검

$$\frac{\partial P}{\partial y} = x^2 = \frac{\partial Q}{\partial x}$$

Step 3 : $f(x,y)$ 와 $P(x,y)$ 및 $Q(x, y)$의 관계 표현

$$df(x,y) = \frac{\partial f}{\partial x}dx + \frac{\partial f}{\partial y}dy$$

$$\frac{\partial f}{\partial x} = x^2y, \qquad \frac{\partial f}{\partial y} = \frac{1}{3}x^3$$

Step 4 : Step 3 의 결과 중 하나의 식을 적분

$$f(x,y) = \int x^2y\,dx = \frac{1}{3}x^3y + g(y)$$

Step 5 : Step 4에서 구한 $f(x,y)$를 Step 3 의 남은 식에 대입

$$\frac{\partial f}{\partial y} = \frac{1}{3}x^3 + g'(y) = \frac{1}{3}x^3$$

그러므로 $g'(y) = 0$ 을 얻으며, 따라서

$$g(y) = c$$

이 성립한다.

Step 6 : $f(x,y) = c$

$$\frac{1}{3}x^3y = c$$

여기서 $g(y) = c$ 는 $f(x,y) = c$ 에 포함되므로 생략되었다.

■■■

1.2.3 선형식형(Linear equation) 해법

1차 미분 방정식이 다음과 같은 형태를 가진다고 해 보자.

$$\frac{dy}{dx} + L(x)y = f(x) \tag{1-27}$$

먼저 양변에 dx를 곱하면

$$dy + L(x)y\,dx = f(x)\,dx \tag{1-28}$$

를 얻는다. 그런데 여기서 $dy+L(x)y\,dx$의 미분 형태는 특별한 성질을 가지고 있다. 즉 $\alpha(x)$라는 어떤 함수를 곱하여 $\alpha(x)dy+\alpha(x)L(x)ydx$라는 미분을 만들면 이 미분이 $\alpha(x)y$의 전미분, 즉 $d[\alpha(x)y]$ 으로 표현되는 $\alpha(x)$ 가 항상 존재한다는 특성이 있다. 이를 증명해 보면 다음과 같다.

$\alpha(x)dy+\alpha(x)L(x)y\,dx$가 어떤 함수의 전미분으로 표현되기 위해서는 다음 조건이 만족되어야 한다.

$$\frac{\partial\alpha(x)}{\partial x} = \frac{\partial}{\partial y}[\alpha(x)L(x)y] \tag{1-29}$$

$$= \alpha(x)L(x)$$

같은 함수끼리 모으면

$$\frac{1}{\alpha}d\alpha = L(x)\,dx \tag{1-30}$$

이므로, 양 변을 각각 적분하면

(1-31)

가 되며, 정리하면 $\alpha(x)$는 다음과 같다.

$$\alpha(x) = e^{\int L(x)dx} \tag{1-32}$$

즉 $\alpha(x)dy+\alpha(x)L(x)ydx$ 는 어떤 함수의 전미분으로 표현될 수 있음을 알 수 있다. 그런데 이미 유도한 $\alpha(x)$로 부터 다음 관계가 성립함을 쉽게 찾을 수 있다.

$$d[\alpha(x)y] = \frac{\partial[\alpha(x)y]}{\partial x}dx + \frac{\partial[\alpha(x)y]}{\partial y}dy \ln\alpha(x) = \int L(x)dx \tag{1-33}$$

$$= \alpha(x)L(x)y\ dx + \alpha(x)\,dy$$

따라서 주어진 미분 방정식의 양변에 $\alpha(x)$를 곱하면

$$\alpha(x)\,dy + \alpha(x)L(x)y\,dx = \alpha(x)f(x)\,dx \tag{1-34}$$

가 되므로, 이 식은 다음과 같다.

$$d[\alpha(x)y] = \alpha(x)f(x)\,dx \tag{1-35}$$

그러므로 양변을 적분하면

$$\alpha(x)y = \int \alpha(x)f(x)\,dx + c \tag{1-36}$$

를 얻을 수 있다.

해법 : 선형식형 해법

- **Step 1**

  $\dfrac{dy}{dx}+L(x)y=f(x)$형태로 표현한다.
- **Step 2**

  $L(x)$와 $f(x)$를 구한다.
- **Step 3**

  $\alpha(x) = e^{\int L(x)\,dx}$ 를 구한다.
- **Step 4**

  $d[\alpha(x)y]= \alpha(x)f(x)\ dx$를 구성한다.
- **Step 5**

  양 변을 적분한다.

예제 1.7

$\dfrac{dy}{dx}+10y=5$ 의 해를 구하시오.

풀이

Step 1 : 선형식형으로 변환

$$\frac{dy}{dx}+10y= 5$$

Step 2 : $L(x)$ 와 $f(x)$

$$L(x) = 10, \qquad f(x)= 5$$

Step 3 : $\alpha(x)$를 구함

$$\alpha(x)= e^{\int L(x)\,dx} = e^{\int 10\ dx} = e^{10x}$$

Step 4 :

$$d\,[e^{10x}y]= e^{10x}\cdot 5\,dx$$

Step 5 : 양 변을 적분

$$e^{10x}y = \int e^{10x}\cdot 5\,dx$$

$$= \frac{1}{2}e^{10x}+c$$

따라서

$$y = \frac{1}{2} + ce^{-10x}$$

■■■

예제 1.8

$\frac{dy}{dx} + 5y = xe^x$ 의 해를 구하시오.

풀이

Step 1 : 선형식형으로 변환

$$\frac{dy}{dx} + 5y = xe^x$$

Step 2 : $L(x)$ 와 $f(x)$

$$L(x) = 5, \quad f(x) = xe^x$$

Step 3 : $\alpha(x)$를 구함

$$\alpha(x) = e^{\int L(x)\,dx} = e^{\int 5\,dx} = e^{5x}$$

Step 4 :

$$d[e^{5x}y] = e^{5x} \cdot xe^x\,dx$$

Step 5 : 양 변을 적분

$$e^{5x}y = \int xe^{6x}\,dx$$

$$= \frac{1}{6}xe^{6x} - \frac{1}{36}e^{6x} + c$$

따라서

$$y = \frac{1}{6}xe^x - \frac{1}{36}e^x + ce^{-5x}$$

■■■

예제 1.9

RL 직렬회로에 직류전압 V=10[V] 가 연결될 때 회로에 흐르는 전류를 구하시오. 단 R=1[Ω], L=1[H] 이며 초기 전류는 0 으로 정한다.

풀이

RL 직렬회로에 전압 V 가 연결될 때 회로에 흐르는 전류를 i라고 한다면 키르호프의 전압 법칙을 이용하여 회로 방정식을 다음과 같이 구할 수 있다.

$$V = Ri + L\frac{di}{dt}$$

즉 회로 상수들을 대입하면 회로에 흐르는 전류는 다음의 선형 1차 상미분 방정식으로 표현된다.

$$\frac{di}{dt} + i = 10$$

Step 1 : 선형식형으로 변환

$$\frac{di}{dt} + i = 10$$

Step 2 : $L(t)$ 와 $f(t)$

$$L(t) = 1, \quad f(t) = 10$$

Step 3 : $\alpha(t)$를 구함

$$\alpha(t) = e^{\int L(t)\,dt} = e^{\int dt} = e^{t}$$

Step 4 :

$$d\,[e^{t} i] = e^{t} \cdot 10\,dt$$

Step 5 : 양변을 적분

$$e^{t} i = \int e^{t} \cdot 10\ dt$$

$$= 10e^{t} + c$$

따라서

$$i(t) = 10 + ce^{-t}$$

그런데 $i(0) = 0$ 이므로 $c = -10$. 그러므로 $i(t)$는 다음과 같다.

$$i(t) = 10 - 10e^{-t}$$

■■■

1.2.4 변수 변환에 의한 해법 : 동차 함수형

$P(x,y)dx + Q(x,y)dy = 0$에서 $P(x,y)$ 및 $Q(x,y)$가 $P(mx,my) = m^{n}P(x,y)$ 및 $Q(mx,my) = m^{n}Q(x,y)$와 같은 n 차 동차 함수(Homogeneous function)의 성질을 갖는 경우에 대해 생각해 보자. 예로 2차의 동차 함수인 $P(x,y) = x^{2} + y^{2}$인 경우에, $y = \alpha x$ 와 같은 변수 변환을 하면 $P(x,y)$는

$$P(x,y) = P(x,\alpha x) = x^2 + (\alpha x)^2 = (1+\alpha^2)x^2 \tag{1-37}$$

으로 변환된다. 즉 $P(x,y) = x^2 + y^2$ 은 변수 x와 y가 변수분리될 수 없는 형태이지만, $P(mx,my) = m^n P(x,y)$ 의 성질을 만족하면 $y = \alpha x$ 와 같은 변환에 의해 α와 x는 변수 분리가 되는 형태로 바뀌어 질 수 있다. 이 결과는 $Q(x,y)$에 대해서도 마찬가지로 성립한다. 따라서 $P(x,y)dx + Q(x,y)dy = 0$ 과 같은 형태의 미분 방정식에서 $P(x,y)$ 및 $Q(x.y)$가 모두 같은 차수의 동차 함수로 구성되면 $y = \alpha x$ 또는 $x = \beta y$ 등과 같은 변수 변환에 의해 주어진 미분 방정식을 변수 분리형으로 만들 수 있음을 알 수 있다. 그러므로 변환된 변수 분리형의 미분 방정식을 풀어 α 와 x 또는 β 와 y에 관한 관계식을 구한 후 이를 다시 원래의 구하고자 하는 관계인 y와 x에 관한 것으로 변환하면 된다.

해법 : 동차 함수형 미분 방정식

- **Step 1**
  $P(x,y)$ 및 $Q(x.y)$가 같은 차수의 동차 함수가 되는 지를 점검한다.
- **Step 2**
  $y = \alpha x$ 또는 $x = \beta y$ 로 변수 변환을 한다.
- **Step 3**
  변수 분리형으로 변환한다.
- **Step 4**
  α 와 x 또는 β 와 y의 관계를 구한다.
- **Step 5**
  $\alpha = \dfrac{y}{x}$ 또는 $\beta = \dfrac{x}{y}$ 로 치환하여 x 와 y의 관계를 구한다.

예제 1.10

$(xy + y^2)\ dx + (x^2 + xy)\ dy = 0$ 의 해를 구하시오.

풀이

Step 1 : $P(x,y)$ 및 $Q(x.y)$가 같은 차수의 동차 함수가 되는 지를 점검

$$P(mx,my) = (mx)(my) + (my)^2 = m^2 P(x,y)$$

$$Q(mx,my) = (mx)^2 + (mx)(my) = m^2 Q(x,y)$$

$P(x,y)$ 와 $Q(x{\cdot}y)$는 모두 같은 차수의 동차 함수가 된다.

Step 2 : $y = \alpha x$로 변수 변환

$dy = \alpha dx + x d\alpha$ 이므로 주어진 미분 방정식은 다음과 같이 변환된다.

$$(x \cdot \alpha x + (\alpha x)^2)\ dx + (x^2 + x \cdot \alpha x)(\alpha\, dx + x\ d\alpha) = 0$$

따라서 정리하면

$$2(1+\alpha)\alpha x^2 dx + x^3(1+\alpha)\, d\alpha = 0$$

을 얻는다.

Step 3 : 변수 분리형으로 변환

$$\frac{2}{x}dx + \frac{1}{\alpha}d\alpha = 0$$

Step 4 : α와 x의 관계를 구함

양변을 적분하면 다음과 같다.

$$\int \frac{2}{x}dx + \int \frac{1}{\alpha}d\alpha = c$$

따라서

$$2\ln x + \ln\alpha = c$$

즉 $\alpha x^2 = c'$이 성립한다.

Step 5 : $\alpha = \dfrac{y}{x}$를 대입

$\alpha x^2 = c'$ 에 $\alpha = \dfrac{y}{x}$ 를 대입하면 해는 다음과 같다.

$$y = \frac{c'}{x}$$

■■■

예제 1.11

$2xy\ dx + (y^2 - x^2)\, dy = 0$ 의 해를 구하시오.

풀이

Step 1 : $P(x,y)$ 및 $Q(x{\cdot}y)$가 같은 차수의 동차 함수가 되는 지를 점검

$$P(mx,my) = 2(mx)(my) = m^2 P(x,y)$$

$$Q(mx,my) = (my)^2 - (mx)^2 = m^2 Q(x,y)$$

$P(x,y)$ 와 $Q(x{\cdot}y)$는 모두 같은 차수의 동차 함수임.

Step 2 : $y=\alpha x$ 로 변수 변환

$dy=\alpha dx+xd\alpha$ 이므로 주어진 미분 방정식은 다음과 같이 변환된다.

$$2x(\alpha x)dx+(\alpha^2x^2-x^2)(\alpha dx+x d\alpha)=0$$

정리하면

$$\alpha x^2(1+\alpha)dx+x^3(\alpha^2-1)\ d\alpha=0$$

을 얻는다.

Step 3 : 변수 분리형으로 변환

같은 변수끼리 모아 변수 분리형으로 표현하면 다음과 같다.

$$\frac{1}{x}dx+\left(\frac{\alpha^2-1}{\alpha(\alpha^2+1)}\right)d\alpha=0$$

또는

$$\frac{dx}{x}+\left(-\frac{1}{\alpha}+\frac{2\alpha}{\alpha^2+1}\right)d\alpha=0$$

으로도 나타낼 수 있다.

Step 4 : α와 x의 관계를 구함

양변을 적분하면

$$\ln|x|-\ln|\alpha|+\ln(\alpha^2+1)=c$$

이므로

$$\ln\left|\frac{\alpha^2+1}{\alpha}x\right|=c \quad \text{또는} \quad x=c'\frac{\alpha}{\alpha^2+1}$$

를 얻는다.

Step 5 : $\alpha=\dfrac{y}{x}$를 대입

α 대신 $\dfrac{y}{x}$를 대입하면 주어진 미분 방정식의 해는 다음과 같다.

$$x^2=c'\frac{y}{\left(\frac{y}{x}\right)^2+1}$$

■■■

1.3 제차 선형 2차 상미분 방정식의 해법

1.3.1 제차 선형 2차 상미분 방정식에서 중첩의 원리

다음의 제차 선형 2차 상미분방정식을 생각해 보자.

$$c_2(x)\frac{d^2y}{dx^2}+c_1(x)\frac{dy}{dx}+c_0y=0 \tag{1-38}$$

y_1과 y_2가 각각 주어진 2차 미분 방정식을 만족하는 해라면 y_1과 y_2에 대해 다음의 정리가 성립한다.

정리 1-1 : 중첩의 원리 (Superposition principle)

제차 선형 2차 상미분 방정식에서 y_1 과 y_2가 각각 해이면 y_1 과 y_2의 선형 결합인 $y = a_1y_1+a_2y_2$ 도 해가 된다. 여기서 a_1, a_2는 임의의 상수들이다.

증명

$y=a_1y_1+a_2y_2$가 주어진 2차 미분 방정식을 만족하는지를 확인하면 됨으로 y를 미분 방정식의 좌변에 대입하면 다음과 같다.

$$c_2(x)\frac{d^2y}{dx^2}+c_1(x)\frac{dy}{dx}+c_0(x)y \tag{1-39}$$

$$= c_2(x)\frac{d^2}{dx^2}(a_1y_1+a_2y_2)+c_1(x)\frac{d}{dx}(a_1y_1+a_2y_2)+c_0(x)(a_1y_1+a_2y_2)$$

$$= a_1\left\{c_2(x)\frac{d^2y_1}{dx^2}+c_1(x)\frac{dy_1}{dx}+c_0(x)y_1\right\}$$

$$+a_2\left\{c_2(x)\frac{d^2y_2}{dx^2}+c_1(x)\frac{dy_2}{dx}+c_0(x)y_2\right\}$$

그런데 y_1과 y_2는 각각 주어진 2차 미분 방정식의 해라고 했으므로 다음 식들이 성립한다.

$$c_2(x)\frac{d^2y_1}{dx^2}+c_1(x)\frac{dy_1}{dx}+c_0(x)y_1=0 \qquad (1\text{-}40)$$

$$c_2(x)\frac{d^2y_2}{dx^2}+c_1(x)\frac{dy_2}{dx}+c_0(x)y_2=0 \qquad (1\text{-}41)$$

따라서

$$c_2(x)\frac{d^2y}{dx^2}+c_1(x)\frac{dy}{dx}+c_0(x)y=0 \qquad (1\text{-}42)$$

이 되므로, $y=a_1y_1+a_2y_2$ 는 주어진 미분 방정식의 해가 된다.

■■■

예제 1.12

$y_1=e^x$ 및 $y_2=e^{3x}$ 는 각각

$\frac{d^2y}{dx^2}-4\frac{dy}{dx}+3y=0$를 만족하는 해가 된다. 이때 $y=a_1e^x+a_2e^{3x}$ 도 해가 됨을 보이시오.

풀이

$y=a_1e^x+a_2e^{3x}$를 주어진 미분 방정식에 대입하면

$$\begin{aligned}
&\frac{d^2y}{dx^2}-4\frac{dy}{dx}+3y\\
&=\frac{d^2}{dx^2}\left(a_1e^x+a_2e^{3x}\right)-4\frac{d}{dx}\left(a_1e^x+a_2e^{3x}\right)+3\left(a_1e^x+a_2e^{3x}\right)\\
&=a_1\left(\frac{d^2e^x}{dx^2}-4\frac{de^x}{dx}+3e^x\right)+a_2\left(\frac{d^2e^{3x}}{dx^2}-4\frac{de^{3x}}{dx}+3e^{3x}\right)\\
&=a_1(0)+a_2(0)\\
&=0
\end{aligned}$$

따라서 $y=a_1e^x+a_2e^{3x}$ 는 주어진 미분 방정식의 해가 된다.

■■■

1.3.2 1차 독립(Linear independence)과 1차 종속

미분 방정식의 해를 구하는 과정에 1차 독립과 1차 종속이란 용어들이 있다. 임의의 n개 함수들에 대해 정의되는 용어들인데 여기서는 2차 미분 방정식만을 다루므로 두 개의 함수들에 대해 정의한다.

정의 1-1 : 1차 독립과 1차 종속(Linear dependence)

두 개의 함수 y_1 과 y_2의 선형 결합인 $a_1y_1+a_2y_2$에 대해 $a_1y_1+a_2y_2=0$ 이 성립하는 0이 아닌 a_1과 a_2가 존재하면 y_1과 y_2는 1차 종속이라 하며, $a_1=a_2=0$이어야만 위의 등식이 성립하는 경우 y_1과 y_2는 1차 독립이라고 부른다.

바꾸어 생각하면 0이 아닌 a_1과 a_2가 존재한다는 의미는 y_1 과 y_2의 관계를

$$y_1 = -\frac{a_2}{a_1}y_2 \triangleq cy_2 \tag{1-43}$$

로 표현할 수 있으므로, 이 경우에 y_1 과 y_2는 함수의 본질은 같으며 단지 크기만 상수배의 관계를 가진다는 것이다. 그러므로 y_1 과 y_2가 1차 독립의 관계를 갖는다고 한다면 y_1 과 y_2는 x와 e^x 또는 x^2 과 $\sin x$ 등과 같이 서로 본질이 다른 함수들이 됨을 알 수 있다.

예제 1.13

$y_1=3x$ 와 $y_2=3x^2$ 이 1차 독립의 관계가 되는 지를 판정하시오.

풀이

y_1과 y_2의 선형 결합 식을 생각해 보자.

$$a_1y_1+a_2y_2 = a_1(3x)+a_2(3x^2) = 0$$

이 등식이 만족되는 경우는 $a_1=a_2=0$ 인 때이다. 즉 $3x$와 $3x^2$은 각각 직선과 포물선으로서 서로 본질이 다른 함수이기 때문에 y_1과 y_2는 1차 독립의 관계를 갖는다.

■■■

예제 1.14

$y_1 = 3\sin x$와 $y_2 = \sqrt{3}\sin x$ 가 1차 독립의 관계를 갖는 지를 판정하시오.

풀이

y_1과 y_2의 선형 결합 식을 생각해 보자.

$$a_1 y_1 + a_2 y_2 = a_1(3\sin x) + a_2(\sqrt{3}\sin x) = 0$$

이 등식은 $a_2 = -\sqrt{3}a_1$이면 만족된다. 즉 등식을 만족시키는 $a_1 = a_2 = 0$ 이 아닌 a_1과 a_2가 존재한다. 따라서 y_1과 y_2는 1차 종속의 관계를 갖는다.

■■■

1차 독립 또는 1차 종속의 관계를 판정할 때 매번 선형결합 형태를 만들어 등식이 성립하는 상수들의 존재 여부를 알아보는 것은 불편하다. 특히 함수의 개수가 2개 이상이 될 경우에는 그런 방법으로 함수들의 1차 독립 여부를 판정하기가 어려워진다. 따라서 주어진 함수들의 1차 독립 여부를 공식에 의해 간단히 판정할 수 있는 기법이 필요하다.

정리 1-2 : Wronskian

y_1과 y_2에 대해 Wronskian 이라고 부르는

$$W(y_1, y_2) = \begin{vmatrix} y_1 & y_2 \\ y_1' & y_2' \end{vmatrix}$$

이 0 이 아니면 y_1과 y_2는 1차 독립이다.

증명

- Step 1 : 가정

  만약 $W(y_1, y_2) \neq 0$ 인데, y_1과 y_2가 1차 종속이라고 가정하여 보자.

- Step2 : a_1과 a_2의 계산

  그러면 y_1과 y_2가 1차 종속이므로

$$a_1 y_1 + a_2 y_2 = 0 \qquad (1\text{-}44)$$

이 성립하는 0이 아닌 a_1과 a_2가 존재한다. 위 (1−44)를 한번 미분하면

$$a_1 y_1' + a_2 y_2' = 0 \tag{1-45}$$

을 얻는다. 두 개의 식에서 a_1과 a_2를 구하면 다음과 같다.

$$a_1 = \frac{\begin{vmatrix} 0 & y_2 \\ 0 & y_2' \end{vmatrix}}{\begin{vmatrix} y_1 & y_2 \\ y_1' & y_2' \end{vmatrix}} = \frac{0}{W(y_1, y_2)} \tag{1-46}$$

$$a_2 = \frac{\begin{vmatrix} y_1 & 0 \\ y_1' & 0 \end{vmatrix}}{\begin{vmatrix} y_1 & y_2 \\ y_1' & y_2' \end{vmatrix}} = \frac{0}{W(y_1, y_2)} \tag{1-47}$$

- Step3 : 가정의 타당성 점검

그런데 처음 조건에서 $W(y_1, y_2) \neq 0$ 라고 했으므로 $a_1 = a_2 = 0$ 이 된다. 즉 0 이 아닌 a_1과 a_2는 존재하지 않는다. 따라서 $W(y_1, y_2) \neq 0$ 인데, y_1과 y_2가 1차 종속이라고 가정한 명제가 거짓이 된다.

- Step4 : 결론

$W(y_1, y_2) \neq 0$ 이면 y_1과 y_2는 1차 독립의 관계를 갖게 된다.

예제 1.15

$y_1 = \sin x$와 $y_2 = \cos x$ 가 1차 독립의 관계가 되는 지를 판정하시오.

풀이

$$\begin{aligned} W(y_1, y_2) &= \begin{vmatrix} y_1 & y_2 \\ y_1' & y_2' \end{vmatrix} \\ &= \begin{vmatrix} \sin x & \cos x \\ \cos x & -\sin x \end{vmatrix} \\ &= -(\sin^2 x + \cos^2 x) \\ &= -1 \neq 0 \end{aligned}$$

그러므로 y_1과 y_2는 1차 독립의 관계를 갖는다. ■■■

1.3.3 제차 선형 2차 상미분 방정식의 일반해

앞에서 언급한 제차 선형 2차 상미분 방정식을 다시 쓰면 다음과 같다.

$$c_2(x)\frac{d^2y}{dx^2}+c_1(x)\frac{dy}{dx}+c_0(x)y=0 \tag{1-48}$$

여기서 y_1과 y_2를 각각 위에 주어진 미분 방정식의 해라고 약속하자. 이때 y_1과 y_2가 1차 독립의 관계를 가지면 주어진 미분 방정식을 만족하는 모든 해는 y_1과 y_2의 선형 결합 형태로 표현될 수 있는 성질이 있다. 즉 임의의 해 y는 다음과 같이 표현된다.

$$y=a_1y_1+a_2y_2 \tag{1-49}$$

따라서 제차형 2차 미분 방정식의 일반해는 다음과 같이 정의된다.

정의 1-2 : $c_2(x)y''+c_1(x)y'+c_0(x)y=0$의 일반해

$c_2(x)y''+c_1(x)y'+c_0(x)y=0$에서 1차 독립의 관계를 갖는 두 개의 해가 y_1 및 y_2라면, $y=a_1y_1+a_2y_2$를 주어진 미분 방정식의 일반해라고 한다.

즉 $c_2(x)y''+c_1(x)y'+c_0(x)y=0$의 일반해를 구하기 위해서는 주어진 미분 방정식을 만족하는 해들 중에 서로 1차 독립의 관계를 갖는 두 개의 해를 찾는 것이 요점이 된다.

예제 1.16

$y_1=e^{2x}$ 및 $y_2=e^{3x}$ 는 각각 $y''-5y'+6y=0$의 해들이 된다. 이때 y_1과 y_2가 1차 독립의 관계가 됨을 보이고, 주어진 미분 방정식의 일반해를 구하시오.

풀이

$$W(y_1, y_2) = \begin{vmatrix} y_1 & y_2 \\ y_1' & y_2' \end{vmatrix}$$

$$= \begin{vmatrix} e^{2x} & e^{3x} \\ 2e^{2x} & 3e^{3x} \end{vmatrix}$$

$$= 3e^{5x} - 2e^{5x} = e^{5x} \neq 0$$

따라서 y_1과 y_2는 1차 독립의 관계를 갖는다. 그러므로 주어진 미분 방정식의 일반해는 다음과 같다.

$$y = a_1 e^{2x} + a_2 e^{3x}$$

■■■

1.3.4 제차 선형 2차 상미분 방정식의 특별한 해법

개념

다음과 같은 제차 선형 2차 상미분 방정식을 생각해 보자.

$$c_2(x)\frac{d^2y}{dx^2} + c_1(x)\frac{dy}{dx} + c_0(x)y = 0, \qquad c_2(x) \neq 0 \tag{1-50}$$

그런데 만약 자명해가 아닌 주어진 미분 방정식을 만족하는 해 y_1을 알고 있다면, 이 y_1과 1차 독립의 관계를 갖는 다른 하나의 해를 찾아서 일반해를 $y = a_1y_1 + a_2y_2$로 표현할 수 있다. 그렇다면 주어진 y_1과 1차 독립인 관계를 갖는 다른 하나의 해 (y_2)를 어떻게 구할 것인가?

먼저 y_2는 y_1과 1차 독립의 관계를 가져야 하므로 y_1과 상수배의 관계는 아님을 알 수 있다. 그러면 다음과 같은 가정을 생각해 볼 수 있다.

$$y_2 = \beta(x)y_1 \tag{1-51}$$

이렇게 만들어진 y_2가 주어진 미분 방정식의 해가 되는 $\beta(x)$가 존재하고, y_1과 y_2의 관계가 1차 독립의 관계를 가지면 주어진 미분 방정식의 일반해는 $y = a_1y_1 + a_2y_2$ 로 표현될 수 있다.

먼저 $\beta(x)$의 존재 여부를 확인해 보자. 식의 유도를 간단히 하기 위해 주어진 미분 방정식을 다음과 같이 바꾸어 표현한다.

$$\frac{d^2y}{dx^2}+m(x)\frac{dy}{dx}+n(x)y=0 \tag{1-52}$$

여기서 $m(x)=c_1(x)/c_2(x)$ 및 $n(x)=c_0(x)/c_2(x)$ 이다. 가정된 y_2가 주어진 미분 방정식을 만족하는 $\beta(x)$가 있는 지를 알아보기 위해 y_2를 미분 방정식에 대입하여 본다. 먼저

$$y_2'=\beta(x)y_1'+\beta'(x)y_1 \tag{1-53}$$

$$y_2''=\beta(x)y_1''+2\beta'(x)y_1'+\beta''(x)y_1 \tag{1-54}$$

이므로, 주어진 선형 2차 상미분 방정식은 다음과 같이 표현된다.

$$\beta(x)y_1''+2\beta'(x)y_1'+\beta''(x)y_1+m(x)\beta(x)y_1'+m(x)\beta'(x)y_1+n(x)\beta(x)y_1=0 \tag{1-55}$$

다시 정리하면

$$\beta(x)(y_1''+m(x)y_1'+n(x)y_1)+\beta''(x)y_1+\beta'(x)(2y_1'+m(x)y_1)=0 \tag{1-56}$$

이 된다. 그런데 y_1은 주어진 미분 방정식의 해이므로

$$y_1''+m(x)y_1'+n(x)y_1=0 \tag{1-57}$$

이 성립하기 때문에, 식(1-56)은 다음과 같이 간략화 될 수 있다.

$$y_1\beta''(x)+(2y_1'+m(x)y_1)\beta'(x)=0 \tag{1-58}$$

여기서 $t \triangleq \beta'(x)$로 정의하면 다음과 같이 변수 분리형의 1차 미분 방정식으로 변환된다.

$$y_1t'+(2y_1'+m(x)y_1)t=0 \tag{1-59}$$

변수 분리형태로 정리하면 다음과 같다.

$$\frac{dt}{t}+\frac{2y_1'}{y_1}dx+m(x)dx=0 \tag{1-60}$$

양변을 각각 적분하여 정리하면

$$\ln|t|+2\ln|y_1(x)|+\int m(x)dx=c \tag{1-61}$$

간단히 표현하면

$$t\,y_1^2(x)=c_1e^{-\int m(x)dx} \tag{1-62}$$

여기서 $t=\beta'(x)$ 으로 바꾸어 넣으면

$$\beta'(x) = c_1 \frac{e^{-\int m(x)dx}}{y_1^2(x)} \tag{1-63}$$

따라서 주어진 미분 방정식을 만족시키는 $\beta(x)$는 존재하며 다음과 같다.

$$\beta(x) = c_1 \int \frac{e^{-\int m(x)dx}}{y_1^2(x)} dx + c_2 \tag{1-64}$$

다음에 이렇게 구해진 y_2가 y_1과 1차 독립의 관계를 만족하는지 알아본다. 편의상 $c_1=1$ 및 $c_2=0$ 으로 정하면

$$y_2(x) = y_1(x) \int \frac{e^{-\int m(x)dx}}{y_1^2(x)} dx \tag{1-65}$$

따라서

$$\begin{aligned} W(y_1(x), y_2(x)) &= \begin{vmatrix} y_1 & y_2 \\ y_1' & y_2' \end{vmatrix} \\ &= \begin{vmatrix} y_1 & y_1 \int \frac{e^{-\int m(x)dx}}{y_1^2} dx \\ y_1' & \frac{e^{-\int m(x)dx}}{y_1} + y_1' \int \frac{e^{-\int m(x)dx}}{y_1^2} dx \end{vmatrix} \\ &= e^{-\int m(x)dx} \neq 0 \end{aligned} \tag{1-66}$$

즉 유도된 $\beta(x)$로부터 만들어진 y_2는 y_1과 1차 독립의 관계를 만족한다.

해법 : $y''+m(x)y'+n(x)y=0$ 에서 하나의 해 y_1을 알 때 해법

- **Step 1 : y_2의 가정**

  다른 하나의 해 y_2를 $y_2=\beta(x)y_1$으로 가정한다.

- **Step 2 : $\beta(x)$의 연산**

  $\beta(x)$를 $\beta(x)= \int \frac{e^{-\int m(x)dx}}{y_1^2} dx$ 로 구한다.

- **Step 3 : 일반해**

  일반해는 $y= c_1y_1(x)+c_2y_2(x)$ 이다.

예제 1.17

$y_1 = x$는 $x^2y'' - 5xy' + 5y = 0$ 을 만족시키는 하나의 해가 된다. 이때 y_1 과 1차 독립의 관계를 갖는 다른 하나의 해를 구하여 주어진 미분 방정식의 일반해를 구하시오.

풀이

우선 주어진 미분 방정식을 다음과 같이 변형시킨다.

$$y'' - \frac{5}{x}y' + \frac{5}{x^2}y = 0$$

Step 1 : y_2의 가정

$$y_2 = \beta(x)y_1 \text{ 으로 가정}$$

Step 2 : $\beta(x)$의 연산

$$y_2 = x\int \frac{e^{\int \frac{5}{x}dx}}{x^2}dx$$

$$= x\int \frac{e^{\ln x^5}}{x^2}dx$$

$$= \frac{x^5}{4}$$

Step 3 : 일반해

일반해는 다음과 같다.

$$y = c_1y_1 + c_2y_2$$

$$= c_1x + c_2\frac{x^5}{4}$$

■■■

1.3.5 계수 함수가 상수인 제차 선형 2차 상미분 방정식의 해법

개념

다음과 같은 선형 2차 상미분 방정식을 생각해 보자.

$$a_2\frac{d^2y}{dx^2}+a_1\frac{dy}{dx}+a_0y= 0 \tag{1-67}$$

이 미분 방정식을 만족하는 해 $y(x)$는 x에 대해 두 번 미분한 함수, 한 번 미분한 함수 그리고 미분하지 않은 함수에 각각 상수를 곱한 후 합한 것이 0이 되는 함수이다. '함수의 종류 중 이런 성질을 갖는 함수가 무엇일까?' 예를 들어 포물선이나 삼각함수 등을 생각해 본다면 그런 함수들은 일반적으로 위와 같은 성질을 갖기 곤란함을 쉽게 알 수 있다. 그러나 지수 함수는 계속 미분을 해도 원래 함수가 그대로 보전되므로 여기서 찾고자 하는 성질을 가진 함수가 될 수 있을 것이다. 따라서 주어진 선형 2차 상미분 방정식을 만족시키는 해를 다음과 같이 가정해 보자.

$$\text{해의 가정 : } y(x)= e^{kx} \tag{1-68}$$

이제 이 함수가 해가 되는 지를 알아 보기 위해 가정한 해를 주어진 미분 방정식에 대입하여 보면 다음을 얻는다.

$$(a_2k^2+a_1k+a_0)e^{kx}= 0 \tag{1-69}$$

따라서 $a_2k^2+a_1k+a_0=0$ 이 되는 k가 존재하면 주어진 미분 방정식의 해를 $y(x)=e^{kx}$로 정할 수 있음을 알 수 있다. 여기서 유도된 k에 관한 2차 방정식을 '보조 방정식'이라고 부른다.

보조 방정식을 만족하는 k는 a_0, a_1, a_2의 값에 따라 실근 2개인 경우, 중근인 경우 및 복소근 2개인 경우로 나누어 질 수 있으므로 각 경우에 대해 각각 일반해를 구해 보자.

실근 2개인 경우

두 개의 실근을 각각 k_1 및 k_2라고 약속하면, $y_1=e^{k_1x}$ 및 $y_2=e^{k_2x}$ 가 주어진 미분 방정식을 만족하는 해가 된다. 다음에 일반해를 구하려면 서로 1차 독립인 관계를 갖는 해들을 구해야 하므로 y_1과 y_2의 관계를 살펴 보면, k_1과 k_2가 서로 다른 경우이므로 y_1과 y_2는 1차 독립의 관계를 만족한다. 따라서 실근 2개인 경우에 주어진 2차 미분 방정식의 일반해는 다음과 같다.

$$y= c_1e^{k_1x}+c_2e^{k_2x} \tag{1-70}$$

중근인 경우

만약 $k_1 = k_2$ 라면 $y_1 = e^{k_1 x}$ 는 주어진 2차 미분 방정식을 만족시키는 하나의 해가 된다. 이제 y_1 과 1차 독립의 관계를 갖는 다른 해를 구해야 일반해를 구할 수 있다. 그런데 2차 미분 방정식에서 하나의 해를 알 때, 이 해와 1차 독립의 관계를 갖는 다른 해는 다음과 같이 구할 수 있음을 이미 알고 있다.

$$y_2 = y_1(x) \int \frac{e^{-\int m(x)dx}}{y_1^2(x)} dx \tag{1-71}$$

여기서 $y_1(x) = e^{k_1 x}$ 이며 $m(x)$는 a_1/a_2이다. 한편 중근인 경우 $k_1 = -\dfrac{a_1}{2a_2}$ 임을 알고 있으므로 $m(x)$는 $-2k_1$으로 바꾸어 표현할 수 있다. 따라서

$$y_2 = e^{k_1 x} \int \frac{e^{2k_1 x}}{e^{2k_1 x}} dx \tag{1-72}$$

$$= xe^{k_1 x}$$

그러므로 중근일 경우에 일반해는 다음과 같다.

$$y = c_1 e^{k_1 x} + c_2 x e^{k_1 x} \tag{1-73}$$

복소근 2개인 경우

두 개의 복소 근을 각각 $\alpha + i\beta$ 및 $\alpha - i\beta$라고 약속하면, $y_1 = e^{\alpha + i\beta}$ 및 $y_2 = e^{\alpha - i\beta}$ 가 주어진 미분 방정식을 만족하는 해가 된다. 그리고 y_1과 y_2는 서로 1차 독립의 관계를 가지므로 주어진 2차 미분 방정식의 일반해는 다음과 같다.

$$y = c_1 e^{(\alpha + i\beta)x} + c_2 e^{(\alpha - i\beta)x} \tag{1-74}$$

그런데 이 경우에는 오일러(Euler)의 정리를 이용하여 일반해를 삼각함수의 형태로 바꾸어 표현할 수 있다. 즉

$$e^{i\theta} = \cos\theta + i\sin\theta \tag{1-75}$$

가 성립하므로 이 성질을 이용하면 다음 결과를 얻을 수 있다.

$c_1 = 1$ 및 $c_2 = 1$ 인 경우

$$y_3 = e^{\alpha x} \cdot e^{i\beta x} + e^{\alpha x} e^{-i\beta x} \tag{1-76}$$

$$= 2e^{\alpha x}\cos\beta x$$

$$\triangleq c_3 e^{\alpha x}\cos\beta x$$

$c_1 = 1$ 및 $c_2 = -1$ 인 경우

$$y_4 = e^{\alpha x} \cdot e^{i\beta x} - e^{\alpha x} e^{-i\beta x} \tag{1-77}$$

$$= 2ie^{\alpha x}\sin\beta x$$

$$\triangleq c_4 e^{\alpha x}\sin\beta x$$

즉 y_3과 y_4는 각각 주어진 미분 방정식을 만족하는 해가 된다. 그런데 y_3과 y_4는 함수의 성격이 다르므로 서로 1차 독립의 관계도 가진다. 따라서 구하고자 하는 일반해를 다음과 같이 쓸 수도 있다.

$$y = c_3 e^{\alpha x}\cos\beta x + c_4 e^{\alpha x}\sin\beta x \tag{1-78}$$

$$= e^{\alpha x}(c_3\cos\beta x + c_4\sin\beta x)$$

해법 : $a_2 y'' + a_1 y' + a_0 y = 0$의 해를 구하는 방법

- **Step 1 : 해의 가정**
  해를 $y = e^{kx}$로 가정한다.
- **Step 2 : 보조 방정식**
  보조 방정식 $a_2 k^2 + a_1 k + a_0 = 0$을 구성한다.
- **Step 3**
  보조 방정식의 해를 구한다.
  ① 실근 두 개(k_1, k_2)인 경우 : $y = c_1 e^{k_1 x} + c_2 e^{k_2 x}$
  ② 중근 ($k_1 = k_2$)인 경우 : $y = c_1 e^{k_1 x} + c_2 x e^{k_1 x}$
  ③ 복소근 ($\alpha \pm i\beta$)인 경우 :
  $y = c_1 e^{(\alpha + i\beta)x} + c_2 e^{(\alpha - i\beta)x}$ 또는 $y = e^{\alpha x}(c_3\cos\beta x + c_4\sin\beta x)$

예제 1.18

$y'' + 5y' + 6y = 0$의 일반해를 구하시오.

풀이

Step 1 : 해를 $y = e^{kx}$로 가정
Step 2 : 보조 방정식의 구성

$$k^2 + 5k + 6 = (k+2)(k+3) = 0$$

Step 3 : 보조 방정식의 해로부터 일반해를 구함

$$k = -2, \ -3$$

따라서 일반해는

$$y = c_1 e^{-2x} + c_2 e^{-3x}$$

■■■

예제 1.19

$y'' + 4y' + 4y = 0$의 일반해를 구하시오.

풀이

Step 1 : 해를 $y = e^{kx}$로 가정
Step 2 : 보조 방정식의 구성

$$k^2 + 4k + 4 = (k+2)^2 = 0$$

Step 3 : 보조 방정식의 해로부터 일반해를 구함

$$k = -2, \ \text{중근}$$

따라서 일반해는

$$y = c_1 e^{-2x} + c_2 x e^{-2x}$$

■■■

예제 1.20

$y'' + 4y' + 5y = 0$의 일반해를 구하시오.

풀이

Step 1 : 해를 $y = e^{kx}$ 로 가정

Step 2 : 보조 방정식의 구성

$$k^2+4k+5= (k+2)^2+1 = 0$$

Step 3 : 보조 방정식의 해로부터 일반해를 구함

$$k = -2\pm i, \quad 복소근$$

따라서 일반해는

$$y= c_1e^{(-2+i)x}+c_2e^{(-2-i)x} \quad 또는 \ y= e^{-2x}(c_3\cos x+c_4\sin x)$$

■■■

예제 1.21

$y''+3y'+2y= 0$을 만족하는 해를 구하시오. 단 $y(0) = 0$, $y'(0)= 1$ 이다.

풀이

Step 1 : 해를 $y = e^{kx}$로 가정
Step 2 : 보조 방정식의 구성

$$k^2+3k+2= (k+1)(k+2)= 0$$

Step 3 : 보조 방정식의 해로부터 일반해를 구함

$$k = -1, \quad -2$$

따라서 일반해는

$$y = c_1e^{-x}+c_2e^{-2x}$$

Step 4 : 초기 조건으로부터 c_1과 c_2를 구함
먼저 $y(0)= 0$ 으로 부터

$$c_1+c_2= 0$$

를 얻으며, $y'(0)= 1$로부터

$$-c_1-2c_2= 1$$

이 성립한다. 따라서 $c_1=1$ 및 $c_2=-1$이 되므로, 구하고자 하는 해는 다음과 같다.

$$y = e^{-x}-e^{-2x}$$

■■■

1.4 비제차 선형 2차 상미분 방정식의 해법

다음과 같은 비제차 선형 2차 상미분 방정식을 생각해 보자.

$$c_2\frac{d^2y}{dx^2}+c_1\frac{dy}{dx}+c_2y= f(x) \tag{1-79}$$

$f(x)\neq 0$ 인 경우에는 $f(x)=0$ 일 때의 일반해와 다른 종류의 해가 존재한다. 예를 들어

$$\frac{d^2y}{dx^2}+3\frac{dy}{dx}+2y= 10 \tag{1-80}$$

의 경우에 $y=5$ 도 하나의 해가 된다. 이 해에는 미지의 상수가 포함되지 않으며 $f(x)$에 따라 결정된다. 비제차형 미분 방정식에서 이런 종류의 해를 특수해(Particular solution)라고 부르며 y_p로 표기하기로 한다. 또한 $f(x)=0$으로 두었을 때

$$c_2\frac{d^2y}{dx^2}+c_1\frac{dy}{dx}+c_2y= 0 \tag{1-81}$$

을 만족하는 일반해를 $a_1y_1+a_2y_2$라 하면, 이 함수를 비제차 미분 방정식의 제차해라고 약속하며, y_h로 표현하면,

$$\begin{aligned} y &\triangleq y_h+y_p \\ &= a_1y_1+a_2y_2+y_p \end{aligned} \tag{1-82}$$

도 주어진 비제차 선형 2차 상미분 방정식을 만족하는 해가 되며, 이 y를 비제차 선형 2차 상미분 방정식의 일반해라고 한다. y_h를 구하는 과정은 앞에서 언급되었으므로, 이제 y_p를 찾는 방법을 알아 본다.

1.4.1 미정 계수법

미정 계수법이란 비제차 선형 상미분 방정식에서 특수해를 찾는 가장 간편한 방법으로서 널리 사용되고 잇다. 그러나 경우에 따라서는 문제가 발생하기도 한다. 미정 계수법의 설계 사상은 $f(x)$의 모양을 관찰하는데 있다. 즉 $f(x)$가 주어지면 $f(x)$를 보고 적절한 y_p를 추론할 수 있으며, 가정된 y_p를 원래의 미분 방정식에 대입하여 등식이 성립하도록 가정된 y_p 내부에 포함된 계수를 산정하는 것이다. 그래

서 미지의 계수를 계산에 의해 찾는다는 의미에서 y_p를 찾는 이 기법을 미정 계수법이라고 부른다. 다음에 $f(x)$의 여러 가지 모양에 따라 적정한 y_p를 어떻게 추론하는 지를 설명한다.

$f(x)$가 상수인 경우

이 경우에 주어진 미분 방정식은 다음과 같다.

$$a_2\frac{d^2y}{dx^2}+a_1\frac{dy}{dx}+a_0y= \text{ 상수} \tag{1-83}$$

이 등식이 성립하려면 y_p는 상수가 되어야만 한다. 즉 이 경우에는 $y_p=A$의 형태가 됨을 알 수 있다.

$f(x)$가 지수 함수 e^{bx}인 경우

이 경우에 주어진 미분 방정식은 다음과 같다.

$$a_2\frac{d^2y}{dx^2}+a_1\frac{dy}{dx}+a_0y= ce^{bx} \tag{1-84}$$

이 등식이 성립하려면 y_p는 $f(x)$와 동일한 지수를 갖는 지수 함수가 되어야 한다. 즉 이 경우에는 $y_p=Ae^{bx}$의 형태가 되어야 함을 알 수 있다.

$f(x)$ ₩가 $c\ \sin bx$인 경우

이 경우에 주어진 미분 방정식은 다음과 같다.

$$a_2\frac{d^2y}{dx^2}+a_1\frac{dy}{dx}+a_0y = c\ \sin bx \tag{1-85}$$

이 등식이 성립하려면 y_p도 $A\sin bx$형태가 되어야 할까? 그렇지 않다! 좌변에는 y, y' 및 y''항들이 있으므로 $A\sin bx$를 미분했을 때는 $bA\cos bx$가 되므로 등식이 성립하려면 A가 항상 0이 되어야 하는 모순이 생긴다. 따라서 $f(x)$가 $c\sin bx$ 또는 $c\cos bx$인 경우에는 y_p를 가정할 때 주어진 $f(x)$를 미분했을 때 발생하는 함수도 같이 더해 주는 형태로 구성해야 한다. 즉 이 경우에는 y_p를 다음과 같이 가정해야 한다.

$$y_p= A\sin bx+B\cos bx \tag{1-86}$$

$f(x)$가 ax^2+bx+c 인 경우

이 경우에 주어진 미분 방정식은 다음과 같다.

$$a_2\frac{d^2y}{dx^2}+a_1\frac{dy}{dx}+a_0y= \ ax^2+bx+c \tag{1-87}$$

좌변에 있는 항들의 성격을 보면 이 등식이 만족되는 y_p는 $f(x)$와 동일한 형태가 됨을 알 수 있다. 즉 이 경우에 y_p는 다음과 같은 구조를 가져야 한다.

$$y_p= \ Ax^2+Bx+C \tag{1-88}$$

$f(x)$가 x^3e^{ax} 인 경우

이 경우에 주어진 미분 방정식은 다음과 같다.

$$a_2\frac{d^2y}{dx^2}+a_1\frac{dy}{dx}+a_0y= \ x^3e^{ax} \tag{1-89}$$

x^3은 계속 미분하면 x^2, x 및 상수 등의 함수가 발생하며, e^{ax}는 계속 미분해도 함수의 형태가 동일하게 유지되므로 이 등식이 성립하는 y_p는 x^3, x^2, x 및 상수항의 1차 결합 함수와 e^{ax}의 곱의 형태가 된다. 즉 이 경우에는 y_p의 형태가 다음과 같다.

$$y_p= \ (Ax^3+Bx^2+Cx+D)e^{ax} \tag{1-90}$$

이와 같이 주어진 $f(x)$의 모양을 보고 적절한 y_p를 가정하면, y_p는 주어진 비제차 선형 2차 상미분 방정식의 해이므로 주어진 미분 방정식에 대입되었을 때 등식이 성립되어야 한다. 이 등식으로부터 가정한 y_p에 포함된 상수들을 좌변과 우변에 있는 같은 함수의 계수들이 같아야 한다는 조건으로부터 계산할 수 있다.

이와 같이 y_p의 형태를 가정하여 y_p를 구하는 기법을 '미정 계수법(Undetermined coefficient)'이라고 부른다.

다음 표에 대표적인 몇 가지 함수들에 대해 $f(x)$에 따른 적절한 y_p의 형태를 보인다.

[표 1-1] $f(x)$에 따른 y_p의 적절한 형태

$f(x)$	y_p
상수	A
e^{ax}	Ae^{ax}
$\sin ax$ 또는 $\cos ax$	$A\sin ax + B\cos ax$
ax^2+bx+c	Ax^2+Bx+C
x^3e^{ax}	$(Ax^3+Bx^2+Cx+D)e^{ax}$
$e^{ax}\sin bx$	$Ae^{ax}\cos bx + Be^{ax}\sin bx$
$x^2\sin ax$	$(Ax^2+Bx+C)\sin ax + (Dx^2+Ex+F)\cos ax$

해법 : $a_2y''+a_1y'+a_0y = f(x)$ 의 일반해를 구하는 방법

- **Step 1**
  $a_2y''+a_1y'+a_0y = 0$의 일반해를 구하고, 이를 y_h로 둔다.
- **Step 2**
  $f(x)$의 형태에 적합한 y_p를 가정한다.
- **Step 3**
  가정된 y_p를 $a_2y''+a_1y'+a_0y = f(x)$ 에 넣어 y_p를 구한다.
- **Step 4**
  구하고자 하는 일반해는 $y = y_h + y_p$ 이다.

예제 1.22

$y''+6y'+8y = 3e^{5x}$ 의 일반해를 구하시오.

풀이

Step 1 : y_h를 구한다.

보조 방정식 $k^2+6k+8=(k+2)(k+4)=0$ 으로부터 다음의 y_h를 얻는다.

$$y_h = c_1e^{-2x} + c_2e^{-4x}$$

Step 2 : y_p의 가정

$y_p = Ae^{5x}$ 로 가정한다.

Step 3 : y_p를 구한다.

y_p를 주어진 미분 방정식에 대입하면 다음 식을 얻는다.

$$25Ae^{5x} + 30Ae^{5x} + 8Ae^{5x} = 3e^{5x}$$

따라서

$$63A = 3$$

이므로 A는 다음과 같다.

$$A = \frac{3}{63} = \frac{1}{21}$$

Step 4 : 일반해는 $y_h + h_p$

구하고자 하는 일반해는 다음과 같다.

$$y = c_1e^{-2x} + c_2e^{-4x} + \frac{1}{21}e^{5x}$$

■■■

예제 1.23

$y'' + 10y' + 25y = 10\sin 5x$ 의 일반해를 구하시오.

풀이

Step 1 : y_h를 구한다.

보조 방정식 $k^2 + 10k + 25 = (k+5)^2 = 0$ 으로부터 y_h는 다음과 같이 표현된다.

$$y_h = c_1e^{-5x} + c_2xe^{-5x}$$

Step 2 : y_p의 가정

$y_p = A\sin 5x + B\cos 5x$ 로 가정한다.

Step 3 : y_p를 구한다.

먼저 y_p' 과 y_p'' 은 다음과 같다.

$$y_p' = 5A\cos 5x - 5B\sin 5x$$

$$y_p'' = -25A\sin 5x - 25B\cos 5x$$

y_p, y_p' 및 y_p''을 주어진 미분 방정식에 대입하면 다음 식을 얻는다.

$$-50B\sin 5x + 50A\cos 5x = 10\sin 5x$$

따라서 $A=0$ 및 $B=-\frac{1}{5}$ 이다.

Step 4 : 일반해는 $y_h + y_p$

구하고자 하는 일반해는 다음과 같다.

$$y = c_1 e^{-5x} + c_2 x e^{-5x} - \frac{1}{5} \cos 5x$$

■■■

예제 1.24

$y'' + 6y' + 10y = x^2 + 5x + 6$ 의 일반해를 구하시오.

풀이

Step 1 : y_h를 구한다.

보조 방정식 $k^2 + 6k + 10 = (k+3)^2 + 1 = 0$ 으로부터 다음의 y_h를 얻는다.

$$y_h = e^{-3x}(c_1\cos x + c_2\sin x)$$

Step 2 ; y_p의 가정

$y_p = Ax^2 + Bx + C$ 로 가정한다.

Step 3 :y_p를 구한다.

y_p' 과 y_p'' 은 다음과 같다.

$$y_p' = 2Ax + B$$

$$y_p'' = 2A$$

y_p, y_p' 및 y_p''을 주어진 미분 방정식에 대입하면 다음 식을 얻는다.

$$10Ax^2 + (12A + 10B)x + (2A + 6B + 10C) = x^2 + 5x + 6$$

따라서 $A = \frac{1}{10}$, $B = \frac{38}{100}$ 및 $C = \frac{352}{1000}$ 이다.

Step 4 : 일반해는 $y_h + y_p$

구하고자 하는 일반해는 다음과 같다.

$$y = e^{-3x}(c_1\cos x + c_2\sin x) + \frac{1}{10}x^2 + \frac{38}{100}x + \frac{352}{1000}$$

■■■

예제 1.25

$y'' + 3y' + 2y = 3e^{5x} + 10\sin 5x$ 의 일반해를 구하시오.

풀이

Step 1 : y_h를 구한다.

보조 방정식 $k^2 + 3x + 2 = (k+1)(k+2) = 0$ 으로 부터 y_h를 다음과 같이 쓴다.

$$y_h = c_1 e^{-x} + c_2 e^{-2x}$$

Step 2 : y_p의 가정

이 경우에는 $f(x)$가 두 가지 함수의 합으로 구성되어 있으므로 중첩의 원리 (Superposition principle)을 이용한다. 즉 y_p를 y_{p1}은 $3e^{5x}$에 대한 특수해로, y_{p2}는 $10\sin 5x$에 대해 특수해로 나누어 각각을 미정계수법으로 구한 후 중첩의 원리에 의해 $f(x)$가 $3e^{5x} + 10\sin 5x$ 인 경우의 y_p는 $y_{p1} + y_{p2}$로 구한다. 따라서 $y_{p1} = Ae^{5x}$ 및$y_{p2} = B\sin 5x + C\cos 5x$로 가정한다.

Step 3 : y_p를 구한다.

y_{p1}의 계산

y_{p1}을 $y'' + 3y' + 2y = 3e^{5x}$에 대입하면 다음과 같다.

$$25Ae^{5x} + 15Ae^{5x} + 2Ae^{5x} = 3e^{5x}$$

따라서

$$42Ae^{5x} = 3e^{5x}$$

이므로 A는 다음과 같다.

$$A = \frac{3}{42}$$

y_{p2}의 계산

먼저 y_p'과 y_p''은 다음과 같다.

$$y_p' = 5B\cos 5x - 5C\sin 5x$$

$$y_p'' = -25B\sin5x - 25C\cos5x$$

y_{p2}, y_{p2}' 및 y_{p2}''을 $y'' + 3y' + 2y = 10\sin5x$에 대입하면 다음과 같다.

$$(-23B - 15C)\sin5x + (15B - 23C)\cos5x = 10\sin5x$$

따라서 B와 C는 다음과 같이 구해진다.

$$B = -\frac{230}{754}, \quad C = -\frac{150}{754}$$

그러므로 중첩의 원리에 의해 y_p는 다음과 같다.

$$y_p = y_{p1} + y_{p2} = \frac{3}{42}e^{5x} - \frac{230}{754}sin5x - \frac{150}{754}cos5x$$

Step 4 : 일반해는 $y_h + y_p$

구하고자 하는 일반해는 다음과 같다.

$$y = c_1e^{-x} + c_2e^{-2x} + \frac{3}{42}e^{5x} - \frac{230}{754}sin5x - \frac{150}{754}cos5x$$

■■■

예제 1.26

$y'' - 4y' + 3y = 5e^{3x}$ 의 일반해를 구하시오.

풀이

Step 1 : y_h를 구한다.

보조 방정식 $k^2 - 4k + 3 = (k-1)(k-3) = 0$으로부터 y_h는 다음과 같다.

$$y_h = c_1e^x + c_2e^{3x}$$

Step 2 : y_p의 가정

$y_p = Ae^{3x}$ 로 가정한다.

Step 3 : y_p를 구한다.

y_p를 주어진 미분 방정식에 대입하면 다음 식을 얻는다.

$$(9A - 12A + 3A)e^{3z} = 5e^{3x}$$

따라서 모순이 발생한다. 즉 이 경우에는 특수해 y_p의 가정이 적절하지 못한 것이다. 이 원인은 가정한 특수해 $y_p = Ae^{3x}$ 가 이미 y_h에 포함되어 있기 때문이다. 이런 경우에는 y_p를 y_h 내에 포함되어 있는 함수들의 모양과 다른 형태로 가정해야 한다. 따라서, y_p를 Axe^{3x}로 가정하면,

$$y_p' = 3Axe^{3x} + Ae^{3x}$$

$$y_p'' = 9Axe^{3x} + 6Ae^{3x}$$

이므로, y_p, y_p' 및 y_p''을 주어진 미분 방정식에 대입하면 다음 식을 얻는다.

$$(9A - 12A + 3A)xe^{3x} + (6A - 4A)e^{3x} = 5e^{3x}$$

따라서 A는 다음과 같이 계산된다.

$$A = \frac{5}{2}$$

Step 4 : 일반해는 $y_h + y_p$

구하고자 하는 일반해는 다음과 같다.

$$y = c_1e^x + c_2e^{3x} + \frac{5}{2}xe^{3x}$$

■■■

예제 1.27

RLC 직렬 회로에 $v(t)$ = 10sint 의 교류 전원이 연결될 때 회로에 흐르는 전류 i 를 구하시오. 단 R = 7[Ω], L = 1[H], C = 0.1[F] 이다.

풀이

Step 1 : 미분 방정식의 유도

회로 방정식을 만들면 다음과 같다.

$$v(t) = Ri + L\frac{di}{dt} + \frac{1}{C}\int idt$$

양변을 미분하면 다음 식을 얻는다.

$$L\frac{d^2i}{dt^2} + R\frac{di}{dt} + \frac{1}{C}i = v'(t)$$

따라서 회로에 흐르는 전류는 다음의 상수 계수를 갖는 비제차 선형 2차 상미분 방정식으로 표현된다.

$$\frac{d^2i}{dt^2}+7\frac{di}{dt}+10i=10\cos t$$

Step 2 : 제차 선형 2차 상미분 방정식의 일반해(i_h)

$$\frac{d^2i}{dt^2}+7\frac{di}{dt}+10i=0$$

의 일반해를 구하기 위해 보조 방정식을 만들면 다음과 같다.

$$k^2+7k+10=0$$

따라서 $k=-2$ 및 -5 를 얻는다.
그러므로 $i_h(t)$는 다음과 같다.

$$i_h(t)=c_1e^{-2t}+c_2e^{-5t}$$

Step 3 : 비제차 선형 2차 상미분 방정식의 특수해(i_p)

$$\frac{d^2i}{dt^2}+7\frac{di}{dt}+10i=10\cos t$$

에서 $i_p=A\cos t+B\sin t$ 로 두면, $i_p{}'$과 $i_p{}''$은 다음과 같이 구해진다.

$$i_p{}'=-A\sin t+B\cos t$$

$$i_p{}''=-A\cos t-B\sin t$$

따라서 다음 관계를 얻는다.

$$(-A+7B+10A)\cos t+(-B-7A+10B)\sin t=10\cos t$$

즉 A와 B에 관한 다음의 연립 방정식이 구해 진다.

$$-A+7B+10A=10$$

$$-B-7A+10B=0$$

여기서 $A=\frac{9}{13}$ 및 $B=\frac{7}{13}$을 얻는다.
그러므로

$$i_p(t)=\frac{9}{13}cost+\frac{7}{13}sint$$

Step 4 : 비제차 선형 2차 상미분 방정식의 일반해

$$i = i_h(t) + i_p(t)$$

$$= c_1 e^{-2t} + c_2 e^{-5t} + \frac{9}{13} cost + \frac{7}{13} sint$$

■■■

1.4.2 비제차 선형 2차 상미분 방정식의 일반 해법-공식

개념

다음과 같은 비제차 선형 2차 상미분 방정식을 생각해 보자.

$$a_2 \frac{d^2y}{dx^2} + a_1 \frac{dy}{dx} + a_0 y = f_1(x), \quad a_2 \neq 0 \tag{1-91}$$

우선 식을 간략히 표현하기 위해 양변을 a_2로 나누어 다음과 같이 표현한다.

$$y'' + c_1 y' + c_0 y = f(x) \tag{1-92}$$

여기서 $c_1 = a_1/a_2$, $c_0 = a_0/a_2$ 및 $f(x) = f_1(x)/a_2$이다.

$y'' + c_1 y' + c_0 y = 0$의 일반해를 $y_h = b_1 y_1(x) + b_2 y_2(x)$라고 약속하고, $y'' + c_1 y' + c_0 y = f(x)$를 만족하는 해를 y_p라 정의하면 주어진 비제차 선형 2차 상미분 방정식의 일반해는 $y = y_h + y_p$로 표현됨을 이미 알고 있다. 미정 계수법에서는 y_p 를 $f(x)$의 형태를 보고 적절한 y_p를 가정하여 $y'' + c_1 y' + c_0 y = f(x)$에 대입함으로서 y_p를 구하였다. 그런 방법으로 y_p를 구하다 보니 주어진 $f(x)$에 적절한 y_p를 알고 있어야 하며, 또 같은 $f(x)$에 대해서도 $y'' + c_1 y' + c_0 y$에 따라 적절한 y_p가 다르게 선정되어야 해가 구해지는 경우도 있었다. 따라서 여기서는 $f(x)$의 모양에 따라 적절한 y_p를 가정하는 불편함이 없도록 y_p를 일반적으로 구할 수 있는 기법을 알아 본다.

만약 y_p가 다음과 같이 표현된다고 가정하여 보자.

$$y_p = \beta_1(x) y_1(x) + \beta_2(x) y_2(x) \tag{1-93}$$

이 y_p가 주어진 $y'' + c_1 y' + c_0 y = f(x)$ 를 만족시키는 $\beta_1(x)$와 $\beta_2(x)$가 존재하면, y_p를 $f(x)$와 무관하게 항상 위와 같이 일반적인 형태로 쓸 수 있을 것이다. 그리고

$$y_p{}' = \beta_1 y_1{}' + \beta_1{}' y_1 + \beta_2 y_2{}' + \beta_2{}' y_2 \tag{1-94}$$

$$y_p{}'' = \beta_1 y_1{}'' + \beta_1{}' y_1{}' + \beta_1{}' y_1{}' + \beta_1{}'' y_1 + \beta_2 y_2{}'' + \beta_2{}' y_2{}' + \beta_2{}' y_2{}' + \beta_2{}'' y_2 \tag{1-95}$$

이므로 y_p, y_p', y_p''을 $y''+c_1y'+c_0y=f(x)$에 대입하고, $y_1''+c_1y_1'+c_0y_1=0$과 $y_2''+c_1y_2'+c_0y_2=0$인 정보를 이용하여 식을 간략화 할 수 있는 형태로 정리하면 다음과 같다.

$$\beta_1[y_1''+c_1y_1'+c_0y_1]+\beta_2[y_2''+c_1y_2'+c_0y_2] \tag{1-96}$$

$$+c_1[\beta_1'y_1+\beta_2'y_2]+\frac{d}{dx}[\beta_1'y_1+\beta_2'y_2]$$

$$+\beta_1'y_1'+\beta_2'y_2'= f(x)$$

구하고자 하는 것은 $\beta_1(x)$ 와 $\beta_2(x)$인데 $\beta_1(x)$ 와 $\beta_2(x)$에 관한 식은 1개이어서 식이 부족하므로 추가 가정이 필요하다. 적절한 가정을 찾기 위해 유도된 식을 관찰하여 본다. 만약 $\beta_1'y_1+\beta_2'y_2=0$이 되면 유도된 식이 가장 간단한 형태로 변형됨을 알 수 있다. 따라서 다음과 같은 가정을 추가한다.

$$\beta_1'y_1+\beta_2'y_2 \triangleq 0 \tag{1-97}$$

그러면 $\beta_1(x)$와 $\beta_2(x)$에 대한 다음의 두가지 관계식을 얻게 된다.

$$y_1\beta_1'+y_2\beta_2'= 0 \tag{1-98}$$

$$y_1'\beta_1'+y_2'\beta_2'= f(x) \tag{1-99}$$

여기서 $\beta_1'(x)$과 $\beta_2'(x)$을 크래머의 정리를 이용하여 구하면 다음과 같다.

$$\beta_1' = \frac{\begin{vmatrix} 0 & y_2 \\ f(x) & y_2' \end{vmatrix}}{\begin{vmatrix} y_1 & y_2 \\ y_1' & y_2' \end{vmatrix}} = \frac{-y_2f(x)}{W(y_1,y_2)} \tag{1-100}$$

$$\beta_2' = \frac{\begin{vmatrix} y_1 & 0 \\ y_1' & f(x) \end{vmatrix}}{\begin{vmatrix} y_1 & y_2 \\ y_1' & y_2' \end{vmatrix}} = \frac{y_1f(x)}{W(y_1,y_2)} \tag{1-101}$$

y_1과 y_2는 1차 독립의 관계를 가지므로 $W(y_{1,}y_2)\neq 0$임을 알고 있다. 따라서 구하고자 하는 $\beta_1(x)$ 와 $\beta_2(x)$는 $\beta_1'(x)$와 $\beta_2'(x)$를 각각 적분함으로서 찾을 수 있다.

해법 : $a_2y'' + a_1y' + a_0y = f_1(x)$의 해를 구하는 방법

- **Step 1**

  미분 방정식을 $y'' + c_1y' + c_0y = f(x)$로 변형 시킨다.
- **Step 2**

  $y'' + c_1y' + c_0y = 0$의 일반해 $y_h = b_1y_1(x) + b_2y_2(x)$를 구한다.
- **Step 3**

  $y_p = \beta_1(x)y_1(x) + \beta_2(x)y_2(x)$로 가정하면, $\beta_1'(x)$와 $\beta_2'(x)$는 다음과 같다.

$$\beta_1'(x) = \frac{-y_2f(x)}{W(y_1, y_2)}$$

$$\beta_2'(x) = \frac{y_1f(x)}{W(y_1, y_2)}$$

- **Step 4**

  $\beta_1(x)$와 $\beta_2(x)$를 계산하여 y_p를 구한다.

  y_p가 $y'' + c_1y' + c_0y = f(x)$를 만족하는 지를 확인한다.
- **Step 5**

  일반해, y를 구한다.

$$y = y_h + y_p$$

해법의 사용 범위

이 일반 해법은 계수 함수가 상수인 선형 2차 미분 방정식에 대해 쓴 것이지만 계수 함수가 독립 변수의 함수로 구성된 경우에 대해서도 성립한다. 즉 이 해법은

$$y'' + c_1(x)y' + c_0(x)y = f(x) \tag{1-102}$$

로 표현되는 모든 미분 방정식의 해를 구하는데 활용될 수 있다.

예제 1.28

$y'' + 6y' + 8y = 3e^{5x}$의 일반해를 구하시오.

풀이

Step 1 : $y'' + 6y' + 8y = 3e^{5x}$

Step 2 : y_h를 구한다.

보조 방정식 $k^2+6k+8=(k+2)(k+4)=0$ 으로부터, $k=-2$ 및 -4를 얻으므로 y_h는 다음과 같다.

$$y_h = c_1e^{-2x}+c_2e^{-4x}$$

즉 $y_1(x)=e^{-2x}$ 및 $y_2(x)=e^{-4x}$을 얻는다.

Step 3 :

$y_p= \beta_1(x)y_1(x)+\beta_2(x)y_2(x)$로 가정하면, $\beta_1{}'(x)$ 및 $\beta_2{}'(x)$은 다음으로 구해진다.

$$\beta_1{}'(x) = \frac{-e^{-4x}\cdot 3e^{5x}}{\begin{vmatrix} e^{-2x} & e^{-4x} \\ -2e^{-2x} & -4e^{-4x} \end{vmatrix}} = \frac{-3e^{x}}{-2e^{-6x}} = \frac{3}{2}e^{7x}$$

$$\beta_2{}'(x) = \frac{e^{-2x}\cdot 3e^{5x}}{\begin{vmatrix} e^{-2x} & e^{-4x} \\ -2e^{-2x} & -4e^{-4x} \end{vmatrix}} = \frac{3e^{3x}}{-2e^{-6x}} = -\frac{3}{2}e^{9x}$$

Step 4 : y_p의 계산

$$\beta_1(x)= \int \frac{3}{2}e^{7x}dx= \frac{3}{14}e^{7x}$$

$$\beta_2(x)= \int -\frac{3}{2}e^{9x}dx= -\frac{1}{6}e^{9x}$$

따라서

$$y_p = \frac{3}{14}e^{7x}\cdot e^{-2x}\cdot -\frac{1}{6}e^{9x}\cdot e^{-4x}$$

$$= \frac{1}{21}e^{5x}$$

Step 5 : 일반해

$$y= c_1e^{-2x}+c_2e^{-4x}+\frac{1}{21}e^{5x}$$

이 결과는 미정 계수법으로 y_p를 구한 것과 동일하다.

■■■

예제 1.29

$y'' - 4y' + 3y = 5e^{3x}$ 의 일반해를 구하시오.

풀이

Step 1 : $y'' - 4y' + 3y = 5e^{3x}$

Step 2 : y_h를 구한다.

보조 방정식 $k^2 - 4k + 3 = (k-1)(k-3) = 0$ 으로 부터

$$y_h = c_1 e^x + c_2 e^{3x}$$

을 얻는다. 즉 $y_1(x)$ 및 $y_2(x)$는 다음과 같다.

$$y_1(x) = e^x, \quad y_2(x) = e^{3x}$$

Step 3 : $y_p = \beta_1(x) y_1(x) + \beta_2(x) y_2(x)$로 가정하면, $W(y_1, y_2)$, $\beta_1'(x)$ 및 $\beta_2'(x)$는 다음과 같다.

$$W(y_1, y_2) = \begin{vmatrix} e^x & e^{3x} \\ e^x & 3e^{3x} \end{vmatrix} = 2e^{4x}$$

$$\beta_1'(x) = \frac{-e^{3x} \cdot 5e^{3x}}{2e^{4x}} = -\frac{5}{2}e^{2x}$$

$$\beta_2'(x) = \frac{e^x \cdot 5e^{3x}}{2e^{4x}} = \frac{5}{2}$$

Step 4 : y_p의 계산

$$\beta_1(x) = \int -\frac{5}{2}e^{2x}dx = -\frac{5}{4}e^{2x}$$

$$\beta_2(x) = \int \frac{5}{2}dx = \frac{5}{2}x$$

따라서 y_p는 다음과 같이 구해진다.

$$y_p = \left(-\frac{5}{4}e^{2x}\right)e^x + \frac{5}{2}x \cdot e^{3x}$$

$$= -\frac{5}{4}e^{3x} + \frac{5}{2}xe^{3x}$$

Step 5 : 일반해

$$
\begin{aligned}
y = &\ c_1e^x + c_2e^{3x} - \frac{5}{4}e^{3x} + \frac{5}{2}xe^{3x} \\
= &\ c_1e^x + c_3e^{3x} + \frac{5}{2}xe^{3x}
\end{aligned}
$$

이 문제를 미정 계수법으로 풀 때는 특수해를 $y_p = Ae^{3x}$로 가정했을 때 지수함수 e^{3x}가 y_h에 포함되어 있기 때문에 특수해가 구해지지 않았으며, 그 문제를 해결하기 위해 y_p를 $y_p = Axe^{3x}$ 형태로 변형시켜 $A = \frac{5}{2}$를 구했었다. 그러나 이 방법으로 구할 때는 $f(x)$에 따라 y_p를 가정하는 것이 아니므로 미정계수법에서와 같은 문제가 발생하지 않는다.

■■■

연 습 문 제

1. 다음 선형 1차 상미분 방정식들을 푸시오.

01 $\frac{dy}{dx} = e^{10x}$

02 $(x+2)\,dy - y\,dx = 0$

03 $(x^3 + y^3)\,dx + (x+y)\,dy = 0$

2. 다음 선형 2차 상미분 방정식들에 대한 일반해를 구하시오.

01 $y'' + 7y' + 12y = 0$

02 $y'' + 2y' + 5y = 0$

03 $y'' + 6y' + 9y = 0$

3. 다음 선형 2차 상미분 방정식들에 대한 특별해(y_p)를 구하시오.

01 $y'' + 8y' + 15y = 2\sin 5x$

02 $y'' + 4y' + 3y = 2x^2 + x + 2$

03 $y'' + 7y' + 10y = 5e^{2x}\sin 5x$

4. $y'' + 7y' + 12y = 7e^{10x}$ 의 일반해를 구하시오.

PART 2

Laplace 변환

2.1 Laplace 변환이란?

Laplace 변환이란 수학적 연산자(Operator)의 일종인데 정의 2-1과 같이 약속되며, 자동 제어, 회로 이론 및 통신 등 전기 전자와 관련된 여러 분야에 활용되는 매우 중요한 수학적 도구이다.

정의 2-1 : Laplace 변환

$t \geqq 0$에서 정의된 함수$f(t)$에 대해

$$\int_0^\infty f(t)e^{-st}dt$$

를 $f(t)$의 Laplace 변환이라고 한다.

표기법

함수 $f(t)$에 대한 Laplace 변환의 표기법에는 다음의 두 가지가 있다.

$$\mathrm{L}\{f(t) \text{ 또는 } F(s)$$

2.2 Laplace 변환의 예

예제를 통해 여러 가지 종류의 기본 함수들에 대한 Laplace 변환 과정과 결과를 알아 본다.

예제 2.1

$\mathrm{L}\{u(t)$를 구하시오.

풀이

정의에 의해

$$\mathrm{L}\left\{u(t)RIGHT= \int_0^\infty u(t)e^{-st}dt$$

$$= \int_0^\infty e^{-st}dt$$

$$= \left.\frac{e^{-st}}{-s}\right|_0^\infty$$

$$= \frac{1}{s}$$

■■■

예제 2.2

$L\{e^{-at}\}$를 구하시오.

풀이

정의에 의해

$$L\{e^{-at}\} = \int_0^\infty e^{-at} \cdot e^{-st}dt$$

$$= \int_0^\infty e^{-(s+a)t}dt$$

$$= \left.\frac{e^{-(s+a)t}}{-(s+a)}\right|_0^\infty$$

$$= \frac{1}{s+a}$$

■■■

예제 2.3

$L\{tRIGHT$를 구하시오.

풀이

정의에 의해

$$L\{t\} = \int_0^\infty t \cdot e^{-st}dt$$

$$= t \cdot \left.\frac{e^{-st}}{-s}\right|_0^\infty - \int_0^\infty \frac{e^{-st}}{-s} \cdot 1 \cdot dt$$

$$= \frac{1}{s}\int_0^\infty e^{-st}dt$$

$$= \frac{1}{s} L\{u(t)\}$$

$$= \frac{1}{s^2}$$

■■■

예제 2.4

L$\{te^{-at}$를 구하시오.

풀이

정의에 의해

$$L\{te^{-at}\} = \int_0^\infty te^{-at}e^{-st}dt$$

$$= \int_0^\infty te^{-(s+a)t}dt$$

$$= t \cdot \frac{e^{-(s+a)t}}{-(s+a)}\Big|_0^\infty - \int_0^\infty \frac{e^{-(s+a)t}}{-(s+a)} \cdot 1 \cdot dt$$

$$= \frac{1}{s+a}\int_0^\infty e^{-(s+a)t}dt$$

$$= \frac{1}{s+a}L\{e^{-at}\}$$

$$= \frac{1}{(s+a)^2}$$

■■■

예제 2.5

L$\{t^n$을 구하시오. 단, $n \geq 1$인 자연수이다.

풀이

정의에 의해

$$L\{t^n\} = \int_0^\infty t^n e^{-st}dt$$

$$= t^n \cdot \frac{e^{-st}}{-s}\Big|_0^\infty - \int_0^\infty \frac{e^{-st}}{-s} \cdot n \cdot t^{n-1} \cdot dt$$

$$= \frac{n}{s}\int_0^\infty e^{-st} \cdot t^{n-1} \cdot dt$$

$$= \frac{n}{s}\left[t^{n-1}\cdot\frac{e^{-st}}{-s}\Big|_0^\infty - \int_0^\infty \frac{e^{-st}}{-s}\cdot(n-1)\cdot t^{n-2}\cdot dt\right]$$

$$= \frac{n(n-1)}{s^2}\int_0^\infty e^{-st}\cdot t^{n-2}\cdot dt$$

계속 같은 형태의 결과가 나오므로 t의 지수가 1이 되는 때까지 계산해 가면 L$\{t^n$은 다음과 같은 형태가 된다.

$$\text{L}\{t^n\} = \frac{n(n-1)(n-2)\cdots 2}{s^{n-1}}\int_0^\infty e^{-st}\ t\ dt$$

$$= \frac{n(n-1)(n-2)\cdots 2}{s^{n-1}}\cdot\frac{1}{s^2}$$

$$= \frac{n!}{s^{n+1}}$$

■■■

예제 2.6

L{sinwt}을 구하시오.

풀이

정의에 의해

$$\text{L}\{\sin wt\} = \int_0^\infty \sin wt\cdot e^{-st}dt$$

$$= \sin wt\cdot\frac{e^{-st}}{-s}\Big|_0^\infty - \int_0^\infty\frac{e^{-st}}{-s}\cdot w\ \cos wt\cdot dt$$

$$= \frac{w}{s}\int_0^\infty \cos wt\cdot e^{-st}dt$$

$$= \frac{w}{s}\left[\cos wt\cdot\frac{e^{-st}}{-s}\Big|_0^\infty - \int_0^\infty\frac{e^{-st}}{-s}\cdot(-w\ \sin wt)dt\right]$$

$$= \frac{w}{s}\left(\frac{1}{s} - \frac{w}{s}\int_0^\infty \sin wt\cdot e^{-st}dt\right)$$

$$= \frac{w}{s^2} - \frac{w^2}{s^2}\text{L}\{\sin wt\}$$

따라서

$$\left(1+\frac{w^2}{s^2}\right)\text{L}\{\sin wt\} = \frac{w}{s^2}$$

를 얻는다. 정리하면 L { sin wt}는 다음과 같다.

$$\mathrm{L}\{\sin wt\} = \frac{w}{s^2 + w^2}$$

■■■

예제 2.7

L { cos wt}을 구하시오.

풀이

정의에 의해

$$\mathrm{L}\{\cos wt\} = \int_0^\infty \cos wt \cdot e^{-st}dt$$

$$= \cos wt \cdot \frac{e^{-st}}{-s}\bigg|_0^\infty - \int_0^\infty \frac{e^{-st}}{-s} \cdot (-w \sin wt)dt$$

$$= \frac{1}{s} - \frac{w}{s}\int_0^\infty \sin wt \cdot e^{-st}dt$$

$$= \frac{1}{s} - \frac{w}{s}\left[\sin wt \cdot \frac{e^{-st}}{-s}\bigg|_0^\infty - \int_0^\infty \frac{e^{-st}}{-s} \cdot w \cos wt\, dt\right]$$

$$= \frac{1}{s} - \frac{w^2}{s^2}\int_0^\infty \cos wt \cdot e^{-st}dt$$

$$= \frac{1}{s} - \frac{w^2}{s^2}\mathrm{L}\{\cos wt\}$$

따라서 다음 식을 얻는다.

$$\left(1 + \frac{w^2}{s^2}\right)\mathrm{L}\{\cos wt\} = \frac{1}{s}$$

정리하면 다음과 같다.

$$\mathrm{L}\{\cos wt\} = \frac{s}{s^2 + w^2}$$

■■■

예제 2.8

L { sinh at}을 구하시오.

풀이

정의에 의해

$$\mathrm{L}\{\sinh at\} = \int_0^\infty \sinh at \cdot e^{-st}dt$$

$$= \int_0^\infty \frac{e^{at}-e^{-at}}{2} \cdot e^{-st}dt$$

$$= \frac{1}{2}\left[\int_0^\infty e^{-(s-a)t}dt - \int_0^\infty e^{-(s+a)t}dt\right]$$

$$= \frac{1}{2}\left(\frac{1}{s-a} - \frac{1}{s+a}\right)$$

$$= \frac{a}{s^2-a^2}$$

■■■

예제 2.9

$\mathrm{L}\{\cosh at\}$을 구하시오.

풀이

정의에 의해

$$\mathrm{L}\{\cosh at\} = \int_0^\infty \cosh at \cdot e^{-st}dt$$

$$= \int_0^\infty \frac{e^{at}+e^{-at}}{2} \cdot e^{-st}dt$$

$$= \frac{1}{2}\left[\int_0^\infty e^{-(s-a)t}dt + \int_0^\infty e^{-(s+a)t}dt\right]$$

$$= \frac{1}{2}\left(\frac{1}{s-a} + \frac{1}{s+a}\right)$$

$$= \frac{s}{s^2-a^2}$$

■■■

예제 2.10

$\mathrm{L}\{e^{-at}\sin wt\}$을 구하시오.

풀이

정의에 의해

$$L\{e^{-at}\sin wt\} = \int_0^\infty (e^{-at}\sin wt)e^{-st}dt$$

$$\begin{aligned}
&= \int_0^\infty \sin wt \cdot e^{-(s+a)t}dt \\
&= \sin wt \cdot \left.\frac{e^{-(s+a)t}}{-(s+a)}\right|_0^\infty - \int_0^\infty w \ \cos wt \cdot \frac{e^{-(s+a)t}}{-(s+a)}dt \\
&= \frac{w}{s+a}\int_0^\infty \cos wt \cdot e^{-(s+a)t}dt \\
&= \frac{w}{s+a}\left[\cos wt \cdot \left.\frac{e^{-(s+a)t}}{-(s+a)}\right|_0^\infty - \int_0^\infty (-w \ \sin wt)\cdot \frac{e^{-(s+a)t}}{-(s+a)}dt\right] \\
&= \frac{w}{s+a}\left(\frac{1}{s+a} - \frac{w}{s+a}\int_0^\infty \sin wt \cdot e^{-(s+a)t}dt\right) \\
&= \frac{w}{(s+a)^2} - \left(\frac{w}{s+a}\right)^2\int_0^\infty \sin wt \cdot e^{-(s+a)t}dt
\end{aligned}$$

따라서

$$\left(1+\left(\frac{w}{s+a}\right)^2\right)L\{e^{-at}\sin wt\} = \frac{w}{(s+a)^2}$$

를 얻는다. 정리하면 $L\{e^{-at}\sin wt\}$는 다음과 같다.

$$L\{e^{-at}\sin wt\} = \frac{w}{(s+a)^2+w^2}$$

■■■

예제 2.11

$L\{e^{-at}\cos wt\}$을 구하시오.

풀이

정의에 의해

$$L\{e^{-at}\cos wt\} = \int_0^\infty (e^{-at}\cos wt)e^{-st}dt$$

$$= \int_0^\infty \cos wt \cdot e^{-(s+a)t}dt$$

$$= \cos wt \cdot \frac{e^{-(s+a)t}}{-(s+a)}\Big|_0^{\infty} - \int_0^{\infty}(-w\ \sin wt)\cdot\frac{e^{-(s+a)t}}{-(s+a)}dt$$

$$= \frac{1}{s+a} - \frac{w}{s+a}\int_0^{\infty}\sin wt\cdot e^{-(s+a)t}dt$$

$$= \frac{1}{s+a} - \frac{w}{s+a}\left[\sin wt\cdot\frac{e^{-(s+a)t}}{-(s+a)}\Big|_0^{\infty} - \int_0^{\infty} w\ \cos wt\cdot\frac{e^{-(s+a)t}}{-(s+a)}dt\right]$$

$$= \frac{1}{s+a} - \left(\frac{w}{s+a}\right)^2\int_0^{\infty}\cos wt\cdot e^{-(s+a)t}dt$$

따라서

$$\left(1+\left(\frac{w}{s+a}\right)^2\right)\mathrm{L}\{e^{-at}\cos wt\} = \frac{1}{s+a}$$

를 얻는다. 정리하면 $\mathrm{L}\{e^{-at}\cos wt\}$는 다음과 같다.

$$\mathrm{L}\{e^{-at}\cos wt\} = \frac{s+a}{(s+a)^2+w^2}$$

■■■

예제 2.12

다음 함수의 Laplace 변환을 구하시오.

$$f(t) = \begin{cases} t, & 0 \le t \le 1 \\ 1, & 1 \le t \end{cases}$$

풀이

정의에 의해

$$\mathrm{L}\{f(t)\} = \int_0^{\infty} f(t)e^{-st}dt$$

$$= \int_0^1 te^{-st}dt + \int_1^{\infty} e^{-st}dt$$

그런데

$$\int_0^1 te^{-st}dt = t\cdot\frac{e^{-st}}{-s}\Big|_0^1 - \int_0^1\frac{e^{-st}}{-s}\cdot 1\cdot dt$$

$$= \frac{e^{-s}}{-s} + \frac{1}{s}\cdot\frac{e^{-st}}{-s}\Big|_0^1$$

$$= -\frac{e^{-s}}{s} - \frac{1}{s^2}(e^{-s}-1)$$

$$\int_1^{\infty} e^{-st}dt = \left.\frac{e^{-st}}{-s}\right|_1^{\infty} = \frac{e^{-s}}{s}$$

이므로 L $\{f(t)\}$는 다음과 같다.

$$\text{L}\{f(t)\} = \frac{1-e^{-s}}{s^2}$$

■■■

2.3 Laplace 변환의 수학적 성질

Laplace 변환에는 여러 가지 유용한 성질이 있는데, 대표적인 것으로 미분된 함수의 변환, 주기 함수의 변환, 선형성, 최종값 정리, 초기값 정리 및 합성곱의 변환등을 들 수 있다. 각 성질들은 주어진 함수의 Laplace 변환을 좀 더 쉽게 구하는 데 활용되기도 하며, 다른 응용 분야에서 필요한 연산을 단순화시켜 주는 도구로 사용되기도 한다. 다음에 Laplace 변환이 갖는 여러 가지 수학적 성질을 설명한다.

정리 2-1 :

a가 실수일때 $f(t)$의 Laplace 변환을 $F(s)$라 하면
$\text{L}\{e^{at}f(t)\} = F(s-a)$
이 성립한다.

증명

Laplace 변환의 정의에 의해

$$\text{L}\{e^{at}f(t)\} = \int_0^{\infty} e^{at}f(t)e^{-st}dt$$

$$= \int_0^{\infty} f(t)e^{-(s-a)t}dt \qquad (2\text{-}1)$$

그런데 $F(s) = \int_0^{\infty} f(t)e^{-st}dt$ 이므로

$$\text{L}\{e^{at}f(t)\} = F(s-a) \qquad (2\text{-}2)$$

참고

어떤 함수에 e^{at}가 곱해진 함수의 Laplace 변환을 구할 때는 e^{at}가 제외된 나머지 함수의 Laplace 변환을 구한 후 그 결과에서 s 대신 $s-a$를 대입하면 된다.

예제 2.13

$L\{e^{3t}\cos 5t\}$를 구하시오.

풀이

$L\{e^{at}f(t)\} = F(s-a)$의 성질을 이용하면 된다.

$L\{\cos 5t\} = \dfrac{s}{s^2+5^2}$이므로

$$L\{e^{3t}\cos 5t\} = \frac{s-3}{(s-3)^2+5^2}$$

■■■

예제 2.14

$L\{e^{5t}\sinh 2t\}$를 구하시오.

풀이

$L\{e^{at}f(t)\} = F(s-a)$의 성질을 이용하면 된다.

$L\{\sinh 2t\} = \dfrac{2}{s^2-2^2}$이므로

$$L\{e^{5t}\sinh 2t\} = \frac{2}{(s-5)^2-2^2}$$

■■■

예제 2.15

$L\{e^{-4t}t^4\}$를 구하시오.

풀이

$L\{e^{at}f(t)\} = F(s-a)$의 성질을 이용하면 된다.

$\mathrm{L}\{t^4\} = \dfrac{4!}{s^{4+1}}$ 이므로

$$\mathrm{L}\{e^{-4t}t^4\} = \frac{24}{(s+4)^5}$$

■■■

정리 2-2 :

$a>0$일때 단위계단함수를 $u(t)$라 하고 $f(t)$의 Laplace 변환을 $F(s)$라 하면 $\mathrm{L}\{f(t-a)u(t-a)\} = e^{-as}F(s)$가 성립한다.

증명

Laplace 변환의 정의에 의해

$$\mathrm{L}\{f(t-a)u(t-a)\} = \int_0^\infty f(t-a)u(t-a)e^{-st}dt$$

$$= \int_0^a f(t-a)u(t-a)e^{-st}dt + \int_a^\infty f(t-a)u(t-a)e^{-st}dt \tag{2-3}$$

$u(t-a)$는 $t \geq a$에서만 1이며, 그외 영역에서는 0이므로 위의 적분식은 다음과 같이 간략화 된다.

$$\{f(t-a)u(t-a)\} = \int_a^\infty f(t-a)e^{-st}dt \tag{2-4}$$

여기서 $t-a = \tau$로 변환하면

$$\int_a^\infty f(t-a)e^{-st}dt = \int_0^\infty f(\tau)e^{-s(\tau+a)}d\tau$$

$$= e^{-as}\int_0^\infty f(\tau)e^{-s\tau}d\tau \tag{2-5}$$

그런데 $F(s) = \int_0^\infty f(\tau)e^{-s\tau}d\tau$이므로

$$\{f(t-a)u(t-a)\} = e^{-as}F(s) \tag{2-6}$$

■■■

예제 2.16

$\mathrm{L}\{u(t-5)\}$를 구하시오.

풀이

$L\{f(t-a)u(t-a)\}= e^{-as}F(s)$의 성질을 이용하면

$$L\{u(t-5)\}= e^{-5s}\cdot\frac{1}{s}$$

$$= \frac{e^{-5s}}{s}$$

■■■

예제 2.17

$L\{e^{t-3}u(t-3)\}$를 구하시오.

풀이

$L\{f(t-a)u(t-a)\}= e^{-as}F(s)$의 성질을 이용하면

$$L\{e^{t-3}u(t-3)\}= e^{-3s}\cdot L\{e^{t}\}$$

$$= e^{-3s}\cdot\frac{1}{s-1}$$

$$= \frac{e^{-3s}}{s-1}$$

■■■

예제 2.18

$L\{(t-1)^3u(t-1)\}$를 구하시오.

풀이

$L\{f(t-a)u(t-a)\}= e^{-as}F(s)$의 성질을 이용하면

$$L\{(t-1)^3u(t-1)\}= e^{-s}L\{t^3\}$$

$$= e^{-s}\cdot\frac{3!}{s^4}$$

$$= \frac{6e^{-s}}{s^4}$$

■■■

정리 2-3 :

$f(t)$의 Laplace 변환을 $F(s)$라 할때, $f'(t)$에 대해
$\mathrm{L}\{f'(t)\} = sF(s) - f(0)$
이 성립한다.

증명

Laplace 변환의 정의에 의해

$$\mathrm{L}\{f'(t)\} = \int_0^\infty f'(t)e^{-st}dt$$

$$= f(t) \cdot e^{-st}\Big|_0^\infty - \int_0^\infty f(t)(-s)e^{-st}dt$$

$$= -f(0) + s\int_0^\infty f(t)e^{-st}dt \tag{2-7}$$

그런데 $F(s) = \int_0^\infty f(t)e^{-st}dt$ 이므로

$$\{f'(t)\} = sF(s) - f(0) \tag{2-8}$$

■■■

정리 2-4 :

$f(t)$의 Laplace 변환을 $F(s)$라 할때, $f''(t)$에 대해
$\mathrm{L}\{f''(t)\} = s^2F(s) - sf(0) - f'(0)$
이 성립한다.

증명

Laplace 변환의 정의에 의해

$$\mathrm{L}\{f''(t)\} = \int_0^\infty f''(t)e^{-st}dt$$

$$= f'(t)e^{-st}\Big|_0^\infty - \int_0^\infty f'(t)(-s)e^{-st}dt$$

$$= -f'(0) + s\int_0^\infty f'(t)e^{-st}dt \tag{2-9}$$

그런데 $L\{f'(t)\} = \int_0^\infty f'(t)e^{-st}dt = sF(s) - f(0)$이므로

$$L\{f''(t)\} = -f'(0) + s\,[s\ F(s) - f(0)]$$

$$= s^2F(s) - sf(0) - f'(0) \tag{2-10}$$

■■■

이 과정을 $f'''(t)$, $f^{(4)}(t)$, …, 등으로 미분의 횟수를 증가시켜 가며 계산하면 임의의 n번 미분한 함수 $f^{(n)}(t)$에 대한 Laplace 변환의 공식을 정리 2-5로 얻을 수 있다.

정리 2-5 :

$f(t)$의 Laplace 변환을 $F(s)$라 할때,
$L\{f^{(n)}(t)\} = s^nF(s) - s^{n-1}f(0) - s^{n-2}f'(0) - \cdots - f^{(n-1)}(0)$이 성립한다.

예제 2.19

$L\left\{\frac{d}{dt}(\sin t)\right\}$를 구하시오.

풀이

$L\{f'(t)\} = sF(s) - f(0)$를 이용하면

$$L\left\{\frac{d}{dt}(\sin t)\right\} = sL\{\sin t\} - \sin(0)$$

$$= s\frac{1}{s^2+1} - 0$$

$$= \frac{s}{s^2+1}$$

이 결과는 $L\left\{\frac{d}{dt}(\sin t)\right\} = L\{\cos t\} = \frac{s}{s^2+1}$로 부터 쉽게 확인할 수 있다.

■■■

예제 2.20

$L\left\{\frac{d}{dt}(\cos t)\right\}$를 구하시오.

풀이

$L\{f'(t)\} = sF(s) - f(0)$를 이용하면

$$L\left\{\frac{d}{dt}(\cos t)\right\} = sL\{\cos t\} - \cos(0)$$

$$= s\frac{s}{s^2+1} - 1$$

$$= -\frac{1}{s^2+1}$$

이 결과는 $L\left\{\frac{d}{dt}(\cos t)\right\} = L\{-\sin t\} = -\frac{1}{s^2+1}$로 부터 쉽게 확인할 수 있다.

■■■

정리 2-6 :

$f(t)$의 Laplace 변환을 $F(s)$라 할때,

$L\{tf(t)\} = -\frac{d}{ds}F(s)$

이 성립한다.

증명

Laplace 변환의 정의에 의해

$$F(s) = \int_0^\infty f(t)e^{-st}dt \tag{2-11}$$

양변을 s에 대해 미분하면 다음 식을 얻는다.

$$\begin{aligned}\frac{d}{ds}F(s) &= \frac{d}{ds}\int_0^\infty f(t)e^{-st}dt \\ &= \int_0^\infty f(t)\left[\frac{d}{ds}e^{-st}\right]dt \\ &= -\int_0^\infty e^{-st}\,[tf(t)]dt \\ &= -L\{tf(t)\} \end{aligned} \tag{2-12}$$

■■■

정리 2-7 :

$f(t)$의 Laplace 변환을 $F(s)$라 할때,

$\mathrm{L}\{t^2 f(t)\} = \dfrac{d^2}{ds^2}F(s)$이 성립한다.

증명

Laplace 변환의 정의에 의해

$$F(s) = \int_0^\infty f(t)e^{-st}dt \tag{2-13}$$

그런데 이미

$$\frac{d}{ds}F(s) = -\int_0^\infty [tf(t)]e^{-st}dt \tag{2-14}$$

가 성립함을 알고 있으므로, 이 식의 양변을 s에 대해 한번 더 미분하면 다음 식을 얻을 수 있다.

$$\begin{aligned}\frac{d^2}{ds^2}F(s) &= -\frac{d}{ds}\int_0^\infty [tf(t)]e^{-st}dt \\ &= -\int_0^\infty [tf(t)]\left[\frac{d}{ds}e^{-st}\right]dt \\ &= \int_0^\infty [t^2 f(t)]e^{-st}dt \\ &= \mathrm{L}\{t^2 f(t)\}\end{aligned} \tag{2-15}$$

■■■

$f^{(n)}(t)$에 대한 Laplace 변환에서와 같이 이 과정을 $t^3 f(t)$, $t^4 f(t)$, $t^5 f(t)$, $\cdots$, 등으로 t의 지수를 증가시켜 가면서 계산하면 $t^n f(t)$에 대한 Laplace 변환을 정리 2-8로 얻는다.

정리 2-8:

$f(t)$의 Laplace 변환을 $F(s)$라 할때, $n = 1,2,3,\cdots$에 대해

$\mathrm{L}\{t^n f(t)\} = (-1)^n \dfrac{d^n}{ds^n}F(s)$이 성립한다.

예제 2.21

L$\{t\ \sin 3t\}$를 구하시오.

풀이

L$\{tf(t)\} = -\dfrac{d}{ds}F(s)$의 성질을 이용한다.

L$\{\sin 3t\} = \dfrac{3}{s^2+3^2}$이므로

$$\frac{d}{ds}F(s) = \frac{0-3\cdot(2s)}{(s^2+3^2)^2} = -\frac{6s}{(s^2+3^2)^2}$$

따라서

$$L\{t\ \sin 3t\} = \frac{6s}{(s^2+3^2)^2}$$

■■■

예제 2.22

L$\{te^{-5t}\}$를 구하시오.

풀이

L$\{tf(t)\} = -\dfrac{d}{ds}F(s)$의 성질을 이용한다.

L$\{e^{-5t}\} = \dfrac{1}{s+5}$이므로

$$\frac{d}{ds}F(s) = \frac{0-1\cdot 1}{(s+5)^2} = -\frac{1}{(s+5)^2}$$

따라서

$$L\{te^{-5t}\} = \frac{1}{(s+5)^2}$$

■■■

정리 2-9:

$f(t)$가 T의 주기(Period)를 갖는 주기함수라면

L$\{f(t)\} = \dfrac{1}{1-e^{-sT}}\displaystyle\int_0^T f(t)e^{-st}dt$이 성립한다.

증명

Laplace 변환의 정의에 의해

$$\mathrm{L}\{f(t)\} = \int_0^\infty f(t)e^{-st}dt$$

$$= \int_0^T f(t)e^{-st}dt + \int_T^\infty f(t)e^{-st}dt \tag{2-16}$$

여기서 두번째 항의 적분 범위를 0에서∞까지로 변환하기 위해 두번째 항에 대해 변수를 $t-T \triangleq \tau$로 변환하면

$$\int_T^\infty f(t)e^{-st}dt = \int_0^\infty f(\tau+T)e^{-s(\tau+T)}d\tau \tag{2-17}$$

그런데 $f(t)$는 주기가 T인 주기함수이므로

$$f(\tau+T) = f(\tau) \tag{2-18}$$

인 성질을 갖는다. 따라서 위의 적분은 다음과 같이 간략화 된다.

$$\int_0^\infty f(\tau+T)e^{-s(\tau+T)}d\tau = e^{-sT}\int_0^\infty f(\tau)e^{-s\tau}d\tau$$

$$= e^{-sT}\mathrm{L}\{f(t)\} \tag{2-19}$$

그러므로 다음 식을 얻을 수 있다.

$$\mathrm{L}\{f(t)\} = \int_0^T f(t)e^{-st}dt + e^{-sT}\mathrm{L}\{f(t)\} \tag{2-20}$$

따라서

$$\mathrm{L}\{f(t)\} = \frac{1}{1-e^{-sT}}\int_0^T f(t)e^{-st}dt \tag{2-21}$$

■■■

예제 2.23

$|\sin t|$의 Laplace 변환을 구하시오.

풀이

$|\sin t|$는 $\sin t$에 절대값을 취한 함수이므로 주기가 π인 주기함수가 된다. 따라서 $|\sin t|$의 Laplace 변환은

$$\mathrm{L}\{f(t)\} = \frac{1}{1-e^{-sT}}\int_0^T f(t)e^{-st}dt$$

를 이용하면 된다.

$$\mathrm{L}\{|\sin t|\} = \frac{1}{1-e^{-\pi s}}\int_0^\pi \sin t \cdot e^{-st}dt$$

여기서

$$\begin{aligned}\int_0^\pi \sin t \cdot e^{-st}dt &= \sin t \cdot \frac{e^{-st}}{-s}\bigg|_0^\pi - \int_0^\pi \frac{e^{-st}}{-s}\cdot \cos t\ dt \\ &= \frac{1}{s}\int_0^\pi \cos t \cdot e^{-st}dt \\ &= \frac{1}{s}\left[\cos t \cdot \frac{e^{-st}}{-s}\bigg|_0^\pi - \int_0^\pi (-\sin t)\cdot \frac{e^{-st}}{-s}dt\right] \\ &= \frac{1}{s}\left[\frac{e^{-s\pi}}{s} + \frac{1}{s} - \frac{1}{s}\int_0^\pi \sin t \cdot e^{-st}dt\right]\end{aligned}$$

정리하면 다음을 얻는다.

$$(1+s^2)\int_0^\pi \sin t \cdot e^{-st}dt = 1 + e^{-s\pi}$$

따라서

$$\int_0^\pi \sin t \cdot e^{-st}dt = \frac{1+e^{-s\pi}}{s^2+1}$$

그러므로

$$\mathrm{L}\{|\sin t|\} = \left(\frac{1+e^{-\pi s}}{1-e^{-\pi s}}\right)\cdot \frac{1}{s^2+1}$$

■■■

예제 2.24

$\sin t$ 의 Laplace 변환을 구하시오.

풀이

$\sin t$는 $w = 2\pi f = 1$로 부터 주기가 2π인 주기함수다. 따라서 $\sin t$의 Laplace 변환은

$$\mathrm{L}\{f(t)\} = \frac{1}{1-e^{-sT}}\int_0^T f(t)e^{-st}dt$$

를 이용하여 구할 수 있다.

$$\mathrm{L}\{\sin t\} = \frac{1}{1-e^{-2\pi s}}\int_0^{2\pi} \sin t \cdot e^{-st}dt$$

여기서

$$\int_0^{2\pi} \sin t \cdot e^{-st}dt = \sin t \cdot \frac{e^{-st}}{-s}\Big|_0^{2\pi} - \int_0^{2\pi} \frac{e^{-st}}{-s} \cdot \cos t\ dt$$
$$= \frac{1}{s}\int_0^{2\pi} \cos t \cdot e^{-st}dt$$
$$= \frac{1}{s}\left[\cos t \cdot \frac{e^{-st}}{-s}\Big|_0^{2\pi} - \int_0^{2\pi}(-\sin t) \cdot \frac{e^{-st}}{-s}\,dt\right]$$
$$= \frac{1}{s}\left[-\frac{e^{-2\pi s}}{s} + \frac{1}{s} - \frac{1}{s}\int_0^{2\pi} \sin t \cdot e^{-st}dt\right]$$

정리하면 다음과 같다.

$$(s^2+1)\int_0^{2\pi} \sin t \cdot e^{-st}dt = 1-e^{-2\pi s}$$

따라서

$$\int_0^{2\pi} \sin t \cdot e^{-st}dt = \frac{1-e^{-2\pi s}}{(s^2+1)}$$

그러므로

$$\mathrm{L}\{\sin t\} = \frac{1}{s^2+1}$$

■■■

이 결과는 앞에서 Laplace 변환의 정의로 부터 직접 유도한 결과와 같음을 알 수 있다.

정리 2-10:

> $f(t)$의 Laplace 변환을 $F(s)$라 하면
> $\lim_{t\to\infty} f(t) = \lim_{s\to 0} sF(s)$이 성립한다.

증명

$f'(t)$에 대한 Laplace 변환은 다음과 같다.

$$\mathrm{L}\{f'(t)\} = \int_0^{\infty} f'(t)e^{-st}dt = sF(s) - f(0) \tag{2-22}$$

양변에 $s\to 0$의 극한을 취하면

$$\lim_{s\to 0}\int_0^{\infty} f'(t)e^{-st}dt = \int_0^{\infty} f'(t)dt = f(\infty) - f(0) \tag{2-23}$$

$$\lim_{s\to 0}[sF(s) - f(0)] = \lim_{s\to 0} sF(s) - f(0) \tag{2-24}$$

이므로

$$f(\infty) = \lim_{s \to 0} sF(s) \tag{2-25}$$

임을 알 수 있다.

■■■

최종값 정리의 의미

$F(s)$를 알고 있으면 $F(s)$에 대응하는 $f(t)$를 구하지 않아도 $f(\infty)$를 $F(s)$로부터 바로 계산할 수 있다.

예제 2.25

어떤 함수 $f(t)$의 Laplace 변환이 다음과 같을 때 $f(\infty)$를 구하시오.

$$F(s) = \frac{2s+5}{s(s+5)}$$

풀이

$\lim_{t \to \infty} f(t) = \lim_{s \to 0} sF(s)$를 이용하면 된다.

$$\begin{aligned} \lim_{s \to 0} sF(s) &= \lim_{s \to 0} s \cdot \frac{2s+5}{s(s+5)} \\ &= \lim_{s \to 0} \frac{2s+5}{s+5} \\ &= 1 \end{aligned}$$

■■■

참고로 $F(s)$는 $f(t) = 1 + e^{-5t}$를 Laplace 변환한 함수이다. 즉 $f(\infty) = 1$임을 확인 할 수 있다.

정리 2-11: 초기값 정리

$f(t)$의 Laplace 변환을 $F(s)$라 하면
$\lim_{t \to 0} f(t) = \lim_{s \to \infty} sF(s)$이 성립한다.

증명

$f'(t)$에 대한 Laplace 변환은 다음과 같다.

$$\mathrm{L}\{f'(t)\} = \int_0^\infty f'(t)e^{-st}dt = sF(s) - f(0) \tag{2-26}$$

양변에 $s \to \infty$의 극한을 취하면

$$\lim_{s\to\infty}\int_0^\infty f'(t)e^{-st}dt = 0 \tag{2-27}$$

$$\lim_{s\to\infty}[sF(s) - f(0)] = \lim_{s\to\infty} sF(s) - f(0) \tag{2-28}$$

이므로

$$f(0) = \lim_{s\to\infty} sF(s) \tag{2-29}$$

가 성립한다.

■■■

예제 2.26

어떤 함수 $f(t)$의 Laplace 변환이 다음과 같을 때 $f(0)$를 구하시오.

$$F(s) = \frac{3}{s+7}$$

풀이

$\lim_{t\to 0} f(t) = \lim_{s\to\infty} sF(s)$를 이용하면 된다.

$$\begin{aligned}\lim_{s\to\infty} sF(s) &= \lim_{s\to\infty} s \cdot \frac{3}{s+7} \\ &= \lim_{s\to\infty}\frac{3s}{s+7} \\ &= 3\end{aligned}$$

■■■

참고로 $F(s)$는 $f(t) = 3e^{-7t}$를 Laplace 변환한 함수이므로 $f(0) = 3$ 임을 쉽게 알 수 있다.

정리 2-12: Laplace 변환의 선형성

$f(t)$와 $g(t)$의 Laplace 변환을 $F(s)$ 및 $G(s)$, α와 β를 상수라고 할때 L $\{\alpha f(t) \pm \beta g(t)\} = \alpha F(s) \pm \beta G(s)$이 성립한다.

증명

Laplace 변환의 정의에 의해

$$\begin{aligned} L\{\alpha f(t) \pm \beta g(t)\} &= \int_0^\infty (\alpha f(t) \pm \beta g(t)) e^{-st} dt \\ &= \int_0^\infty (\alpha f(t) e^{-st} \pm \beta g(t) e^{-st}) dt \\ &= \alpha \int_0^\infty f(t) e^{-st} \pm \beta \int_0^\infty g(t) e^{-st} dt \\ &= \alpha F(s) \pm \beta G(s) \end{aligned} \tag{2-30}$$

■■■

예제 2.27

$L\{4e^{-3t} + 2\sin 5t\}$를 구하시오

풀이

Laplace 변환의 선형성을 이용한다.

$$\begin{aligned} L\{4e^{-3t} + 2\sin 5t\} &= 4L\{e^{-st}\} + 2L\{\sin 5t\} \\ &= 4 \cdot \frac{1}{s+3} + 2 \cdot \frac{5}{s^2 + 5^2} \\ &= \frac{4s^2 + 10s + 130}{(s^2+25)(s+3)} \end{aligned}$$

■■■

정의 2-2 : 합성곱(Convolution)

함수 f와 h가 구간별 연속일 때, $f*h$ 로 표기되는 식

$f*h = \int_0^t f(\tau) h(t-\tau) d\tau = \int_0^t f(t-\tau) h(\tau) d\tau$를 f와 h의 합성곱이라고 한다.

정리 2-13 : 합성곱의 Laplace 변환

f와 h의 합성곱에 대한 Laplace 변환은 다음과 같다.

$\mathrm{L}\{f*h\} = \mathrm{L}\{f(t)\}\mathrm{L}\{h(t)\} = F(s)H(s)$

증명

합성곱과 Laplace 변환의 정의에 의해 $\mathrm{L}\{f*h\}$는 다음과 같다.

$$\mathrm{L}\{f*h\} = \int_0^\infty \left(\int_0^t f(\tau)h(t-\tau)d\tau\right)e^{-st}dt \tag{2-31}$$

내부 적분의 적분한계를 외부 적분의 적분한계와 같도록 변환하기 위해 단위 계단 함수를 도입하면

$$\int_0^t f(\tau)h(t-\tau)d\tau = \int_0^\infty f(\tau)h(t-\tau)u(t-\tau)d\tau \tag{2-32}$$

를 얻는다. 여기서 $u(t-\tau)$는 다음과 같은 단위 계단 함수다.

$$u(t-\tau) = \begin{cases} 1, & t \geq \tau \\ 0, & t < \tau \end{cases} \tag{2-33}$$

그러면 $\mathrm{L}\{f*h\}$는 다음과 같이 표현된다.

$$\mathrm{L}\{f*h\} = \int_0^\infty \left(\int_0^\infty f(\tau)h(t-\tau)u(t-\tau)d\tau\right)e^{-st}dt \tag{2-34}$$

내부 적분과 외부 적분의 적분 범위가 동일하므로 t에 관한 적분과 τ에 관한 적분의 순서를 바꿀 수 있으며

$$\mathrm{L}\{f*h\} = \int_0^\infty f(\tau)\left(\int_0^\infty h(t-\tau)u(t-\tau)e^{-st}dt\right)d\tau \tag{2-35}$$

를 얻는다. 그런데 여기서 괄호안의 내부 적분은 함수 $h(t-\tau)u(t-\tau)$에 대한 Laplace 변환의 정의이며, Laplace 변환의 수학적 성질을 이용하면 다음과 같이 간략히 표현할 수 있다.

$$\int_0^\infty h(t-\tau)u(t-\tau)e^{-st}dt = \mathrm{L}\{h(t-\tau)u(t-\tau)\} = e^{-\tau s}\mathrm{L}\{h(t)\} \tag{2-36}$$

그러므로 $\mathrm{L}\{f*h\}$는 다음과 같이 정리될 수 있다.

$$\begin{aligned}\mathrm{L}\{f*h\} &= \int_0^\infty f(\tau)(e^{-\tau s}\mathrm{L}\{h(t)\})d\tau \\ &= \left(\int_0^\infty f(\tau)e^{-\tau s}d\tau\right)(\mathrm{L}\{h(t)\}) \\ &= \mathrm{L}\{f(t)\}\cdot\mathrm{L}\{h(t)\}\end{aligned}$$

$$= F(s)H(s) \tag{2-37}$$

■■■

예제 2.28

$\mathrm{L}\left\{\int_0^t f(\tau)d\tau\right\}$를 구하시오

풀이

합성곱의 Laplace 변환을 이용하면 된다.

$$\int_0^t f(\tau)d\tau = \int_0^t f(\tau)\cdot 1 \cdot d\tau$$

로 볼 수 있으므로, $\int_0^t f(\tau)d\tau$는 f 와 $h=1$과의 합성곱에 해당한다. 따라서

$$\mathrm{L}\{f*h\} = F(s)H(s)$$

인 성질을 이용할 수 있으며,

$$H(s) = \mathrm{L}\{1\} = \frac{1}{s}$$

이므로 $\mathrm{L}\left\{\int_0^t f(\tau)d\tau\right\}$는 다음과 같다.

$$\mathrm{L}\left\{\int_0^t f(\tau)d\tau\right\} = \frac{F(s)}{s}$$

■■■

2.4 Laplace 변환의 역(Inverse)

개요

함수 $f(t)$에 대한 Laplace 변환은 다음과 같다.

$$F(s) = \int_0^\infty f(t)e^{-st}dt \tag{2-38}$$

여기서 $F(s)$를 주고, $F(s)$에 대응하는 $f(t)$를 구하는 문제를 Laplace변환의 역 또는 Laplce 역변환이라고 부른다.

◉ 표기법

$F(s)$에 대한 Laplace 역변환은 다음과 같이 표현된다.

$$\text{L-1}\{F(s)\}$$

◉ 역을 구하는 방법 - 부분 분수 분해법

부분 분수 분해법은 Laplace 변환의 선형성을 이용하는 방법이다. 단위 계단 함수, 지수 함수, 사인 함수 및 코사인 함수등과 같은 여러 가지 기본적인 함수들에 대한 Laplace 변환 결과를 이미 알고 있으므로, 주어진 $X(s)$를 이미 알고 있는 모양들로 분해하여 다음과 같은 형태로 표현한다.

$$X(s) = a_1X_1(s) + a_2X_2(s) + \cdots + a_NX_N(s) \tag{2-39}$$

여기서 $X_i(s)$, $i = 1, 2, \cdots N$,은 각각에 대응하는 $x_i(t)$, $i = 1, 2, \cdots N$,을 알고 있는 Laplace 변환 결과들이다. 그런데 Laplace 변환은 선형성이 있는 연산자(Operator)임을 이미 증명했으므로 다음의 관계가 성립한다.

$$\begin{aligned} &\text{L}\{a_1x_1(t) + a_2x_2(t) + \cdots + a_Nx_N(t)\} \\ &= a_1X_1(s) + a_2X_2(s) + \cdots + a_NX_N(s) \end{aligned} \tag{2-40}$$

즉, 분해된 $X_i(s)$, $i = 1, 2, \cdots N$, 에 대한 $x_i(t)$, $i = 1, 2, \cdots N$,를 각각 구하면, 주어진 $X(s)$에 대한 Laplace 역변환은 다음과 같이 얻어진다.

$$X^{-1}(s) = \sum_{i=1}^{N} a_i x_i(t) \tag{2-41}$$

예제 2.29

$\text{L}-1\left\{\dfrac{1}{(s+2)(s+3)}\right\}$를 구하시오

풀이

주어진 Laplace 변환을 다음과 같이 부분 분수(Partial fraction)로 분해한다.

$$\begin{aligned} \frac{1}{(s+2)(s+3)} &= \frac{A}{s+2} + \frac{B}{s+3} \\ &= \frac{(A+B)s + (3A+2B)}{(s+2)(s+3)} \end{aligned}$$

여기서 다음의 등식들을 만들 수 있다.

$$A+B=0 \quad , \quad 3A+2B=1$$

이 식들을 풀면 $A=1$ 및 $B=-1$ 이다. 따라서

$$\frac{1}{(s+2)(s+3)}=\frac{1}{s+2}-\frac{1}{s+3}$$

을 얻는다. 그런데

$$L\{e^{-2t}\}=\frac{1}{s+2}$$

$$L\{e^{-3t}\}=\frac{1}{s+3}$$

이므로, Laplace 변환의 선형성에 의해 구하고자 하는 Laplace 역변환은 다음과 같다.

$$L\text{-}1\left\{\frac{1}{(s+2)(s+3)}\right\}=e^{-2t}-e^{-3t}$$

■■■

예제 2.30

$L-1\left\{\frac{1}{s^2(s+3)}\right\}$를 구하시오

풀이

주어진 Laplace 변환을 다음과 같이 부분 분수로 분해한다.

$$\frac{1}{s^2(s+3)}=\frac{A}{s^2}+\frac{B}{s}+\frac{C}{s+3}$$

$$=\frac{(B+C)s^2+(A+3B)s+3A}{s^2(s+3)}$$

여기서 다음의 등식을 얻는다.

$$B+C=0 \quad , \quad A+3B=0 \quad , \quad 3A=1$$

그러므로, $A=\frac{1}{3}$, $B=-\frac{1}{9}$ 및 $C=\frac{1}{9}$이다. 즉

$$\frac{1}{s^2(s+3)}=\left(\frac{1}{3}\right)\left(\frac{1}{s^2}\right)+\left(-\frac{1}{9}\right)\left(\frac{1}{s}\right)+\left(\frac{1}{9}\right)\left(\frac{1}{s+3}\right)$$

와 같이 표현된다. 그런데

$$L\{t\}=\frac{1}{s^2}$$

$$L\{1\} = \frac{1}{s}$$

$$L\{e^{-3t}\} = \frac{1}{s+3}$$

이므로, Laplace 변환의 선형성에 의해 구하고자 하는 Laplace 역변환은 다음과 같다.

$$L\text{-}1\left\{\frac{1}{s^2(s+3)}\right\} = -\frac{1}{9} + \frac{1}{3}t + \frac{1}{9}e^{-3t}$$

■■■

2.5 Laplace 변환의 응용

Laplace 변환은 공학의 여러 분야에 응용된다. 여기서는 Laplace 변환을 이용하여 미분방정식을 대수방정식(Algebraic equation)으로 변환하고, 변환된 대수방정식의 해를 구하는 방법으로 미분방정식의 해를 찾는 기법을 알아 본다. 또 Laplace 변환을 활용하여 주어진 시스템의 동특성(Dynamic characteristic)을 표현할 수 있는 전달함수(Transfer function)를 정의하고 전달함수가 갖는 의미와 이를 활용하여 할 수 있는 일을 설명한다.

2.5.1 미분방정식 해법에의 응용

다음과 같은 비제차형 선형 n차 상미분 방정식을 생각해 보자.

$$C_n\frac{d^ny}{dt^n} + C_{n-1}\frac{d^{n-1}y}{dt^{n-1}} + \cdots + C_0y = f(t) \tag{2-42}$$

여기서 $y(t)$에 대한 초기 조건들은 $y(0), y'(0), \cdots, y^{(n-1)}(0)$등이 주어져 있다. $y(t)$ 및$f(t)$에 대한 Laplace 변환을 각각 $Y(s)$ 및 $F(s)$라 약속하고, 미분에 관한 Laplace 변환의 성질과 Laplace 변환의 선형성을 이용하여 주어진 미분방정식의 양변에 Laplace 변환을 취하면 다음을 얻는다.

$$L\left\{C_n\frac{d^ny}{dt^n} + C_{n-1}\frac{d^{n-1}y}{dt^{n-1}} + \cdots + C_0y\right\}$$

$$= C_n[s^n Y(s) - s^{n-1}y(0) - \cdots - y^{(n-1)}(0)]$$
$$+ C_{n-1}[s^{n-1} Y(s) - s^{n-2}y(0) - \cdots - y^{(n-2)}(0)]$$
$$+ \cdots + C_0 Y(s)$$
$$= \mathrm{L}\{f(t)\} = F(s) \tag{2-43}$$

이 식을 정리하면 $Y(s)$를 문제에서 주어진 C_i, $i = 0,1,\cdots,n, y(0)$, $y'(0)$, $\cdots$, $y^{(n-1)}(0)$ 들로 표현할 수 있다. 이때 $Y(s)$를 계산하는 것은 대수방정식을 푸는 문제가 되며, $Y(s)$는 주어진 미분방정식의 해인 $y(t)$를 Laplace 변환한 함수이므로 변환된 대수방정식에서 $Y(s)$를 구한 후 이를 Laplace 역변환함으로서 $y(t)$를 구할 수 있다. 즉 Laplace 변환이라는 도구를 이용하여 비제차형 선형 n차 상미분 방정식의 일반해를 찾을 수 있다.

해법 : Laplace 변환을 이용한 비제차 선형

- **Step 1**

  주어진 미분방정식의 양변에 Laplace 변환을 취한다.

  $$\mathrm{L}\left\{C_n \frac{d^n y}{dt^n} + C_{n-1}\frac{d^{n-1}y}{dt^{n-1}} + \cdots + C_0 y\right\} = \mathrm{L}\{f(t)\}$$

- **Step 2**

  $Y(s)$를 구한다.

- **Step 3**

  $y(t) = \mathrm{L}{-1}\{Y(s)\}$를 구한다.

예제 2.31

$y'' - 4y' + 3y = 5e^{3x}$, $y(0) = y'(0) = 0$ 의 해를 Laplace 변환을 이용하여 구하시오.

풀이

Step 1 : 양변에 Laplace 변환을 취한다.

주어진 미분방정식의 양변에 Laplace 변환을 취하면 다음과 같다.

$$\mathrm{L}\{y'' - 4y' + 3y\}$$
$$= [s^2 Y(s) - sy(0) - y'(0)] - 4[sY(s) - y(0)] + 3Y(s)$$

$$= \mathrm{L}\{5e^{3x}\}$$
$$= \frac{5}{s-3}$$

Step 2 : $Y(s)$를 구한다.

$Y(s)$에 관한 대수방정식을 정리하면

$$Y(s) = \frac{5}{(s-1)(s-3)^2}$$

를 얻는다.

Step 3 : $y(t) = \mathrm{L}{-1}\{Y(s)\}$를 구한다.

앞에서 구한 $Y(s)$를 부분 분수로 분해한다.

$$\frac{5}{(s-1)(s-3)^2} = \frac{A}{s-1} + \frac{B}{s-3} + \frac{C}{(s-3)^2}$$
$$= \frac{(A+B)s^2 + (-6A-4B+C)s + (9A+3B-C)}{(s-1)(s-3)^2}$$

따라서

$$A+B=0 \quad , \quad -6A-4B+C=0 \quad , \quad 9A+3B-C=5$$

이며, 여기서 $A=\frac{5}{4}$, $B=-\frac{5}{4}$ 및 $C=\frac{5}{2}$를 얻는다. 따라서 $Y(s)$는 다음과 같이 표현된다.

$$Y(s) = \left(\frac{5}{4}\right)\left(\frac{1}{s-1}\right) + \left(-\frac{5}{4}\right)\left(\frac{1}{s-3}\right) + \left(\frac{5}{2}\right)\left(\frac{1}{(s-3)^2}\right)$$

그런데

$$\mathrm{L}\{e^t\} = \frac{1}{s-1}$$
$$\mathrm{L}\{e^{3t}\} = \frac{1}{s-3}$$
$$\mathrm{L}\{te^{3t}\} = \frac{1}{(s-3)^2}$$

이므로, Laplace 변환의 선형성에 의해 $y(t)$는 다음과 같다.

$$y(t) = \frac{5}{4}e^t - \frac{5}{4}e^{3t} + \frac{5}{2}te^{3t}$$

■■■

예제 2.32

RLC 직렬회로에 $v(t)=10\sin t$의 전압이 직렬로 연결되어 $t=0$에서 인가될 때 회로에 흐르는 전류 i를 구하시오. 단 $R=7[\Omega]$, $L=1[H]$, $C=0.1[F]$이며, $i(0)=i'(0)=0$이다.

풀이

먼저 회로방정식으로부터 전류 i에 관한 미분방정식을 유도한다.

$$v(t) = Ri+L\frac{di}{dt}+\frac{1}{C}\int idt$$

로 부터

$$L\frac{d^2i}{dt^2}+R\frac{di}{dt}+\frac{1}{C}i = v'(t)$$

를 얻으므로 각 상수들을 대입하면 전류 i에 관한 미분방정식은 다음과 같다.

$$\frac{d^2i}{dt^2}+7\frac{di}{dt}+10i = 10\cos t$$

Step 1 : 양변에 Laplace 변환을 취한다.

전류 i에 관한 미분방정식의 양변에 Laplace 변환을 취하면 다음 식을 얻는다.

$$\begin{aligned} &\mathrm{L}\{i''+7i'+10i\} \\ &= [s^2I(s)-si(0)-i'(0)]+7[sI(s)-i(0)]+10I(s) \\ &= \mathrm{L}\{10\cos t\} \\ &= \frac{10s}{s^2+1^2} \end{aligned}$$

Step 2 : $I(s)$를 구한다.

$I(s)$에 관한 대수방정식을 정리하면 $I(s)$는 다음과 같이 표현된다.

$$I(s)= \frac{10s}{(s+2)(s+5)(s^2+1)}$$

Step 3 : $i(t)=\mathrm{L}-1\{I(s)\}$를 구한다.

$I(s)$를 부분 분수로 분해한다.

$$\frac{10s}{(s+2)(s+5)(s^2+1)} = \frac{A}{s+2}+\frac{B}{s+5}+\frac{Cs+D}{s^2+1}$$

$$= \frac{(A+B+C)s^3+(5A+2B+7C+D)s^2+(A+B+10C+7D)s+(5A+2B+10D)}{(s+2)(s+5)(s^2+1)}$$

여기서 다음의 등식들을 얻는다.

$$A+B+C=0$$

$$5A+2B+7C+D=0$$

$$A+B+10C+7D=10$$

$$5A+2B+10D=0$$

따라서, A, B, C 및 D는 다음과 같다.

$$A=-\frac{52}{39},\quad B=\frac{25}{39},\quad C=\frac{9}{13},\quad D=\frac{7}{13}$$

그러므로 $I(s)$는 다음과 같이 표현된다.

$$I(s)=\left(-\frac{52}{39}\right)\frac{1}{s+2}+\left(\frac{25}{39}\right)\left(\frac{1}{s+5}\right)+\left(\frac{1}{13}\right)\frac{9s+7}{s^2+1}$$

$$=\left(-\frac{52}{39}\right)\frac{1}{s+2}+\left(\frac{25}{39}\right)\left(\frac{1}{s+5}\right)+\left(\frac{9}{13}\right)\frac{s}{s^2+1}+\left(\frac{7}{13}\right)\left(\frac{1}{s^2+1}\right)$$

그런데

$$\mathrm{L}\{e^{-2t}\}=\frac{1}{s+2}$$

$$\mathrm{L}\{e^{-5t}\}=\frac{1}{s+5}$$

$$\mathrm{L}\{\cos t\}=\frac{s}{s^2+1}$$

$$\mathrm{L}\{\sin t\}=\frac{1}{s^2+1}$$

이므로, Laplace 변환의 선형성에 의해 $i(t)$는 다음과 같다.

$$i(t)=-\frac{52}{39}e^{-2t}+\frac{25}{39}e^{-5t}+\frac{9}{13}cost+\frac{7}{13}sint$$

■■■

예제 2.33

다음 연립미분방정식을 Laplace변환을 이용하여 푸시오.

$$\frac{dy_1}{dt}+2y_2=1$$

$$y_1+\frac{dy_2}{dt}=2$$

단$y_1(0)=y_2(0)=0$이다.

풀이

Step1 : 각 미분방정식에 Laplace 변환을 취한다.

$$\mathrm{L}\left\{\frac{dy_1}{dt}+2y_2\right\}= sY_1(s)+2Y_2(s) = \mathrm{L}\{1\}= \frac{1}{s}$$

$$\mathrm{L}\left\{y_1+\frac{dy_2}{dt}\right\}= Y_1(s)+sY_2(s) = \mathrm{L}\{2\}= \frac{2}{s}$$

Step2 : $Y_1(s)$와 $Y_2(s)$를 구한다.

$$Y_1(s)= \frac{\begin{vmatrix}1/s & 2\\ 2/s & s\end{vmatrix}}{\begin{vmatrix}s & 2\\ 1 & s\end{vmatrix}} = \frac{s-4}{s(s^2-2)}$$

$$Y_2(s)= \frac{\begin{vmatrix}s & 1/s\\ 1 & 2/s\end{vmatrix}}{\begin{vmatrix}s & 2\\ 1 & s\end{vmatrix}} = \frac{2s-1}{s(s^2-2)}$$

Step3 : $y_1(t)=\mathrm{L}-1\{Y_1(s)\}$, $y_2(t)=\mathrm{L}-1\{Y_2(s)\}$를 구한다.

앞에서 구한 $Y_1(s)$와 $Y_2(s)$ 를 부분 분수로 분해한다.

$$Y_1(s) = \frac{s-4}{s(s^2-2)} = \frac{2}{s}+(-2)\frac{s}{s^2-(\sqrt{2})^2}+\left(\frac{1}{\sqrt{2}}\right)\frac{\sqrt{2}}{s^2-(\sqrt{2})^2}$$

$$Y_2(s) = \frac{2s-1}{s(s^2-2)} = \left(\frac{1}{2}\right)\frac{1}{s}+\left(-\frac{1}{2}\right)\frac{s}{s^2-(\sqrt{2})^2}+(\sqrt{2})\frac{\sqrt{2}}{s^2-(\sqrt{2})^2}$$

그런데

$$\mathrm{L}\{1\}= \frac{1}{s}$$

$$\mathrm{L}\{\cosh\sqrt{2}\,t\}= \frac{s}{s^2-(\sqrt{2})^2}$$

$$\mathrm{L}\{\sinh\sqrt{2}\,t\}= \frac{\sqrt{2}}{s^2-(\sqrt{2})^2}$$

이므로, Laplace 변환의 선형성에 의해 $y_1(t)$ 및 $y_2(t)$는 다음과 같다.

$$y_1(t) = 2-2\cosh\sqrt{2}\,t+\frac{1}{\sqrt{2}}sinh\sqrt{2}\,t$$

$$y_2(t) = \frac{1}{2}-\frac{1}{2}cosh\sqrt{2}\,t+\sqrt{2}\,sinh\sqrt{2}\,t$$

■■■

2.5.2 시스템의 특성 표현-전달함수(Transfer function)

시스템의 동특성은 대개 미분방정식으로 표현된다. 예를 들어 모터(Motor)에 전압 $v(t)$를 인가하였을때 회전 속도$w(t)$의 변화 과정에 대한 동특성을 수학적으로 모델링하면 다음과 같은 1차 미분방정식으로 표현된다.

$$C_1\frac{dw}{dt}+C_0w = v(t) \tag{2-44}$$

여기서$v(t)$및$w(t)$의 Laplace 변환들을 각각 $V(s)$및$W(s)$라 약속하고, 미분방정식의 양변에 Laplace 변환을 취해 본다. 단, 이때$w(t)$에 대한 초기 조건, 즉 $w(0)$은 0 으로 둔다.

그러면

$$\begin{aligned} &\mathrm{L}\left\{C_1\frac{dw}{dt}+C_0w\right\} \\ &= C_1[sW(s)-w(0)]+C_0W(s) \\ &= (C_1s+C_0)W(s) \\ &= V(s) \end{aligned} \tag{2-45}$$

를 얻는다. 여기서 $V(s)$는 모터에 대한 입력 함수(Input 또는 Forcing function)의 Laplace 변환이며, $W(s)$는 출력 함수(Output function)의 Laplace 변환이므로 $V(s)$에 대한$W(s)$의 비를 구하면 다음과 같다.

$$\begin{aligned} \frac{W(s)}{V(s)} &= \frac{1}{C_1s+C_0} \\ &= \frac{1}{C_0}\cdot\frac{1}{1+\frac{C_1}{C_0}s} \\ &\triangleq \frac{a}{1+bs} \\ &\triangleq G(s) \end{aligned} \tag{2-46}$$

앞의 미분방정식에서$w(t)$를 구해보면$V(s)$에 대한$W(s)$의 비에 있는 a는 $t\to\infty$일 때의 최종 속도를 의미하며, b는 속도가 0에서부터 증가하여 최종 속도에 접근하는 과정의 특성을 의미하는 상수들이다. 이런 특성들은 시스템 자체가 가지고 있는 고유한 물리양들이며, $G(s)$를 알고 있으면$G(s)$를 관찰함으로서 시스템이 주어진 입력 함수에 대해 어떤 출력 함수를 발생시킬 지를 쉽게 파악할 수 있다. 이$G(s)$

를 주어진 시스템에 대한 '전달함수(Transfer function)'라고 부르며 다음과 같이 정의된다.

$$\text{전달함수} = \frac{\text{출력 함수의 Laplace 변환}}{\text{입력 함수의 Laplace 변환}} \tag{2-47}$$

단, 이때 모든 초기조건은 0으로 두어야 한다. 즉 Laplace 변환이라는 도구를 이용하여 시스템의 전달함수를 구해 두면 시스템의 특성을 상세히 설명하여 주지 않아도 전달함수만 알려 주는 것으로 시스템이 가진 고유한 성질들을 다른 사람들에게 전달할 수 있는 장점이 있다.

이를 일반화하기 위해 다음과 같은 비제차 선형 n차 상미분방정식을 생각해 보자.

$$C_n\frac{d^n y}{dt^n} + C_{n-1}\frac{d^{n-1}y}{dt^{n-1}} + \cdots + C_0 y = u(t) \tag{2-48}$$

모든 초기조건을 0으로 두고, $u(t)$및$y(t)$에 대한 Laplace 변환을 각각 $U(s)$및 $Y(s)$로 두며, 이 시스템의 전달함수를 $G_n(s)$라 정의하면, $G_n(s)$는 다음과 같다.

$$G_n(s) = \frac{Y(s)}{U(s)} = \frac{1}{C_n s^n + C_{n-1}s^{n-1} + \cdots + C_0} \tag{2-49}$$

또한 시스템의 전달함수를 알고 있으면 $G_n(s)$에서 볼 수 있듯이 이 시스템에 입력되는$u(t)$의 Laplace 변환인$U(s)$를$G_n(s)$에 곱하여$u(t)$에 대한 시스템의 출력인 $y(t)$의 Laplace 변환을 구할 수 있으므로$Y(s)$의 Laplace 역변환을 찾으면$y(t)$를 알 수 있는 성질이 있다.

예제 2.34

어떤 시스템의 입력$u(t)$와 출력$y(t)$간의 관계가 다음과 같은 선형 2차 상미분방정식으로 표현된다.

$$\frac{d^2y}{dt^2} + 7\frac{dy}{dt} + 12y = u$$

이 시스템의 전달함수를 구하시오. 또$u(t)=1$, $t \geq 0$일때 전달함수를 이용하여$u(t)$에 대한 시스템의 응답$y(t)$를 구하시오.

풀이

$u(t)$ 및$y(t)$에 대한 Laplace 변환들을 각각$U(s)$및$Y(s)$ 라 정의하고 주어진

미분방정식의 양변에 Laplace 변환을 취하면 다음과 같다. 여기서 전달함수는 모든 초기조건을 0으로 둘때 정의되는 것이므로 $y(0)$ 및 $y'(0)$등은 생략하였다.

$$s^2 Y(s) + 7s\,Y(s) + 2\,Y(s) = U(s)$$

따라서 전달함수, $G(s)$는 다음과 같이 구해진다.

$$G(s) = \frac{Y(s)}{U(s)} = \frac{1}{s^2+7s+12}$$

다음에 $u(t)=1$, $t \geq 0$에 대한 이 시스템의 출력함수 $y(t)$를 구해 보자. $U(s) = \frac{1}{s}$이므로 $Y(s)$는 다음과 같다.

$$Y(s) = \frac{1}{s^2+7s+12} \cdot \frac{1}{s}$$

$$= \frac{1}{s(s+3)(s+4)}$$

$y(t)$는 L-1{ $Y(s)$}이므로 $Y(s)$를 부분 분수로 분해한다.

$$\frac{1}{s(s+3)(s+4)} = \frac{A}{s} + \frac{B}{s+3} + \frac{C}{S+4}$$

$$= \frac{(A+B+C)s^2 + (7A+4B+3C)s + 12A}{s(s+3)(s+4)}$$

여기서

$$A+B+C=0 \quad , \quad 7A+4B+3C=0 \quad , \quad 12A=1$$

이므로, $A = \frac{1}{12}, B = -\frac{1}{3}$ 및 $C = \frac{1}{4}$을 얻는다.

따라서 $Y(s)$는 다음과 같이 표현된다.

$$Y(s) = \left(\frac{1}{12}\right)\left(\frac{1}{s}\right) - \left(\frac{1}{3}\right)\left(\frac{1}{s+3}\right) + \left(\frac{1}{4}\right)\left(\frac{1}{s+4}\right)$$

그런데

$$\mathrm{L}\{1\} = \frac{1}{s}$$

$$\mathrm{L}\{e^{-3t}\} = \frac{1}{s+3}$$

$$L\{e^{-4t}\} = \frac{1}{s+4}$$

이므로, Laplace 변환의 선형성에 의해 $y(t)$는 다음과 같다.

$$y(t) = \frac{1}{12} - \frac{1}{3}e^{-3t} + \frac{1}{4}e^{-4t}$$

■■■

연 습 문 제

1. 다음 함수들의 Laplace 변환을 구하시오.

01 $f(t) = t^2 - t - 2$

02 $f(t) = u(t) - u(t-1)$

03 $f(t) = t^2 e^{-3t} - e^{2t}\sinh 10t$

2. 어떤 시스템의 전달함수, $G(s)$가 $G(s) = \dfrac{1}{s^2 + 8s + 15}$ 이다. 이 시스템의 출력 함수를 $y(t)$라 할 때, 입력에 단위 계단 함수가 인가될 때 $y(\infty)$를 계산하시오.

3. 다음 함수들의 Laplace 역변환을 구하시오.

01 $F(s) = \dfrac{1}{s(s+5)}$

02 $F(s) = \dfrac{1}{s^3(s+1)}$

03 $F(s) = \dfrac{e^{-5s}}{s-1}$

4. $y'' - 7y' + 10y = \sin x,\ y(0) = y'(0) = 0$의 해를 Laplace 변환을 이용하여 구하시오.

PART 3
벡타

3.1 벡타에 관한 일반적인 성질

3.1.1 벡타(Vector)란?

어떤 사람의 몸무게가 $60[Kg]$이라면 이 몸무게는 사람이 앉아 있거나 서 있거나 혹은 누워 있거나에 상관없이 항상 $60[Kg]$이다. 즉 이 $60[Kg]$이라는 몸무게는 어떤 방향성을 가지지 않고 단지 절대적인 크기의 정보만을 갖는 물리량이다.

그런데 만약 부산에서 서울까지 가는 경우 A는 경부고속도로를 이용하고, B는 경부고속도로에서 동해안 도로를 거쳐 영동고속도로를 경유하여 서울에 도착한다면 결과적으로 서울에 와 있는 것은 동일하지만, 그 과정은 분명히 다른 것이다. 그 이유는 부산에서 서울까지 가는 방향이 서로 다르기 때문이다.

중력(Gravity)이라는 물리량을 생각해 보자. 중력은 크기가 $9.8[m/s^2]$인데 반드시 지구의 중심방향으로만 작용하는 힘이다. 즉 이와 같이 물리량 중에는 크기뿐만 아니라 방향 정보가 들어가는 물리량이 자연계에는 많이 있다. 자동차의 빠르기를 의미하는 물리량에도, 속력(Speed)이라는 것은 절대적인 크기만을 의미하는 량이고, 속도(Velocity)라는 것은 어떤 방향으로 어떤 크기를 갖는다는 방향과 크기에 대한 정보를 모두 가진 량을 의미한다. 이와 같이 어떤 물리량이 크기만을 갖느냐? 아니면 방향 정보도 갖느냐?를 구분하여 표현할 필요가 있기 때문에, 크기만을 갖는 물리량을 '스칼라'라 부르고, 크기와 방향정보를 모두 가진 물리량을 '벡타'라고 정의한다.

3.1.2 벡타의 표기법

크기만의 정보를 갖는 스칼라는 대개 숫자나 문자로 표현되는데, 벡타는 크기이외에 방향의 정보를 더 가지고 있으므로 스칼라보다는 표기하는 방법이 더 다양할 수 있다. 다음에 보편적으로 사용되는 벡타의 몇 가지 표기법을 설명한다.

문자에 의한 표기법

문자를 이용하여 벡타를 표현할 때는 문자를 진하게 표기하거나 문자위에 화살표를 넣어 다음과 같이 사용한다.

$$a \qquad b \qquad \overrightarrow{AB}$$

$\overrightarrow{AB}$는 A라는 점(시점)에서 B라는 점(종점)까지 향하는 벡타를 의미한다.

그림에 의한 표기법

벡타는 방향 정보를 가지고 있으므로 그림을 이용하여 표현할 수 있으며, 이때는 화살표를 사용한다. 즉 문자로 $\overrightarrow{AB}$ 라고 표현한 벡타는 그림을 이용하여 그림 3-1과 같이 표현된다.

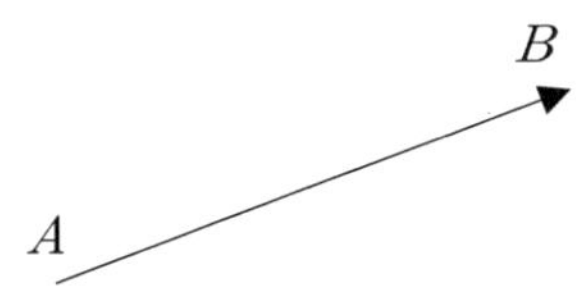

[그림 3-1] $\overrightarrow{AB}$ 의 도식적 표현법

좌표(Coordinate)에 의한 표기법

3차원 공간에서 원점 (0, 0, 0)으로 부터 임의의 위치 $(a_1,\ a_2,\ a_3)$까지 향하는 벡타를 대개 위치 벡타(Position Vector)라고 부르며, 이 위치 벡타를 a라고 문자로 표기하면 이 a는 좌표로는 다음과 같이 표현된다.

$$a = \ < a_1,\ a_2, a_3 > \tag{3-1}$$

이때 < > 는 정해진 순서대로만 표기해야 하는 순서쌍(Ordered pair)을 의미한다. 여기서 a_i, $i = 1,2,3$, 을 벡타의 요소(Element)라고 부른다. 벡타를 해석적으로 다룰 때는 좌표에 의한 표기법을 사용한다.

참고로 임의의 n차원 공간에서 벡타 $\boldsymbol{a}$ 는

$$a \ = \ \langle a_1,\ \ a_2,\ \ \cdots,\ \ a_n \rangle \tag{3-2}$$

으로 표현된다.

3.1.3 벡타 사이의 연산

벡타도 하나의 물리량이므로 벡타를 이용한 어떤 수학적 연산을 하기 위해서는 벡타와 벡타 사이의 더하기, 빼기 및 곱하기 등과 같은 연산에 대한 정의가 마련되어 있어야 한다. 다음에 벡타사이의 더하기, 상등, 빼기 및 상수와 벡타 사이의 곱하기 등에 대한 연산을 정의한다.

정의 3-1 : 벡타 사이의 더하기

벡타 $a = < a_1, a_2, a_3 >$와 벡타 $b = < b_1, b_2, b_3 >$사이의 더하기는 같은 위치에 있는 요소끼리 더하는 것으로 정의한다. 즉 이를 $a+b$로 표기하면 다음과 같다.

$a+b = < a_1+b_1,\ a_2+b_2, a_3+b_3 >$

예제 3.1

$a = < 1,\ 2,\ 3 >$ 및 $b = < 4,\ 5,\ 6 >$ 일 때 $a+b$를 구하시오.

풀이

벡타 사이의 더하기에 대한 정의에 의해

$$\begin{aligned} a+b &= < 1+4, 2+5,\ 3+6 > \\ &= < 5,\ 7,\ 9 > \end{aligned}$$

■■■

벡타 사이의 더하기에 대한 도식적 해석

벡타 $a = < a_1,\ a_2 >$와 $b = < b_1, b_2 >$ 사이의 더하기는 정의에 의해 다음과 같다.

$$a+b = < a_1+b_1,\ a_2+b_2 > \tag{3-3}$$

이를 좌표 평면에 그리면 그림 3-2와 같다.

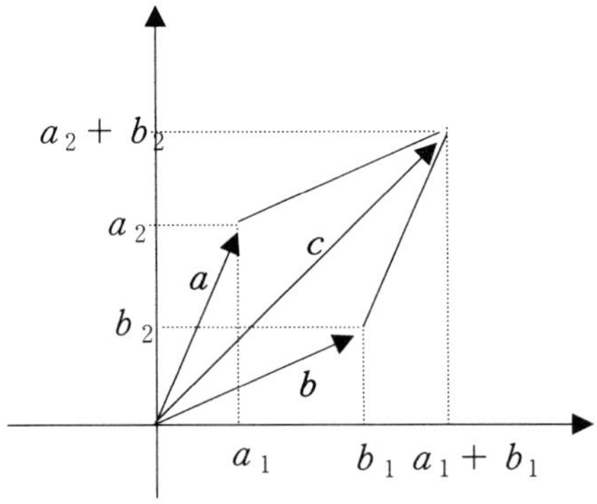

[그림 3-2] $a+b$ 의 도식적 해석

그림 3-2를 보면 벡타 a와 b의 더하기는 a의 종점에서 b에 평행한 선을 긋고, b의 종점에서 a에 평행한 선을 그어 두 평행선이 만나는 점을 구하면, 원점에서 이 교점까지의 벡타 c가 a와 b를 더하기한 벡타가 됨을 알 수 있다.

정의 3-2 : 벡타 사이의 상등(Equality)

벡타 $a = < a_1,\ a_2, a_3 >$ 및 $b = < b_1,\ b_2, b_3 >$는 같은 위치에 있는 요소들이 서로 동일할 때 a와 b는 상등이라고 한다. 즉 a와 b의 상등에 대한 필요충분 조건은 다음과 같다.

$$a_i = b_i, \quad i = 1,2,3$$

예제 3.2

$a = < 1,\ 1,\ 2 >$와 $b = < 1,\ 1,\ 2.1 >$은 상등 관계가 되는 지를 판정하시오.

풀이

벡타 사이의 상등에 대한 정의를 만족하는 지를 점검하여 보면

$$a_1 = b_1, \qquad a_2 = b_2, \qquad a_3 \neq b_3$$

이다. 따라서 a_3과 b_3이 다르므로 a와 b는 상등이 되지 않는다.

■■■

정의 3-3 : 벡타와 스칼라의 곱하기

벡타 $a = < a_1,\ a_2, a_3 >$와 스칼라 k와의 곱하기는 a의 각 요소에 k배한 벡타로 약속한다. 즉

$ka = \ < ka_1,\ ka_2,\ ka_3 >$이다.

예제 3.3

$a = < 3,\ 4,\ 5 >$ 이며 $k = 2$ 일 때 ka를 계산하시오.

풀이

벡타와 스칼라의 곱하기 정의에 따라

$$ka = < 2\times 3, 2\times 4, 2\times 5 >$$
$$= < 6,\ 8,\ 10 >$$

■■■

벡타 사이의 빼기

벡타와 벡타 간의 빼기는 더하기와 벡타와 스칼라 사이의 곱하기에 대한 정의들로부터 유도될 수 있다. 즉 $a=< a_1,\ a_2,\ a_3 >$와 $b=< b_1,\ b_2,\ b_3 >$에 대해 $a-b$ 는

$$a-b = a + (-)b \tag{3-4}$$

와 같이 표현될 수 있으므로

$$a-b = < a_1, a_2, a_3 > + < -b_1,\ -b_2, -b_3 > \tag{3-5}$$
$$= < a_1-b_1, a_2-b_2,\ a_3-b_3 >$$

으로 유도된다.

예제 3.4

$a=< 5,\ 2,\ 1 >$ 및 $b=< 1,\ 2,\ 3 >$일 때 $a-b$를 구하시오.

풀이

$$a-b = < 5,\ 2,\ 1 > - < 1,\ 2, 3 >$$
$$= < 5-1,\ 2-2,\ 1-3 >$$
$$= < 4,\ 0,\ -2 >$$

■■■

벡타 사이의 성질

벡타의 연산에는 여러 가지 수학적인 성질이 있다. $a=< a_1,\ a_2,\ a_3 >$, $b=< b_1,\ b_2,\ b_3 >$ 및 $c=< c_1,\ c_2,\ c_3 >$에 대해 다음에 중요한 몇가지 성질을 요약한다.

정리 3-1 : 벡타 연산의 성질

① $a+b=b+a$ (교환 법칙)
② $a+(b+c)=(a+b)+c$ (결합 법칙)
③ $k(a+b)=ka+kb$, $k=$스칼라

증명

①의 증명 :

벡타 사이의 더하기에 대한 정의에 의해 다음 관계들을 얻는다.

$$a+b = < a_1, a_2, a_3 >+< b_1, b_2, b_3 > \tag{3-6}$$

$$= < a_1+b_1, a_2+b_2, a_3+b_3 >$$

$$b+a = < b_1, b_2, b_3 >+< a_1, a_2, a_3 > \tag{3-7}$$

$$= < b_1+a_1, b_2+a_2, b_3+a_3 >$$

그런데 $a_1+b_1=b_1+a_1$, $a_2+b_2=b_2+a_2$ 및 $a_3+b_3=b_3+a_3$ 이므로 $a+b=b+a$가 성립한다. ②와 ③도 벡타 사이의 더하기와 스칼라 곱하기에 대한 정의로부터 쉽게 증명될 수 있다.

■■■

예제 3.5

$a=< 1, 2, 3 >$ 및 $b=< 2, 3, 6 >$ 일 때 $3(a+b)$를 계산하시오.

풀이

$$3(a+b) = 3a+3b$$

$$= 3< 1, 2, 3 >+3< 2, 3, 6 >$$

$$= < 3, 6, 9 >+< 6, 9, 18 >$$

$$= < 9, 15, 27 >$$

■■■

벡타의 크기 또는 길이(Norm 또는 Magnitude)

정의 3-4 : 벡타의 크기

벡타 $a=< a_1, a_2, a_3 >$ 에 대해

$$\sqrt{a_1^2+a_2^2+a_3^2}$$

을 a의 크기라고 하며, $\|a\|$로 표기한다.

크기가 1인 벡타를 단위 벡타(Unit vector)라하며, 임의의 벡타를 그 벡타의 크기로

나눈 벡타는 항상 단위 벡타가 되는 성질을 가지고 있다. 즉

$$\left\| \frac{a}{\|a\|} \right\| = \frac{\|a\|}{\|a\|} = 1 \tag{3-8}$$

이 성립한다. 크기가 0인 벡타는 '영벡타(Zero vector)'라고 부르며, 0로 표기한다.

특별히 3차원 공간에서 $+x$ 축 방향, $+y$ 축 방향 및 $+z$ 축 방향의 단위 벡타들을 각각 i, j, k 로 표기한다. 이 i, j, k 벡타들을 이용하면 벡타 a를 다음과 같이 표현할 수 있다.

$$a = < a_1, a_2, a_3 > = a_1 i + a_2 j + a_3 k \tag{3-9}$$

즉 3차원 공간에 모든 위치 벡타들은 i, j, k의 선형 결합(Linear combination)으로 표현될 수 있다는 성질을 갖는다.

예제 3.6

$a = < 1,\ 2,\ 5 >$의 크기를 구하시오.

풀이

$$\|a\| = \sqrt{1^2 + 2^2 + 5^2} = \sqrt{30}$$

■■■

예제 3.7

$a = < 1,\ 2,\ 5 >$ 방향의 단위 벡타를 구하시오.

풀이

임의의 벡타를 그 벡타의 크기로 나누면 단위 벡타가 되므로 a 방향의 단위 벡타는 다음과 같다.

$$\frac{a}{\|a\|} = \frac{1}{\sqrt{30}} < 1,\ 2,\ 5 > \text{ 또는 } \left\langle \frac{1}{\sqrt{30}},\ \frac{2}{\sqrt{30}},\ \frac{5}{\sqrt{30}} \right\rangle$$

■■■

예제 3.8

$a = i + 2j + 3k$ 및 $b = 2i + 5j + 2k$에 대해 ① $a + b$, ② $2a - b$를 구하시오.

풀이

$$
\begin{aligned}
① \ a+b &= (i+2j+3k)+(2i+5j+2k) \\
&= (1+2)i+(2+5)j+(3+2)k \\
&= 3i+7j+5k
\end{aligned}
$$

$$
\begin{aligned}
② \ 2a-b &= 2(i+2j+3k)-(2i+5j+2k) \\
&= (2i+4j+6k)-(2i+5j+2k) \\
&= (2-2)i+(4-5)j+(6-2)k \\
&= -j+4k
\end{aligned}
$$

■■■

예제 3.9

$\| 2i+5j+k \|$를 구하시오.

풀이

$$
\begin{aligned}
\| 2i+5j+k \| &= \sqrt{2^2+5^2+1^2} \\
&= \sqrt{30}
\end{aligned}
$$

■■■

3.2 벡타의 내적

벡타와 벡타 사이의 연산 중 스칼라 연산에서의 곱하기와 대응하는 연산에는 내적(Inner 또는 Dot product)과 외적(Outer 또는 Cross product)의 두 종류가 있다. 벡타 a와 b에 대해 내적은 $a \cdot b$ 로 표기하며, 외적은 $a \times b$ 로 표현한다. 다음에 내적의 정의, 수학적 성질 및 몇가지 용어를 알아 본다.

3.2.1 벡타의 내적에 대한 정의

벡타의 내적은 다음과 같이 정의된다.

정의 3-5 : 벡타의 내적

두 벡타 a와 b의 내적은

$$a \cdot b = \|a\| \|b\| \cos\theta$$

로 정의되며, 여기서 θ는 두 벡타가 이루는 내각$(0 \leqq \theta \leqq \pi)$이다.

예제 3.10

벡타 a와 b의 크기는 각각 1 및 2 이며, 두 벡타가 이루는 내각이 30°일 때 a와 b의 내적을 구하시오.

풀이

$$\begin{aligned} a \cdot b &= \|a\| \|b\| \cos\theta \\ &= 1 \cdot 2 \cdot \cos 30^\circ \\ &= 1.7321 \end{aligned}$$

■■■

3.2.2 내적의 다른 표현

벡타 a와 b가 $a = < a_1, a_2, a_3 >$ 및 $b = < b_1, b_2, b_3 >$으로 표현된 경우에는 두 벡타의 내적에 대해 다음의 정리 3-2가 성립한다.

정리 3-2 : 요소를 이용한 벡타 내적의 표현

벡타 $a = < a_1, a_2, a_3 >$ 및 $b = < b_1, b_2, b_3 >$의 내적은 다음과 같다.

$$a \cdot b = a_1 b_1 + a_2 b_2 + a_3 b_3$$

증명

증명은 세 단계로 나누어 질 수 있다.

Step 1 : a, b의 도식적 표현

a와 b는 3차원 공간상에서 그림 3-3과 같이 표현될 수 있다.

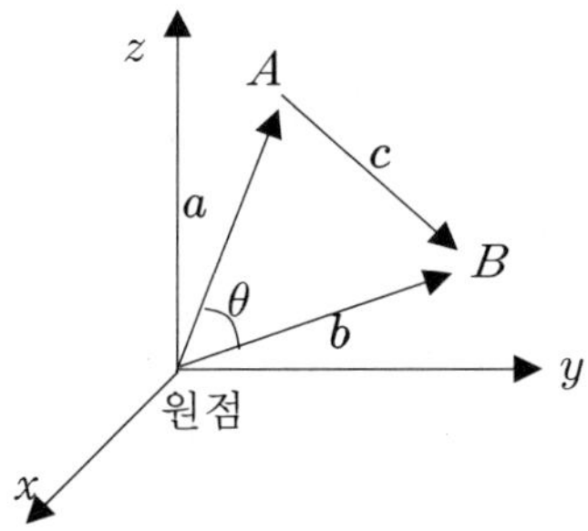

[그림 3-3] 3차원 공간에서 a와 b의 도식적 표현

여기서 $a = a_1 i + a_2 j + a_3 k$ 및 $b = b_1 i + b_2 j + b_3 k$ 로 표현되며, c는 A를 시점으로 하고 B를 종점으로 하는 벡타인데 a와 c를 거친 벡타의 종점과 b의 종점이 일치하므로 $a + c = b$의 관계가 성립한다. 즉

$$\begin{aligned} c &= b - a \qquad (3\text{-}10) \\ &= (b_1 i + b_2 j + b_3 k) - (a_1 i + a_2 j + a_3 k) \\ &= (b_1 - a_1)i + (b_2 - a_2)j + (b_3 - a_3)k \end{aligned}$$

를 얻는다.

Step 2 : a, b 및 c의 관계

a, b 및 c는 a와 b가 이루는 각 θ에 대해 코사인 정리를 적용하면 다음 관계가 성립한다.

$$\|c\|^2 = \|a\|^2 + \|b\|^2 - 2\|a\|\|b\|\cos\theta \qquad (3\text{-}11)$$

따라서

$$\|a\|\|b\|\cos\theta = \frac{\|a\|^2 + \|b\|^2 - \|c\|^2}{2} \qquad (3\text{-}12)$$

의 관계를 얻는다.

Step 3 : 수식 정리

$\|a\|^2$, $\|b\|^2$ 및 $\|c\|^2$은 다음과 같음을 이미 알고 있다.

$$\|a\|^2 = a_1^2 + a_2^2 + a_3^2 \qquad (3\text{-}13)$$

$$\|b\|^2 = b_1^2 + b_2^2 + b_3^2 \qquad (3\text{-}14)$$

$$\begin{aligned} \|c\|^2 &= (b_1 - a_1)^2 + (b_2 - a_2)^2 + (b_3 - a_3)^2 \qquad (3\text{-}15) \\ &= (a_1^2 + a_2^2 + a_3^2) + (b_1^2 + b_2^2 + b_3^2) - 2(a_1 b_1 + a_2 b_2 + a_3 b_3) \end{aligned}$$

따라서

$$\|a\|^2 + \|b\|^2 - \|c\|^2 = 2(a_1b_1 + a_2b_2 + a_3b_3) \tag{3-16}$$

이므로,

$$a \cdot b = \|a\|\|b\|\cos\theta \tag{3-17}$$

$$= a_1b_1 + a_2b_2 + a_3b_3$$

이 성립한다.

■■■

◉ 참고 : 두 벡타가 이루는 내각의 계산법

이 정리의 결과를 이용하면 두 벡타 a와 b가 각각 $< a_1, a_2, a_3 >$ 및 $< b_1, b_2, b_3 >$로 주어져 있을 때 두 벡타가 이루는 내각은 다음과 같이 계산됨을 알 수 있다.

$$\cos\theta = \frac{a_1b_1 + a_2b_2 + a_3b_3}{\|a\|\|b\|} \tag{3-18}$$

예제 3.11

벡타 $a=< 1, 1, 2 >$ 와$b=< 2, 1, 3 >$ 의 내적을 계산하시오.

풀이

$$a \cdot b = a_1b_1 + a_2b_2 + a_3b_3$$

$$= 1\times2+1\times1+2\times3$$

$$= 10$$

■■■

예제 3.12

벡타 $a=< 1, 1, 0 >$ 와$b=< 1, 1, 1 >$ 이 이루는 내각을 계산하시오.

풀이

$\|a\| = \sqrt{1^2+1^2+0^2} = \sqrt{2}$ 및 $\|b\| = \sqrt{1^2+1^2+1^2} = \sqrt{3}$이며
$a_1b_1 + a_2b_2 + a_3b_3 = 1\times1+1\times1+0\times1 = 2$ 이므로

$$\cos\theta = \frac{2}{\sqrt{2}\cdot\sqrt{3}} = \sqrt{\frac{2}{3}}$$

따라서 Θ는 다음과 같다.

$$\theta = \cos^{-1}0.816 = 0.99\ rad \text{ 또는 } 57.3°$$

■■■

3.2.3 내적의 수학적 성질

벡타의 내적에는 여러 가지 수학적 성질이 있는데, $a=<a_1, a_2, a_3>$, $b=<b_1, b_2, b_3>$ 및 $c=<c_1, c_2, c_3>$에 대해 몇가지 중요한 성질을 요약하면 다음과 같다.

정리 3-3 : 벡타 내적의 성질

① $a\cdot b = b\cdot a$ (교환법칙)
② $a\cdot(b+c) = a\cdot b + a\cdot c$ (분배법칙)
③ $a\cdot a = \|a\|^2 \geq 0$

증명

①의 증명 :

$$a\cdot b = a_1b_1 + a_2b_2 + a_3b_3 \quad (3\text{-}19)$$
$$= b_1a_1 + b_2a_2 + b_3a_3$$
$$= b\cdot a$$

②의 증명 :

$b+c = <b_1+c_1, b_2+c_2, b_3+c_3>$ 이므로

$$a\cdot(b+c) = a_1(b_1+c_1) + a_2(b_2+c_2) + a_3(b_3+c_3) \quad (3\text{-}20)$$
$$= (a_1b_1 + a_2b_2 + a_3b_3) + (a_1c_1 + a_2c_2 + a_3c_3)$$
$$= a\cdot b + a\cdot c$$

③의 증명 :

$$a \cdot a = a_1a_1 + a_2a_2 + a_3a_3 \tag{3-21}$$
$$= a_1^2 + a_2^2 + a_3^2$$
$$= \|a\|^2 \geq 0$$

■■■

3.2.4 a의 b방향으로의 성분(Component)

벡타 a와 b의 시점을 일치시켰을 때 벡터 a의 종점에서 b에 수선을 그어 b상에 만나는 교점과 b의 시점 사이의 길이를 a의 b방향으로의 성분이라하고 '$comp_b a$'로 표기한다. 그림 3-4에 $comp_b a$의 의미를 보인다.

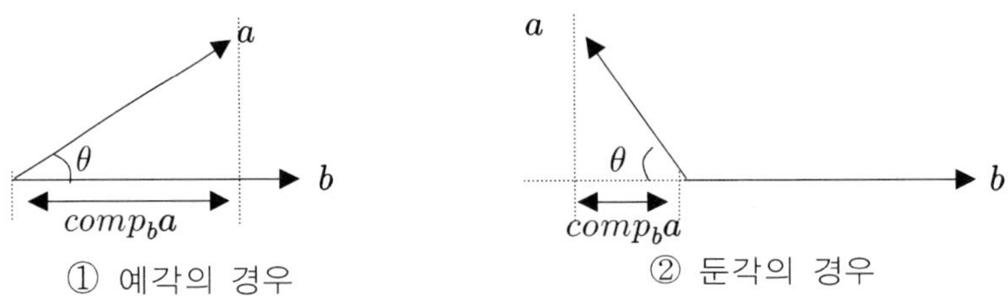

[그림 3-4] $comp_b a$ 의 의미

그림 3-4에서

$$comp_b a = \|a\|\cos\theta \tag{3-22}$$

임을 알 수 있다. 그런데 $comp_b a$는 다음과 같이 표현할 수도 있다.

$$comp_b a = \left(\frac{\|b\|}{\|b\|}\right)\|a\|\cos\theta = a \cdot (b \text{ 방향의 단위벡타}) \tag{3-23}$$
$$= \frac{\|a\|\ \|b\|\cos\theta}{\|b\|}$$
$$= \frac{a \cdot b}{\|b\|}$$
$$= a \cdot \left(\frac{b}{\|b\|}\right)$$

예제 3.13

$a=<1,\ 1,\ 2>$ 및 $b=<2,\ 1,\ 3>$ 일 때 ①$comp_b a$ 와 ②$comp_a b$ 를 구하시오.

풀이

① $comp_b a$:

$comp_b a$ 는 벡타 a의 b 방향으로의 성분이며 $a\cdot$(b방향의 단위벡타) 이므로, 먼저 b방향의 단위 벡타를 구하면

$$\frac{b}{\|b\|} = \frac{1}{\sqrt{2^2+1^2+3^2}}<2,\ 1,\ 3>$$

$$= \frac{1}{\sqrt{14}}<2,\ 1,\ 3>$$

이다. 따라서 $comp_b a$는 다음과 같다.

$$comp_b a = a\cdot\left(\frac{b}{\|b\|}\right)$$

$$= <1,\ 1,\ 2>\cdot\frac{1}{\sqrt{14}}<2,\ 1,\ 3>$$

$$= \frac{1}{\sqrt{14}}(1\times2+1\times1+2\times3)$$

$$= \frac{9}{\sqrt{14}}$$

② $comp_a b$:

$comp_a b$는 벡타 b의 a방향으로 성분이며, 구하는 방법은 $comp_b a$와 동일하므로 간단히 쓰면 다음과 같다.

$$comp_a b = b\cdot\left(\frac{a}{\|a\|}\right)$$

$$= <2,\ 1,\ 3>\cdot\frac{1}{\sqrt{1^2+1^2+2^2}}<1,\ 1,\ 2>$$

$$= \frac{1}{\sqrt{6}}(2\times1+1\times1+3\times2)$$

$$= \frac{9}{\sqrt{6}}$$

■■■

3.2.5 a의 b 방향으로의 투영(Projection)

a의 b 방향으로의 성분에 b 방향의 단위 벡타를 곱한 것을 a의 b 방향으로의 투영이라고 부르며, '$proj_b a$'로 표기한다. 즉 $proj_b a$는 다음과 같다.

$$proj_b a = (comp_b a)\left(\frac{b}{\|b\|}\right) \tag{3-24}$$

예제 3.14

$a = <2, 3>$ 및 $b = <1, 2>$ 일 때 $proj_b a$를 계산하시오.

풀이

먼저 $comp_b a$를 구하면

$$\begin{aligned} comp_b a &= a \cdot \left(\frac{b}{\|b\|}\right) \\ &= <2, 3> \cdot \frac{1}{\sqrt{1^2+2^2}} <1, 2> \\ &= \frac{1}{\sqrt{5}}(2\times 1 + 3\times 2) \\ &= \frac{8}{\sqrt{5}} \end{aligned}$$

이므로, $proj_b a$는 다음과 같다.

$$\begin{aligned} proj_b a &= (comp_b a)\left(\frac{b}{\|b\|}\right) \\ &= \frac{8}{\sqrt{5}} \cdot \frac{1}{\sqrt{5}} <1, 2> \\ &= <\frac{8}{5}, \frac{16}{5}> \end{aligned}$$

■■■

3.3 벡타의 외적

3.3.1 벡타의 외적에 대한 정의

벡타의 외적은 다음과 같이 정의된다.

정의 3-6 : 벡타의 외적

두 벡타 a와 b의 외적은
$a \times b = (\|a\| \, \|b\| \sin\theta) n$ 으로 정의되며, 여기서 θ는 두 벡타가 이루는 내각($0 \leq \Theta \leq \pi$)이고 n은 a와 b로 이루어지는 평면에 수직인 방향의 단위 벡타인데, 이때 n의 방향은 오른손 법칙에 의해 정해진다. 즉 a에서 b방향으로 오른손을 접을 때 엄지 손가락이 가르치는 방향이 n의 방향이다.

예제 3.15

3차원 공간에서 각 축의 +방향으로의 단위 벡타인 i, j 및 k 사이에 발생할 수 있는 모든 외적들을 구하시오.

풀이

① i와 i, j 및k 사이의 외적들 :

$i \times i = (1 \cdot 1 \cdot \sin 0) n = 0$
$i \times j = (1 \cdot 1 \cdot \sin 90) k = k$
$i \times k = (1 \cdot 1 \cdot \sin 90)(-j) = -j$

② j와 i, j 및k 사이의 외적들 :

$j \times i = (1 \cdot 1 \cdot \sin 90)(-k) = -k$
$j \times j = (1 \cdot 1 \cdot \sin 0) n = 0$
$j \times k = (1 \cdot 1 \cdot \sin 90) i = i$

③ k와 i, j 및k 사이의 외적들 :

$k \times i = (1 \cdot 1 \cdot \sin 90) j = j$

$$k \times j = (1 \cdot 1 \cdot \sin 90)(-i) = -i$$
$$k \times k = (1 \cdot 1 \cdot \sin 0)n = 0$$

■■■

3.3.2 외적의 수학적 성질

벡타 $a = < a_1,\ a_2,\ a_3 >$, $b = < b_1,\ b_2,\ b_3 >$ 및 $c = < c_1,\ c_2,\ c_3 >$에 대해 벡타의 외적이 갖는 수학적 성질 중 몇가지 중요한 것을 정리하면 다음과 같다.

정리 3-4 : 벡타 외적의 성질

① $a \times b = -b \times a$
② $a \times a = 0$
③ $a \cdot (a \times b) = b \cdot (a \times b) = 0$
④ $a \times (b + c) = (a \times b) + (a \times c)$
⑤ $(a + b) \times c = (a \times c) + (b \times c)$

증명

①의 증명 :
$a \times b = (\|a\|\ \|b\| \sin\theta)n$ 이면,

$$b \times a = (\|a\|\ \|b\| \sin\theta)(-n) \tag{3-25}$$

따라서 $a \times b = -b \times a$ 이 성립한다.

②의 증명 :

$$a \times a = (\|a\|\|a\| \sin 0)n = 0 \tag{3-26}$$

③의 증명 :
$a \times b$ 는 크기가 $\|a\|\ \|b\| \sin\theta$ 이며, 방향이 a와 b가 이루는 평면에 수직이므로 a 및 b와 항상 90°의 각도를 갖는 벡타가 된다. 따라서 $a \times b$를 a 또는 b와 내적을 취하면 $\cos 90° = 0$가 되므로, 그 내적은 항상 0이 된다.

■■■

3.3.3 외적의 다른 표현

벡타 $a = \langle a_1,\ a_2,\ a_3 \rangle$와 $b = \langle b_1,\ b_2,\ b_3 \rangle$의 외적은 각 요소들을 이용하여 다음과 같이 공식화 될 수 있다.

정리 3-5 : $a=< a_1,\ a_2,\ a_3 >$와 $b=< b_1,\ b_2,\ b_3 >$에 대해

$$a \times b = \begin{vmatrix} i & j & k \\ a_1 & a_2 & a_3 \\ b_1 & b_2 & b_3 \end{vmatrix}$$

가 성립한다.

증명

$a = a_1 i + a_2 j + a_3 k$ 및 $b = b_1 i + b_2 j + b_3 k$ 이므로,

$$a \times b = (a_1 i + a_2 j + a_3 k) \times (b_1 i + b_2 j + b_3 k) \tag{3-27}$$

그런데 벡타의 외적에 대한 분배 법칙을 이용하면 $a \times b$는 다음과 같이 바꾸어 표현될 수 있다.

$$\begin{aligned} a \times b &= a_1 i \times (b_1 i + b_2 j + b_3 k) + a_2 j \times (b_1 i + b_2 j + b_3 k) + a_3 k \times (b_1 i + b_2 j + b_3 k) \\ &= a_1 b_1 (i \times i) + a_1 b_2 (i \times j) + a_1 b_3 (i \times k) \\ &\quad + a_2 b_1 (j \times i) + a_2 b_2 (j \times j) + a_2 b_3 (j \times k) \\ &\quad + a_3 b_1 (k \times i) + a_3 b_2 (k \times j) + a_3 b_3 (k \times k) \end{aligned} \tag{3-28}$$

여기서 i, j 및 k 사이의 외적에 대한 관계를 대입하면 식이 더욱 간략화 된다.

$$\begin{aligned} a \times b &= (a_2 b_3 - a_3 b_2) i - (a_1 b_3 - a_3 b_1) j + (a_1 b_2 - a_2 b_1) k \\ &= \begin{vmatrix} a_2 & a_3 \\ b_2 & b_3 \end{vmatrix} i - \begin{vmatrix} a_1 & a_3 \\ b_1 & b_3 \end{vmatrix} j + \begin{vmatrix} a_1 & a_2 \\ b_1 & b_2 \end{vmatrix} k \\ &= \begin{vmatrix} i & j & k \\ a_1 & a_2 & a_3 \\ b_1 & b_2 & b_3 \end{vmatrix} \end{aligned} \tag{3-29}$$

■■■

예제 3.16

$a=3i+j+2k$ 및 $b=i-j+3k$에 대해 $a\times b$와 $a\times b$ 방향의 단위 벡타를 구하시오.

풀이

① $a\times b$:

$$a\times b = \begin{vmatrix} i & j & k \\ 3 & 1 & 2 \\ 1 & -1 & 3 \end{vmatrix}$$

$$= \begin{vmatrix} 1 & 2 \\ -1 & 3 \end{vmatrix} i - \begin{vmatrix} 3 & 2 \\ 1 & 3 \end{vmatrix} j + \begin{vmatrix} 3 & 1 \\ 1 & -1 \end{vmatrix} k$$

$$= 5i-7j-4k$$

② $a\times b$ 방향의 단위 벡타 (n) :

$$n = \frac{a\times b}{\|a\times b\|}$$

$$= \frac{1}{\sqrt{5^2+7^2+4^2}}(5i-7j-4k)$$

$$= \frac{1}{\sqrt{90}}(5i-7j-4k)$$

■■■

3.3.4 스칼라 삼중적 (Scalar triple product)

정의 3-6 : 스칼라 삼중적

벡터 a, b 및c에 대해 $a\cdot(b\times c)$를 스칼라 삼중적이라고 한다.

삼차원 공간에서 스칼라 삼중적은 a, b 및 c가 각 요소 형태로 주어져 있을 때 특별한 모양으로 간략히 표현되는데 다음 정리 3-6에 이를 보인다.

정리 3-6 : 스칼라 삼중적의 유도

벡타 $a=< a_1, a_2, a_3 >$, $b=< b_1, b_2, b_3 >$ 및 $c=< c_1, c_2, c_3 >$에 대해 스칼라 삼중적 $a \cdot (b \times c)$는 다음과 같다.

$$a \cdot (b \times c) = \begin{vmatrix} a_1 & a_2 & a_3 \\ b_1 & b_2 & b_3 \\ c_1 & c_2 & c_3 \end{vmatrix}$$

증명

먼저 $b \times c$ 는 앞에서 다음과 같이 표현됨을 보았다.

$$b \times c = \begin{vmatrix} b_2 & b_3 \\ c_2 & c_3 \end{vmatrix} i - \begin{vmatrix} b_1 & b_3 \\ c_1 & c_3 \end{vmatrix} j + \begin{vmatrix} b_1 & b_2 \\ c_1 & c_2 \end{vmatrix} k \quad (3\text{-}30)$$

따라서 요소 형태로 표현된 내적의 정리에 의해

$$a \cdot (b \times c) = a_1 \begin{vmatrix} b_2 & b_3 \\ c_2 & c_3 \end{vmatrix} - a_2 \begin{vmatrix} b_1 & b_3 \\ c_1 & c_3 \end{vmatrix} + a_3 \begin{vmatrix} b_1 & b_2 \\ c_1 & c_2 \end{vmatrix} \quad (3\text{-}31)$$

를 얻는다. 그러므로 $a \cdot (b \times c)$는 다음과 같다.

$$a \cdot (b \times c) = \begin{vmatrix} a_1 & a_2 & a_3 \\ b_1 & b_2 & b_3 \\ c_1 & c_2 & c_3 \end{vmatrix} \quad (3\text{-}32)$$

■■■

3.3.5 외적의 응용 : 평행 육면체의 체적에 관한 공식

외적은 평행 육면체의 체적을 표현하는데 활용될 수 있는데 이 공식을 다음 정리 3-7에 보인다.

정리 3-7: 평행육면체의 체적

같은 점에서 시작된 벡타 a, b 및 c를 세 모서리(변)로 갖는 평행 육면체의 체적(V)은 $V = |a \cdot (b \times c)|$로 표현된다.

증명

평행 육면체를 다음 그림 3-5와 같이 생각해 보자.

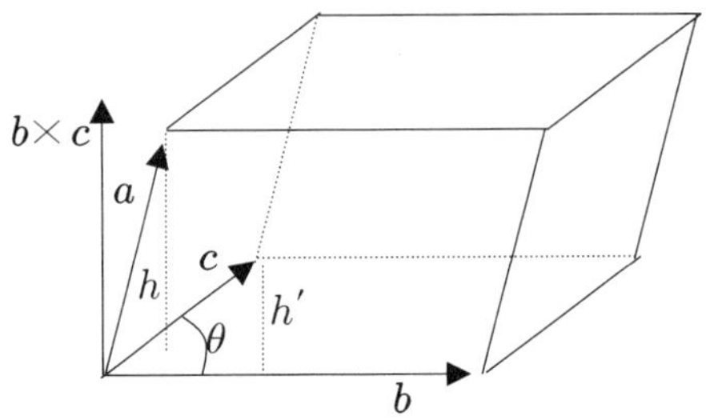

[그림 3-5] a, b 및 c로 이루어진 평행육면체

b와 c로 이루어진 밑면에 수직인 방향으로 평행육면체의 높이는 그림 3-5에서 h로 표기되어 있다. 그러면 평행육면체의 체적은 b와 c로 이루어진 평면의 면적에 높이 h를 곱하면 된다. 따라서 먼저 b와 c로 이루어진 평면의 면적을 구해보자. 이 평면의 면적을 A라고 한다면 A는 b의 크기와 h'을 곱하면 된다. 그런데 h'은 기하학적 구조를 보면 c와 θ에 대한 정보로 표현됨을 알 수 있다. 즉

$$\begin{aligned} A &= h' \cdot \|b\| \\ &= (\|c\|\sin\theta)\|b\| \\ &= \|b\|\|c\|\sin\theta \end{aligned} \tag{3-33}$$

가 성립한다. 한편 b와 c의 외적은

$$b \times c = (\|b\|\|c\|\sin\theta)n \tag{3-34}$$

으로 정의 되므로, A는 $b\times c$의 크기에 해당하며 다음과 같이 표현된다.

$$A = \|b\times c\| \tag{3-35}$$

또한 b와 c로 이루어진 평면에 수직인 방향으로 평행육면체의 높이인 h는 벡타 a의 $b\times c$ 방향으로의 성분 $(comp_{b\times c}a)$에 해당하므로

$$\begin{aligned} h &= comp_{b\times c}a \\ &= a \cdot \left(\frac{b\times c}{\|b\times c\|}\right) \end{aligned} \tag{3-36}$$

가 성립한다. 그러므로 평행육면체의 체적은 다음과 같다.

$$\begin{aligned} V &= hA \\ &= a \cdot \left(\frac{b\times c}{\|b\times c\|}\right)\|b\times c\| \end{aligned}$$

$$= a \cdot (b \times c) \tag{3-37}$$

■■■

3.4 벡타 함수 (Vector functions)

3차원 공간상에서 어떤 물체의 움직임을 생각해 보자. t_1이라는 시점에 물체의 위치는 위치 벡타로 $x(t_1) = \langle 1, 2, 3 \rangle$이고, t_2라는 시점에는 $x(t_2) = < 2, 4, 1 >$ 및 t_3에는 $x(t_3) = < 5, 3, 1 >$ 등으로 계속 이동하고 있다고 가정해 보자. 이때 정해진 어떤 시점에서는 물체의 위치 벡타를 이루는 각 요소들이 상수로 표현되지만, 물체의 이동에 대해 모든 시점에서의 위치 정보를 다 갖는 위치 벡타에 대한 일반 형태를 찾으라고 한다면 이런 위치 벡타는 각 요소들이 반드시 시간의 함수 형태로 표현되어야 된다. 즉 위치 벡타가

$$x(t) = < a_1(t),\ a_2(t),\ a_3(t) > \tag{3-38}$$

로 표현되는 형태의 벡타가 필요하게 된다. 앞의 예로 보면

$$x(t_1) = < a_1(t_1), a_2(t_1),\ a_3(t_1) \geq < 1,\ 2,\ 3 > \tag{3-39}$$

$$x(t_2) = < a_1(t_2), a_2(t_2),\ a_3(t_2) \geq < 2,\ 4,\ 1 > \tag{3-40}$$

$$x(t_3) = < a_1(t_3), a_2(t_3),\ a_3(t_3) \geq < 5,\ 3,\ 1 > \tag{3-41}$$

의 의미가 된다. 이런 필요성에 의해 만들어진 각 요소가 함수로 구성된 벡타를 벡타 함수라고 부른다.

3.4.1 벡타 함수의 정의

벡타 함수는 다음과 같이 정의된다.

정의 3-7 : 벡타 함수

3차원 공간에서 각 요소가 함수 $a_1(t)$, $a_2(t)$ 및 $a_3(t)$로 구성된 벡타
$\boldsymbol{x}(t) = < a_1(t), a_2(t),\ a_3(t) \geq a_1(t)\boldsymbol{i} + a_2(t)\boldsymbol{j} + a_3(t)\boldsymbol{k}$
를 벡타 함수라 한다.

예제 3.17

직교 좌표계에서 (0,1,0)을 중심으로 항상 $y=1$의 위치를 유지하면서 반경이 1인 원주상을 따라 움직이는 물체의 위치 벡타를 벡타 함수로 표현하여 보시오.

풀이

문제에서 주어진 물체의 움직임은 그림 3-6으로 표현된다.

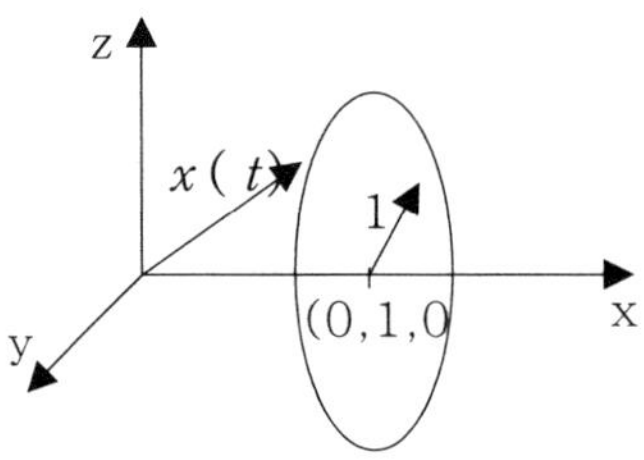

[그림 3-6] 물체의 움직임에 대한 도식화

물체의 움직임을 표현하는 위치 벡타의 벡타 함수를

$$\boldsymbol{x}(t) = < a_1(t),\ a_2(t),\ a_3(t) >$$

라고 표현하면, $a_2(t)$는 항상 1이며 $a_1(t)$와 $a_3(t)$는 물체의 이동에 따라 계속 변화한다. 그런데 물체의 움직임이 반경이 1인 원운동이므로 원주상의 모든 점에서

$$a_1^2(t) + a_3^2(t) = 1$$

인 관계가 성립한다. 따라서

$$a_1(t) = \cos t, \qquad a_3(t) = \sin t$$

로 표현할 수 있다. 그러므로

$$x = < \cos t, 1,\ \sin t \geq \cos t i + j + \sin t k$$

■■■

3.4.2 벡타 함수의 극한(Limit)과 수학적 성질

벡타 함수를 이용하여 연산을 하는 과정에는 극한이 포함될 수 있으므로 벡타 함수에 대한 극한의 정의가 필요하다. 벡타 함수에 대한 극한은 다음과 같이 정의한다.

정의 3-8 : 벡타 함수의 극한

벡타 함수 $x(t) = < a_1(t),\ a_2(t),\ a_3(t) >$에 대한 극한은, $\lim_{t \to \alpha} x(t)$로 표현하며, $\lim_{t \to \alpha} a_1(t)$, $\lim_{t \to \alpha} a_2(t)$ 및 $\lim_{t \to \alpha} a_3(t)$가 존재한다면 $\lim_{t \to \alpha} x(t)$는 다음과 같이 정의된다.

예제 3.18

벡타 함수 $x(t) = < 3t,\ 1,\ t^2 >$에 대해 극한 $\lim_{t \to 1} x(t)$를 구하시오.

풀이

벡타 함수의 극한에 대한 정의에 의해

$$\begin{aligned} \lim_{t \to 1} x(t) &= \left\langle \lim_{t \to 1} 3t,\ \lim_{t \to 1} 1, \lim_{t \to 1} t^2 \right\rangle \\ &= < 3,\ 1,\ 1 > \end{aligned}$$

■■■

벡타 함수의 극한을 정의하면, 벡타 함수의 극한에도 기존 함수의 극한에 대한 것과 유사하게 여러 가지 수학적인 성질이 있는데 다음에 유용한 몇 가지 성질을 요약한다.

정리 3-8 : 벡타 함수 극한의 성질

벡타 함수
$x_1(t) = < a_1(t),\ a_2(t),\ a_3(t) >$와 $x_2(t) = < b_1(t),\ b_2(t),\ b_3(t) >$의 극한을 각각 M_1 및 M_2 라고 약속하고, k를 상수라 하면

① $\lim_{t \to \alpha} kx_1(t) = kM_1$

② $\lim_{t \to \alpha} [x_1(t) + x_2(t)] = M_1 + M_2$

③ $\lim_{t \to \alpha} [x_1(t) \cdot x_2(t)] = M_1 \cdot M_2$

가 성립한다.

증명

① $\lim_{t \to \alpha} k\boldsymbol{x}_1(t) = k\boldsymbol{M}_1$:

벡타와 스칼라의 곱하기 정의에 의해 $k\boldsymbol{x}_1(t)$는 다음과 같다.

$$k\boldsymbol{x}_1(t) = < ka_1(t),\ ka_2(t),\ ka_3(t) > \tag{3-42}$$

그러면 벡타 함수의 극한에 대한 정의에 의해

$$\begin{aligned}\lim_{t \to \alpha} k\boldsymbol{x}_1(t) &= < \lim_{t \to \alpha} ka_1(t), \lim_{t \to \alpha} ka_2(t),\ \lim_{t \to \alpha} ka_3(t) > \\ &= < k\lim_{t \to \alpha} a_1(t), k\lim_{t \to \alpha} a_2(t),\ k\lim_{t \to \alpha} a_3(t) > \\ &= k < \lim_{t \to \alpha} a_1(t), \lim_{t \to \alpha} a_2(t),\ \lim_{t \to \alpha} a_3(t) > \\ &= k\ \boldsymbol{M}_1 \end{aligned} \tag{3-43}$$

을 얻는다.

② $\lim_{t \to \alpha} [\boldsymbol{x}_1(t) + \boldsymbol{x}_2(t)] = \boldsymbol{M}_1 + \boldsymbol{M}_2$:

벡타 사이의 더하기에 대한 정의에 의해 $\boldsymbol{x}_1(t) + \boldsymbol{x}_2(t)$는 다음과 같다.

$$\boldsymbol{x}_1(t) + \boldsymbol{x}_2(t) = < a_1(t) + b_1(t),\ a_2(t) + b_2(t),\ a_3(t) + b_3(t) > \tag{3-44}$$

벡타 함수의 극한에 대한 정의로부터 다음 관계를 얻는다.

$$\begin{aligned}&\lim_{t \to \alpha} [\boldsymbol{x}_1(t) + \boldsymbol{x}_2(t)] \\ &= < \lim_{t \to \alpha} (a_1(t) + b_1(t)),\ \lim_{t \to \alpha} (a_2(t) + b_2(t)),\ \lim_{t \to \alpha} (a_3(t) + b_3(t)) > \\ &= < \lim_{t \to \alpha} a_1(t) + \lim_{t \to \alpha} b_1(t),\ \lim_{t \to \alpha} a_2(t) + \lim_{t \to \alpha} b_2(t),\ \lim_{t \to \alpha} a_3(t) + \lim_{t \to \alpha} b_3(t) > \\ &= < \lim_{t \to \alpha} a_1(t),\ \lim_{t \to \alpha} a_2(t),\ \lim_{t \to \alpha} a_3(t) > + < \lim_{t \to \alpha} b_1(t),\ \lim_{t \to \alpha} b_2(t),\ \lim_{t \to \alpha} b_3(t) > \\ &= \lim_{t \to \alpha} \boldsymbol{x}_1(t) + \lim_{t \to} \\ &= \boldsymbol{M}_1 + \boldsymbol{M}_2 \end{aligned} \tag{3-45}$$

③ $\lim_{t \to \alpha} [\boldsymbol{x}_1(t) \cdot \boldsymbol{x}_2(t)] = \boldsymbol{M}_1 \cdot \boldsymbol{M}_2$:

요소 형태로 표현된 벡타의 내적에 대한 정리를 이용하면 $\boldsymbol{x}_1(t) \cdot \boldsymbol{x}_2(t)$는 다음과 같다.

$$\boldsymbol{x}_1(t) + \boldsymbol{x}_2(t) = a_1(t)b_1(t) + a_2(t)b_2(t) + a_3(t)b_3(t) \tag{3-46}$$

그러면 $x_1(t) \cdot x_2(t)$에 대한 극한은 일반 함수에 대한 극한이므로 다음과 같이 표현될 수 있다.

$$\lim_{t\to\alpha}[x_1(t)\cdot x_2(t)]$$

$$= \lim_{t\to\alpha}[a_1(t)b_1(t)+a_2(t)b_2(t)+a_3(t)b_3(t)]$$

$$= \lim_{t\to\alpha}a_1(t)b_1(t)+\lim_{t\to\alpha}a_2(t)b_2(t)+\lim_{t\to\alpha}a_3(t)b_3(t)$$

$$= \lim_{t\to\alpha}a_1(t)\lim_{t\to\alpha}b_1(t)+\lim_{t\to\alpha}a_2(t)\lim_{t\to\alpha}b_2(t)+\lim_{t\to\alpha}a_3(t)\lim_{t\to\alpha}b_3(t)$$

$$= \left\langle \lim_{t\to\alpha}a_1(t),\lim_{t\to\alpha}a_2(t),\lim_{t\to\alpha}a_3(t)\right\rangle \cdot \left\langle \lim_{t\to\alpha}b_1(t),\lim_{t\to\alpha}b_2(t),\lim_{t\to\alpha}b\right.$$

$$= \left(\lim_{t\to\alpha}x_1(t)\right)\cdot\left(\lim_{t\to\alpha}x_2(t)\right) \tag{3-47}$$

$$= M_1 \cdot M_2$$

■■■

예제 3.19

벡타함수 $x_1(t)=<2t,\ t^2,\ 1>$와 $x_2(t)=<t,\ t+2,\ t^3>$에 대해
① $\lim_{t\to 1}3x_1(t)$ ② $\lim_{t\to 1}[x_1(t)+x_2(t)]$ 및 ③ $\lim_{t\to 1}[x_1(t)\cdot x_2(t)]$를 구하시오.

풀이

우선 $\lim_{t\to 1}x_1(t)=M_1$ 및 $\lim_{t\to 1}x_2(t)=M_2$로 약속하고, M_1과 M_2를 구해보자. 벡타 함수에 대한 극한의 정의에 의해

$$M_1=<\lim_{t\to 1}2t,\ \lim_{t\to 1}t^2,\ \lim_{t\to 1}1 \geq <2,\ 1,\ 1>$$

$$M_2=<\lim_{t\to 1}t,\ \lim_{t\to 1}(t+2),\ \lim_{t\to 1}t^3 \geq <1,\ 3,\ 1>$$

을 얻는다. 이제 벡타 함수의 극한에 대한 성질을 이용하여 각각을 계산한다.
① $\lim_{t\to 1}3x_1(t) = 3M_1$

$$= 3<2,\ 1,1>$$

$$= <6,\ 3,\ 3>$$

② $\lim_{t \to 1}[x_1(t)+x_2(t)] = M_1+M_2$

$= <2,\ 1,\ 1>+<1,\ 3, 1>$

$= <3,\ 4,\ 2>$

③ $\lim_{t \to 1}[x_1(t) \cdot x_2(t)] = M_1 \cdot M_2$

$= <2,\ 1,\ 1> \cdot <1,\ 3,\ 1>$

$= 2\times1+1\times3+1\times1$

$= 6$

■■■

3.4.3 벡타 함수의 미분과 수학적 성질

벡타 함수도 함수의 일종이므로 미분을 생각할 수 있다. 벡타 함수에 대한 미분은 일반 함수에 대한 미분의 정의와 유사한 형태로 벡타 함수의 극한을 이용하여 정의할 수 있다.

정의 3-9 : 벡타 함수의 미분

벡타 함수 $x(t)$에 대한 미분은 $x'(t)$ 또는 $\dfrac{dx(t)}{dt}$로 표기되며 다음과 같이 정의된다.

$$x'(t) = \lim_{\Delta t \to 0} \frac{1}{\Delta t}[x(t+\Delta t) - x(t)]$$

벡타 함수 $x(t)$가 주어져 있을 때 $x(t)$의 미분을 벡타 함수의 미분에 대한 정의로부터 계산하기는 매우 번거롭다. 따라서 벡타 함수의 극한에 대한 정의, 일반 함수에 대한 미분의 정의 및 벡타 사이의 빼기 성질 등을 활용하여 벡타 함수의 미분을 쉽게 계산할 수 있는 공식을 유도한 결과가 다음의 정리 3-9에 요약된다.

정리 3-9 : 벡타 함수의 미분에 대한 공식

벡타 함수 $x(t) = <a_1(t),\ a_2(t),\ a_3(t)>$의 미분은

$x'(t) = <a_1'(t),\ a_2'(t),\ a_3'(t)>$이다.

증명

벡타 함수의 미분에 대한 정의로부터 다음을 얻는다.

$$x'(t) = \lim_{\Delta t \to 0} \frac{1}{\Delta t}[x(t+\Delta t) - x(t)]$$

$$= \lim_{\Delta t \to 0} \frac{1}{\Delta t}[< a_1(t+\Delta t),\ a_2(t+\Delta t),\ a_3(t+\Delta t) > - < a_1(t),\ a_2(t),\ a_3(t) >] \quad (3\text{-}48)$$

벡타 사이의 빼기 성질, 벡타와 스칼라의 곱하기에 대한 정의 및 벡타 함수의 극한에 대한 성질을 차례로 적용하면 $x'(t)$는 다음과 같이 표현된다.

$$x'(t) = \lim_{\Delta t \to 0} \frac{1}{\Delta t} < a_1(t+\Delta t) - a_1(t),\ a_2(t+\Delta t) - a_2(t),\ a_3(t+\Delta t) - a_3(t) >$$

$$= \lim_{\Delta t \to 0} \left\langle \frac{a_1(t+\Delta t) - a_1(t)}{\Delta t}, \frac{a_2(t+\Delta t) - a_2(t)}{\Delta t}, \frac{a_3(t+\Delta t) - a_3(t)}{\Delta t} \right\rangle$$

$$= \left\langle \lim_{\Delta t \to 0} \frac{a_1(t+\Delta t) - a_1(t)}{\Delta t}, \lim_{\Delta t \to 0} \frac{a_2(t+\Delta t) - a_2(t)}{\Delta t}, \lim_{\Delta t \to 0} \frac{a_3(t+\Delta t) - a_3(t)}{\Delta t} \right\rangle$$

$$= < a_1'(t),\ a_2'(t),\ a_3'(t) > \quad (3\text{-}49)$$

■■■

예제 3.20

$x(t) = < t^2, \sin t,\ t+3 >$의 미분을 구하시오.

풀이

$$x'(t) = < (t^2)',\ (\sin t)',\ (t+3)' >$$

$$= < 2t,\ \cos t,\ 1 >$$

■■■

예제 3.21

$x(t) = < e^t,\ t^2,\ \cos t >$ 일 때 $\dfrac{d^2x(t)}{dt^2}$를 구하시오.

풀이

$$\frac{dx(t)}{dt} = <(e^t)',\ (t^2)',\ (\cos t)'>$$

$$= <e^t,\ 2t,\ -\sin t>$$

이므로,

$$\frac{d^2x(t)}{dt^2} = \frac{d}{dt}\left(\frac{dx(t)}{dt}\right)$$

$$= <(e^t)',\ (2t)',\ (-\sin t)'>$$

$$= <e^t,\ 2,\ -\cos t>$$

■■■

벡타 함수의 미분에는 연산에 관한 여러 가지 수학적 성질들이 있는데 다음에 중요한 성질을 몇가지 요약한다.

정리 3-10 : 벡타 함수 미분의 성질

벡타 함수 $x_1(t) = <a_1(t),\ a_2(t),\ a_3(t)>$와 $x_2(t) = <b_1(t),\ b_2(t),\ b_3(t)>$ 및 스칼라 함수 $w(t)$에 대해 다음 성질이 성립한다.

① $(x_1(t)\cdot x_2(t))' = x_1(t)\cdot x_2'(t) + x_1'(t)\cdot x_2(t)$

② $(w(t)x_1(t))' = w(t)x_1'(t) + w'(t)x_1(t)$

③ $(x_1(t) + x_2(t))' = x_1'(t) + x_2'(t)$

증명

① $(x_1(t)\cdot x_2(t))' = x_1(t)\cdot x_2'(t) + x_1'(t)\cdot x_2(t)$:

요소 형태로 표현된 벡타의 내적에 대한 정리에 의해

$$x_1(t)\cdot x_2(t) = a_1(t)b_1(t) + a_2(t)b_2(t) + a_3(t)b_3(t) \tag{3-50}$$

이므로,

$$(x_1(t)\cdot x_2(t))'$$

$$= \frac{d}{dt}(a_1(t)b_1(t) + a_2(t)b_2(t) + a_3(t)b_3(t))$$

$$= \frac{d}{dt}(a_1(t)b_1(t)) + \frac{d}{dt}(a_2(t)b_2(t)) + \frac{d}{dt}(a_3(t)b_3(t))$$

$$= (a_1(t)b_1'(t) + a_1'(t)b_1(t)) + (a_2(t)b_2'(t) + a_2'(t)b_2(t))$$

$$+ (a_3(t)b_3'(t) + a_3'(t)b_3(t))$$

$$= (a_1(t)b_1'(t) + a_2(t)b_2'(t) + a_3(t)b_3'(t))$$

$$+ (a_1'(t)b_1(t) + a_2'(t)b_2(t) + a_3'(t)b_3(t)) \tag{3-51}$$

여기서 벡타의 내적과 벡타 함수의 미분에 대한 정리를 활용하면 다음을 얻는다.

$$(\boldsymbol{x}_1(t) \cdot \boldsymbol{x}_2(t))'$$

$$= < a_1(t),\ a_2(t),\ a_3(t) > \cdot < b_1'(t), b_2'(t),\ b_3'(t) >$$

$$+ < a_1'(t),\ a_2'(t),\ a_3'(t) > \cdot < b_1(t),\ b_2(t),\ b_3(t) >$$

$$= \boldsymbol{x}_1(t) \cdot \boldsymbol{x}_2'(t) + \boldsymbol{x}_1'(t) \cdot \boldsymbol{x}_2(t) \tag{3-52}$$

② $(w(t)\boldsymbol{x}_1(t))' = w(t)\boldsymbol{x}_1'(t) + w'(t)\boldsymbol{x}_1(t)$:

벡타와 스칼라의 곱하기 정의에 의해

$$w(t)\boldsymbol{x}_1(t) = < w(t)a_1(t),\ w(t)a_2(t), w(t)a_3(t) >$$

를 얻는다. 또한 벡타 함수의 미분에 대한 정리를 이용하면 $(w(t)\boldsymbol{x}_1(t))'$ 는 다음과 같다.

$$(w(t)\boldsymbol{x}_1(t))'$$

$$= < (w(t)a_1(t))',\ (w(t)a_2(t))',\ (w(t)a_3(t))' >$$

$$= < w(t)a_1'(t) + w'(t)a_1(t), w(t)a_2'(t) + w'(t)a_2(t), w(t)a_3'(t) + w'(t)a_3(t) >$$

$$= < w(t)a_1'(t), w(t)a_2'(t), w(t)a_3'(t) > + < w'(t)a_1(t), w'(t)a_2(t), w'(t)a_3(t) >$$

$$= w(t) < a_1'(t), a_2'(t), a_3'(t) > + w'(t) < a_1(t), a_2(t), a_3(t) >$$

$$= w(t)\boldsymbol{x}_1'(t) + w'(t)\boldsymbol{x}_1(t) \tag{3-53}$$

③ $(\boldsymbol{x}_1(t) + \boldsymbol{x}_2(t))' = \boldsymbol{x}_1'(t) + \boldsymbol{x}_2'(t)$:

$\boldsymbol{x}_1(t)$와 $\boldsymbol{x}_2(t)$의 합은

$$x_1(t)+x_2(t)= <a_1(t)+b_1(t),\ a_2(t)+b_2(t),\ a_3(t)+b_3(t)> \tag{3-54}$$

이므로

$$\begin{aligned}
&(x_1(t)+x_2(t))' \\
&= <(a_1(t)+b_1(t))',\ (a_2(t)+b_2(t))',\ (a_3(t)+b_3(t))'> \\
&= <a_1'(t)+b_1'(t),\ a_2'(t)+b_2'(t),\ a_3'(t)+b_3'(t)> \\
&= <a_1'(t),\ a_2'(t),\ a_3'(t)>+<b_1'(t),\ b_2'(t),\ b_3'(t)> \\
&= x_1'(t)+x_2'(t)
\end{aligned} \tag{3-55}$$

■■■

예제 3.22

$x_1(t)=<1,\ t,\ t^2>$ 및 $x_2(t)=<e^t,\ 1, t>$ 일 때 $(x_1(t)+x_2(t))'$을 구하시오.

풀이

$$\begin{aligned}
(x_1(t)+x_2(t))' &= x_1'(t)+x_2'(t) \\
&= <0,\ 1,\ 2t>+<e^t,\ 0, 1> \\
&= <e^t,\ 1, 2t+1>
\end{aligned}$$

■■■

3.4.4 다변수 함수의 기울기(Gradient)

x, y 및 z의 세 가지 독립 변수를 갖는 함수 $f(x,y,z)$를 생각하여 보자. 이 함수의 전미분은 다음과 같이 표현됨을 알고 있다.

$$df = \frac{\partial f}{\partial x}dx+\frac{\partial f}{\partial y}dy+\frac{\partial f}{\partial z}dz \tag{3-56}$$

그런데 요소 형태로 표현된 벡타의 내적에 대한 정리를 이용하면 df 는 두 개의 3차원 벡타간의 내적으로 바꾸어 표현될 수 있다. 즉

$$df= \left(\frac{\partial f}{\partial x}i+\frac{\partial f}{\partial y}j+\frac{\partial f}{\partial z}k\right)\cdot(dxi+dyj+dzk) \tag{3-57}$$

가 된다. df 에 포함된 각 벡타 함수의 의미를 생각하면 다음과 같다. 첫 번째 벡

타 함수는 $\left\langle \frac{\partial f}{\partial x}, \frac{\partial f}{\partial y}, \frac{\partial f}{\partial z} \right\rangle$이며, 각 요소는 함수 f의 각 축방향으로의 변화율에 대한 정보를 갖는다. 두 번째 벡타 함수는 $< dx, dy, dz >$이며, 각 요소는 각 축방향으로의 미소 변위를 의미한다. 여기서 다변수 함수 f의 각 축방향으로의 변화율에 대한 정보를 가진 벡타 함수를 함수 f의 기울기라고 부르며, 간략하게 f의 그래디언트(Gradient) 또는 델(Del) 등으로 약속한다. 또한 기호로는 ∇f 로 표기한다.

정의 3-10 : 다변수 함수 $f(x, y, z)$의 기울기(Gradient)

다변수 함수 $f(x,y,z)$에 대해 기울기, ∇f 는

$$\nabla f = \frac{\partial f}{\partial x} i + \frac{\partial}{\partial y} j + \frac{\partial f}{\partial z} k$$

로 정의되며, 여기서 ∇은

$$\nabla = \frac{\partial}{\partial x} i + \frac{\partial}{\partial y} j + \frac{\partial}{\partial z} k$$

로 약속되는 벡타 미분 연산자이며, 기울기 또는 델이라고 부른다.

예제 3.23

$f(x,y,z) = x^2 + y^2 + z^3 + 1$ 일 때, (1,1,2)에서 ∇f 를 구하시오.

풀이

$$\nabla f = \frac{\partial f}{\partial x} i + \frac{\partial f}{\partial y} j + \frac{\partial f}{\partial z} k$$

$$= 2xi + 2yj + 3z^2 k$$

이므로, (1,1,2)에서 ∇f 는 다음과 같다.

$$\nabla f = 2i + 2j + 12k$$

■■■

예제 3.24

어떤 방내부를 3차원 직교좌표계로 표현하고 온도 분포에 관한 함수를 찾아 보니

$$f(x,y,z) = \frac{1}{2}(x^2 + y^2 + z^2) - (xy + yz + z)$$

로 표현되었다. 이 방내에서 직교좌표계의 모든 축 방향으로 온도 변화가 없는 좌표를 구하시오.

풀이

다변수 함수 $f(x,y,z)$의 기울기가

$$\nabla f = \frac{\partial f}{\partial x}i + \frac{\partial f}{\partial y}j + \frac{\partial f}{\partial z}k$$

로 표현되므로, $\nabla f = 0$ 인 위치를 찾으면 된다. ∇f 를 구하면

$\nabla f = (x-y)i + (y-x-z)j + (z-y-1)k$ 이므로,

$x-y=0$

$y-x-z=0$

$z-y-1=0$

의 조건을 얻는다. 따라서 모든 축 방향으로 온도 변화가 없는 좌표는 (-1, -1, 0) 이 된다.

■■■

3.4.5 다변수 함수의 방향 미분(Directional derivative)

다변수 함수의 기울기는 직각 좌표계에서 각각의 축 방향으로의 변화율에 대한 정보를 제공한다. 그러나 축방향이 아닌 임의의 방향에 대한 함수의 변화율을 알아야 될 때는 기울기와는 다른 의미가 되며, 그 값도 기울기 처럼 벡타가 되는 것이 아니라 특정한 방향이 정해져 있으므로 스칼라가 된다. 이와 같이 특정한 방향에 대한 다변수 함수의 변화율을 다변수 함수의 방향 미분이라고 하며 다음과 같이 정의 된다.

정의 3-11 : 다변수 함수의 방향미분

다변수 함수 $f(x,y,z)$의 단위벡타 u 방향으로의 방향 미분을 $f_u'(x,y,z)$라 하면

$$f_u'(x,y,z) = \lim_{\Delta r \to 0} \frac{f(x+\Delta x, y+\Delta y, z+\Delta z) - f(x,y,z)}{\Delta r}$$

로 정의 된다. 여기서 Δr 은 u방향으로의 미소 증분이며, Δx, Δy, Δz는 u방향으로 Δr 만큼 이동할 때 이에 대응하는 각 축 방향의 미소 증분들이다.

다변수 함수의 방향 미분은 다변수 함수의 기울기를 이용하여 표현할 수 있다. 여기서 ∇f 의 의미를 다시 생각하여 보자. ∇f 는

$$\nabla f = \frac{\partial f}{\partial x}i + \frac{\partial f}{\partial y}j + \frac{\partial f}{\partial z}k \tag{3-58}$$

이므로, 각 요소는 해당 축 방향으로의 변화율에 대한 정보를 가지고 있다. 그런데 임의의 단위 벡타 u 방향의 변화율은 각 축 방향의 변화율에 관한 벡타의 u 방향으로의 성분(Component)을 합한 것으로 볼 수 있으므로 $f_u{}'(x,y,z)$는 다음과 같이 표현할 수 있다.

$$f_u{}'(x,y,z) = \left(\frac{\partial f}{\partial x}i\right) \cdot u + \left(\frac{\partial f}{\partial y}j\right) \cdot u + \left(\frac{\partial f}{\partial z}k\right) \cdot u \tag{3-59}$$

그런데 벡타 사이의 내적에는 결합 법칙이 성립하므로 $f_u{}'(x,y,z)$는 보다 간략히 표현될 수 있다. 즉

$$\begin{aligned} f_u{}'(x,y,z) &= \left(\frac{\partial f}{\partial x}i + \frac{\partial f}{\partial y}j + \frac{\partial f}{\partial z}k\right) \cdot u \\ &= \nabla f \cdot u \end{aligned} \tag{3-60}$$

따라서 다음의 정리 3-11을 얻는다.

정리 3-11 : 다변수 함수의 방향 미분

다변수 함수 $f(x,y,z)$의 단위 벡타 u 방향으로의 방향 미분 $f_u{}'(x,y,z)$는 $f_u{}'(x,y,z) = \nabla f \cdot u$ 로 표현된다.

예제 3.25

(1,1,1)에서 함수 $f(x,y,z) = xy + y^2 + z^3$의 $i + j + 2k$ 방향으로의 방향 미분을 구하시오.

풀이

Step 1 : u 의 계산

먼저 지정한 방향의 단위 벡타를 구한다.

$$u = \frac{i+j+2k}{\|i+j+2k\|}$$

$$= \frac{1}{\sqrt{6}}(i+j+2k)$$

Step 2 : ∇f 의 계산

$$\nabla f = \frac{\partial f}{\partial x}i + \frac{\partial f}{\partial y}j + \frac{\partial f}{\partial z}k$$

$$= yi + (x+2y)j + 3z^2k$$

Step 3 : $\nabla f \cdot u$ 의 계산

$$\nabla f \cdot u = (yi + (x+2y)j + 3z^2k) \cdot \frac{1}{\sqrt{6}}(i+j+2k)$$

$$= \frac{1}{\sqrt{6}}(x+3y+6z^2)$$

Step 4 : (1,1,1)에서 $\nabla f \cdot u$ 의 계산

$$\nabla f \cdot u|_{(1,1,1)} = \frac{1+3+6}{\sqrt{6}}$$

$$= \frac{10}{\sqrt{6}}$$

■■■

3.4.6 발산(Divergence)과 회전(Curl)

앞에서 델(Del) 이라는 벡타 연산자는

$$\nabla = \frac{\partial}{\partial x}i + \frac{\partial}{\partial y}j + \frac{\partial}{\partial z}k \tag{3-61}$$

로 정의 되었다. 즉 ∇ 는 벡타 연산자이면서 그 결과를 보면 하나의 벡타임을 알 수 있다. 그런데 임의의 벡타 함수

$$\boldsymbol{F} = a_1(x,y,z)i + a_2(x,y,z)j + a_3(x,y,z)k \tag{3-62}$$

가 있다고 할 때, 벡타와 벡타 사이의 곱하기에 대해서는 내적과 외적의 두 가지 정의가 있었으므로 ∇과 $\boldsymbol{F}$ 사이에 곱하기 연산을 생각하면

$\nabla \cdot \boldsymbol{F}$ (내적) 및 $\nabla \times \boldsymbol{F}$ (외적)

의 두 가지 연산이 발생할 수 있음을 알 수 있다. 여기서 $\nabla \cdot \boldsymbol{F}$를 발산

(Divergence)이라 정의하고, $\nabla \times F$를 회전(Curl)이라 약속한다. 또한 표기하는 방법으로는 $\nabla \cdot F$를 $\div F$ 및 $\nabla \times F$를 $curl F$ 또는 $rot F$로 표현한다. 다음에 발산과 회전에 대한 정의, 물리적인 의미 및 예제 등을 각각 다룬다.

발산(Divergence)의 정의

발산은 다음과 같이 정의된다.

정의 3-12 : 발산

벡타 함수 $F = a_1(x,y,z)i + a_2(x,y,z)j + a_3(x,y,z)k$에 대해

$$\div F = \nabla \cdot F = \frac{\partial a_1}{\partial x} + \frac{\partial a_2}{\partial y} + \frac{\partial a_3}{\partial z}$$

를 F의 발산이라고 정의한다.

발산의 의미

3차원 공간에서 어떤 유체의 흐름을 생각해 보자. 우선 유체의 흐름 내부에서 다음 그림 3-7과 같이 미소 체적을 정의한다.

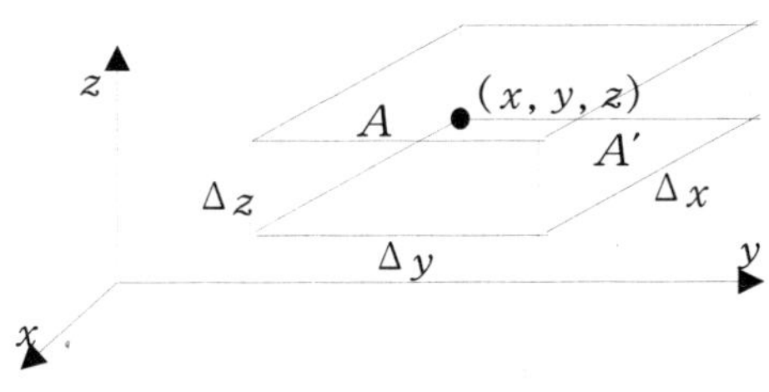

[그림 3-7] 유동 유체내의 미소 체적

이 유체의 흐름에 대한 속도를

$$V = a_1(x,y,z)\,i + a_2(x,y,z)\,j + a_3(x,y,z)\,k \tag{3-63}$$

로 약속하자. 만약 단위 시간당 이 미소 체적에서 빠져 나가는 유체의 체적을 구하려면 각각의 면에서 속도의 크기에 해당 면적을 곱하여 육면 전체에 대해 합하면 될 것이다. 예를 들어 면적 A와 A'에 대해 생각해 보자. 먼저 면적 A에서 나가는 단위 시간당 유체의 체적은 유체의 속도 중 면적 A에 수직인 성분의 크기와 면적 $A(\Delta z \Delta x)$를 곱하면 된다. 그런데 면적 A에서 수직으로 나가는 방향은 $-j$ 방향

이므로 유체의 속도 V 중 $-j$ 방향의 크기는 $-a_2(x,y,z)$가 된다. 따라서 면적 A에서 나가는 단위 시간당 유체의 체적은

$$-a_2(x,y,z)\Delta x\Delta z$$

이다. 또 면적 $A'(\Delta x\Delta z)$에 대해서 보면 A' 에서 나가는 방향은 $+j$ 방향이므로 유체의 속도 V 중 $+j$ 방향의 크기는 $a_2(x,y+\Delta y,z)$이다. 즉 면적 A'에서 나가는 단위 시간당 유체의 체적은

$$a_2(x,y+\Delta y,z)\Delta x\Delta z$$

이다. 그러므로 A와 A'을 통해 나가는 단위 시간당 유체의 총 체적은

$$a_2(x,y+\Delta y,z)\Delta x\Delta z+(-a_2(x,y,z)\Delta x\Delta z) \tag{3-64}$$

$$=[a_2(x,y+\Delta y,z)-a_2(x,y,z)]\Delta x\Delta z$$

로 표현된다. 이 결과의 분모와 분자에 각각 Δy를 곱하고 Δy에 대한 극한을 취하면

$$\lim_{\Delta y\to 0}\frac{a_2(x,y+\Delta y,z)-a_2(x,y,z)}{\Delta y}\Delta x\Delta y\Delta z=\frac{\partial a_2}{\partial y}\Delta x\Delta y\Delta z \tag{3-65}$$

를 얻는다. 이와 마찬가지의 방법으로 z 방향의 상하면에 대해서는

$$\frac{\partial a_3}{\partial z}\Delta x\Delta y\Delta z$$

를, x 방향의 두 면에 대해서는

$$\frac{\partial a_1}{\partial x}\Delta x\Delta y\Delta z$$

를 얻을 수 있다. 따라서 미소 육면체의 육면 전체에서 나가는 단위 시간당 유체의 총 체적은

$$\left(\frac{\partial a_1}{\partial x}+\frac{\partial a_2}{\partial y}+\frac{\partial a_3}{\partial z}\right)\Delta x\Delta y\Delta z$$

이 되며, 이를 단위 체적당의 양으로 표현하면 $\Delta x\Delta y\Delta z$가 나누어 지므로 다음과 같다.

$$\frac{\partial a_1}{\partial x}+\frac{\partial a_2}{\partial y}+\frac{\partial a_3}{\partial z}$$

이 결과 식을 보면 바로 V에 대한 발산의 정의와 같음을 알 수 있다. 즉 발산이란 어떤 체적에서 외부로 빠져나가는 양을 의미한다.

예제 3.26

벡타 함수 $\boldsymbol{F}= x^2 y\boldsymbol{i}+(y^2 z-x)\boldsymbol{j}+xz^3\boldsymbol{k}$ 에 대해 ① $div\,\boldsymbol{F}$ 를 구하고 ② $(1,2,1)$ 에서 $div\,\boldsymbol{F}$ 의 값을 계산하시오.

풀이

① $div\,\boldsymbol{F}$:

$$div\,\boldsymbol{F}= \frac{\partial}{\partial x}(x^2 y)+\frac{\partial}{\partial y}(y^2 z-x)+\frac{\partial}{\partial z}(xz^3)$$

$$= 2xy+2yz+3xz^2$$

② $(1,2,1)$에서 $div\,\boldsymbol{F}$:

$$div\,\boldsymbol{F}|_{(1,2,1)} = 2(1)(2)+2(2)(1)+3(1)(1)^2$$

$$= 11$$

■■■

회전의 정의

회전은 다음과 같이 정의된다.

정의 3-13 : 회전

벡타 함수 $\boldsymbol{F}=a_1(x,y,z)\boldsymbol{i}+a_2(x,y,z)\boldsymbol{j}+a_3(x,y,z)\boldsymbol{k}$ 에 대해

$$curl\,\boldsymbol{F}= \nabla\times\boldsymbol{F}= \begin{vmatrix} \boldsymbol{i} & \boldsymbol{j} & \boldsymbol{k} \\ & \frac{\partial}{\partial x} & \frac{\partial}{\partial y} \\ \frac{\partial}{\partial z} & & a_1 \\ a_2 & a_3 & \end{vmatrix}$$

을 $\boldsymbol{F}$ 의 회전이라고 정의한다.

회전의 의미

어떤 물체의 회전 운동을 표현한 다음의 그림 3-8을 살펴 보자.

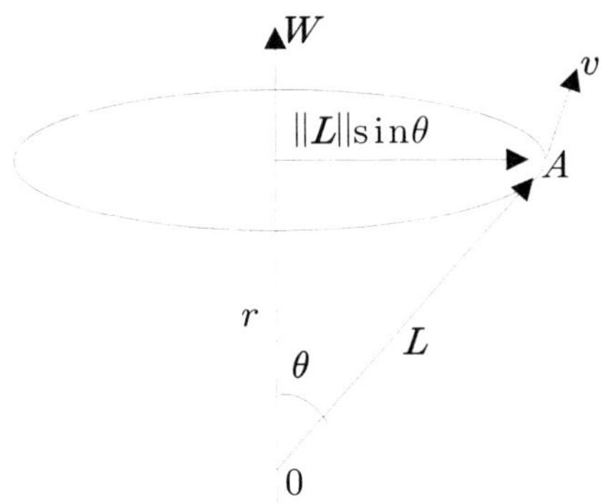

[그림 3-8] 회전의 의미

이 물체는 축 r을 중심으로 w의 각속도로 원운동을 하고 있다. 이때 점 0에서 A 점 까지의 벡터를 L 이라 하고, L 과 회전 중심축과의 내각을 θ로 약속하고, 회전 중심축을 따라 크기가 w인 회전 각속도 벡타를 W 로 정의한다. 그러면 A 점에서 물체의 선속도 벡타 v 의 크기는 다음과 같다.

$$\begin{aligned}\|v\| &= (\|L\|\sin\theta)w \\ &= \|W\|\,\|L\|\sin\theta \\ &= \|W\times L\| \end{aligned} \tag{3-66}$$

여기서

$$L = xi + yj + zk \tag{3-67}$$

$$W = w_1 i + w_2 j + w_3 k \tag{3-68}$$

로 약속하면,

$$W\times L = \begin{vmatrix} i & j & k \\ w_1 & w_2 & w_3 \\ x & y & z \end{vmatrix}$$

$$= (w_2 z - w_3 y)i - (w_1 z - w_3 x)j + (w_1 y - w_2 x)k \tag{3-69}$$

를 얻는다. 따라서 물체의 선속도 벡타는

$$v = (w_2 z - w_3 y)i - (w_1 z - w_3 x)j + (w_1 y - w_2 x)k \tag{3-70}$$

와 같이 표현될 수 있다. 이 선속도 벡타에 대한 회전의 의미를 알아 보기 위해

$curl\, v$ 즉 $\nabla \times v$를 구하면

$$\nabla \times v = \begin{vmatrix} i & j & k \\ \frac{\partial}{\partial x} & \frac{\partial}{\partial y} & \frac{\partial}{\partial z} \\ (w_2 z - w_3 y) & -(w_1 z - w_3 x) & (w_1 y - w_2 x) \end{vmatrix}$$

$$= 2w_1 i + 2w_2 j + 2w_3 k$$

$$= 2\ W \qquad (3\text{-}71)$$

와 같다. 즉 이런 원운동에서 물체의 각속도 벡타는

$$W = \frac{1}{2} \nabla \times v \qquad (3\text{-}72)$$

로 표현되므로, 벡타 함수의 회전(Curl)이란 물체의 회전에 대한 정보를 가지고 있음을 알 수 있다.

예제 3.27

벡타 함수 $F = (x^2 z - y^2)i + yzj + x^2 zk$ 에 대해 ① $curl\ F$ 와 ② $(1,0,1)$에서 $curl\ F$ 를 계산하시오.

풀이

① $curl\ F$:

$$curl\ F = \begin{vmatrix} i & j & k \\ \frac{\partial}{\partial x} & \frac{\partial}{\partial y} & \frac{\partial}{\partial z} \\ x^2 z - y^2 & yz & x^2 z \end{vmatrix}$$

$$= -yi + (x^2 - 2xz)j + 2yk$$

② $(1,0,1)$에서 $curl\ F$:

$$curl\ F|_{(1,0,1)} = -0 \cdot i + (1 - 2 \cdot 1 \cdot 1)j + 2 \cdot 0 \cdot k$$

$$= -j$$

■■■

발산과 회전에 관련된 수학적인 성질들

발산과 회전에 대해서는 수학적인 연산과 관련된 여러 가지 성질들이 있다. 다음

에 몇가지를 요약한다.

정리 3-12 : 발산과 회전에 관련된 수학적인 성질

스칼라 함수 $f(x,y,z)$와 벡타 함수
$\boldsymbol{F}= a_1(x,y,z)i+ a_2(x,y,z)j+ a_3(x,y,z)\boldsymbol{k}$에 대해 다음 식들이 성립한다.

① $\nabla\times\nabla f= 0$

② $\nabla\cdot(\nabla\times\boldsymbol{F})= 0$

증명

① $\nabla\times\nabla f= 0$:

먼저 ∇f 는 기울기의 정의로부터

$$\nabla f= \frac{\partial f}{\partial x}i+ \frac{\partial f}{\partial y}j+ \frac{\partial f}{\partial z}k \tag{3-73}$$

이므로, $\nabla\times\nabla f$ 는 회전의 정의로부터 다음 식을 얻는다.

$$\begin{aligned}\nabla\times\nabla f &= \begin{vmatrix} i & j & k \\ \frac{\partial}{\partial x} & \frac{\partial}{\partial y} & \frac{\partial}{\partial z} \\ \frac{\partial f}{\partial x} & \frac{\partial f}{\partial y} & \frac{\partial f}{\partial z}\end{vmatrix} \\ &= \left[\frac{\partial}{\partial y}\left(\frac{\partial f}{\partial z}\right)-\frac{\partial}{\partial z}\left(\frac{\partial f}{\partial y}\right)\right]i+\left[\frac{\partial}{\partial z}\left(\frac{\partial f}{\partial x}\right)-\frac{\partial}{\partial x}\left(\frac{\partial f}{\partial z}\right)\right]j \\ &\quad+\left[\frac{\partial}{\partial x}\left(\frac{\partial f}{\partial y}\right)-\frac{\partial}{\partial y}\left(\frac{\partial f}{\partial x}\right)\right]k \\ &= 0\end{aligned} \tag{3-74}$$

② $\nabla\cdot(\nabla\times\boldsymbol{F})= 0$:

$\nabla\times\boldsymbol{F}$ 는 회전의 정의로부터

$$\nabla\times\boldsymbol{F} = \begin{vmatrix} i & j & k \\ \frac{\partial}{\partial x} & \frac{\partial}{\partial y} & \frac{\partial}{\partial z} \\ a_1 & a_2 & a_3\end{vmatrix}$$

$$= \left(\frac{\partial a_3}{\partial y}-\frac{\partial a_2}{\partial z}\right)i+\left(\frac{\partial a_1}{\partial z}-\frac{\partial a_3}{\partial x}\right)j+\left(\frac{\partial a_2}{\partial x}-\frac{\partial a_1}{\partial y}\right)k \tag{3-75}$$

이므로, $\nabla \cdot (\nabla \times F)$는 발산의 정의로부터 다음 식을 얻는다.

$$\nabla \cdot (\nabla \times \boldsymbol{F})$$

$$= \frac{\partial}{\partial x}\left(\frac{\partial a_3}{\partial y} - \frac{\partial a_2}{\partial z}\right) + \frac{\partial}{\partial y}\left(\frac{\partial a_1}{\partial z} - \frac{\partial a_3}{\partial x}\right) + \frac{\partial}{\partial z}\left(\frac{\partial a_2}{\partial x} - \frac{\partial a_1}{\partial y}\right)$$

$$= \left[\frac{\partial}{\partial x}\left(\frac{\partial a_3}{\partial y}\right) - \frac{\partial}{\partial y}\left(\frac{\partial a_3}{\partial x}\right)\right] + \left[\frac{\partial}{\partial z}\left(\frac{\partial a_2}{\partial x}\right) - \frac{\partial}{\partial x}\left(\frac{\partial a_2}{\partial z}\right)\right]$$

$$+ \left[\frac{\partial}{\partial y}\left(\frac{\partial a_1}{\partial z}\right) - \frac{\partial}{\partial z}\left(\frac{\partial a_1}{\partial y}\right)\right]$$

$$= 0 \tag{3-76}$$

■■■

연 습 문 제

1. 벡타 $a=<1, 0, 2>$ 및 $b=<2, 3, 1>$에 대해 다음 식들을 계산하시오.

   01 $a+b$

   02 $a \cdot b$

   03 $a \times b$

   04 $5(a-b)$

   05 $\|a\|$

   06 $comp_b a$

2. 벡타 함수 $\boldsymbol{F}=y^2xi+(x^2y-z)j+yz\boldsymbol{k}$ 에 대해 $div\boldsymbol{F}$ 를 구하고, 3차원 공간에서 $div\boldsymbol{F}=1$이 되는 좌표를 모두 구하시오.

3. 벡타 함수 $x(t)=<t^3, \sin t, \cos t>$에 대해 다음 식들을 계산하시오.

   01 $x'(t)$

   02 $x''(t)$

   03 $\int x(t)dt$

   04 $(e^t x(t))'$

   05 $(x(t) \cdot x(t))'$

   06 $\lim_{t \to 0} x(t)$

4. 직각 좌표계의 xy 평면상에서 $(0, 0, 0)$을 중심으로 반경이 1인 원주상을 따라 움직이는 물체의 위치 벡타를 벡타 함수로 표현하여 보시오.

PART 4

행렬

4.1 행렬에 관한 일반적인 성질

전기회로나 전자회로에서 입력 및 출력사이의 특성을 표현하는 도구로 4단자망이 많이 사용된다. 예를 들어 그림 4-1을 보자.

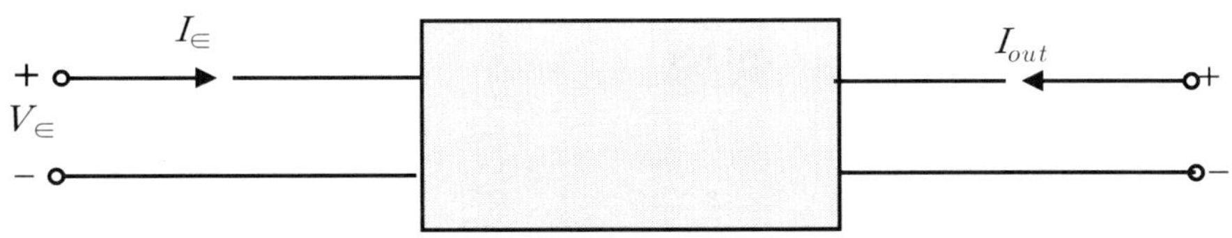

[그림 4-1] 임의의 4단자망

위 선형 회로에서 입력측의 전압 및 전류는 각각 V_{in} 및 I_{in}이며, 출력측의 전압 및 전류는 각각 V_{out} 및 I_{out}이다. 이때 V_{IN}, I_{in}, V_{out} 및 I_{out} 사이의 관계식은 다음과 같이 표현될 수 있다.

$$V_{in} = z_{11} I_{in} + z_{12} I_{out} \tag{4-1}$$

$$V_{out} = z_{21} I_{in} + z_{22} I_{out} \tag{4-2}$$

그러면 그림 4-1에 보여진 4단자망의 특성은 z_{11}, z_{12}, z_{21} 및 z_{22}의 4가지 요소에 의해서만 결정된다. 따라서 z_{11}, z_{12}, z_{21} 및 z_{22}를

$$\begin{bmatrix} z_{11} & z_{12} \\ z_{21} & z_{22} \end{bmatrix}$$

와 같은 형태로 정리해 두면, 4단자망의 특성을 표현할 때 훨씬 편리한 장점이 있다. 이런 사상은 연립방정식의 간결한 표현에도 적용된다.

4.1.1 행렬(Matrix)이란?

행렬이란 숫자들을 행(Row)방향과 열(Column)방향으로 나열하여 직사각형 형태로 모아둔 숫자의 배열 같은 것을 의미하는데 다음과 같이 정의된다.

정의 4-1 : 행렬과 요소

$n, m = 1, 2, \cdots$ 에 대해 직사각형 형태의 숫자 배열인

$$\begin{bmatrix} a_{11} & a_{12} & \cdots & a_{1m} \\ a_{21} & a_{22} & \cdots & a_{2m} \\ \vdots & \vdots & \cdots & \vdots \\ a_{n1} & a_{n2} & \cdots & a_{nm} \end{bmatrix}$$

을 행렬이라고 하며, a_{ij} $, i = 1, 2, \cdots, n,\ j = 1, 2, \cdots, m$ 를 행렬의 요소라 부른다.

또한 행렬이 몇 개의 요소를 가지고 있는 지를 알기 쉽도록 행렬의 크기(Size)라는 용어를 정의한다.

정의 4-2 : 행렬의 크기와 읽는 법

행렬이 행방향 및 열방향으로 각각 가지고 있는 행 및 열의 수를
(행의 수) × (열의 수)
로 표기한 것을 행렬의 크기라고 부르며, 기호 '×'는 'By'라고 읽는다.

행의 수와 열의 수가 같은 행렬을 특별히 '정사각(Square)행렬'이라고 부른다. 또한 정사각행렬에서 대각선상에 위치한 요소들인 $a_{11}, a_{22}, \cdots, a_{nn}$ 들을 주대각 요소들이라고 하며, 이 대각선을 주대각선(Main diagonal)이라 약속한다.

행렬을 A로 표현할 때, A가

$$A = \begin{bmatrix} a_{11} & a_{12} & \cdots & a_{1m} \\ a_{21} & a_{22} & \cdots & a_{2m} \\ \vdots & \vdots & \cdots & \vdots \\ a_{n1} & a_{n2} & \cdots & a_{nm} \end{bmatrix} \tag{4-3}$$

이라면, A를 간단히 표기하는 방법으로는

$$A = [a_{ij}]_{n \times m} \tag{4-4}$$

과 같은 기호가 사용되기도 한다. 여기서 a_{ij}란 행렬A의 요소 중 i번째 행 및 j번째 열에 위치한 요소를 의미하며, $n \times m$은 행렬A의 크기를 말한다.

특별하게 행이나 열이 하나만 있는 경우가 있다. 이때 행이 하나만 있는

$$[a_1\ a_2 \cdots \quad a_m\ ]$$

와 같은 형태의 행렬을 행벡타(Row vector)라 부르고, 열이 하나만 있는

$$\begin{bmatrix} b_1 \\ b_2 \\ \vdots \\ b_n \end{bmatrix}$$

와 같은 형태의 행렬을 열벡타(Column vector)라고 한다.

참고로 행렬 A는 열벡타를 이용하면 간단하게 표현할 수 있다. 즉, 열벡타 $a_i\ , i = 1, 2, \cdots, m,$을 다음과 같이 정의해 보자.

$$a_i \triangleq \begin{bmatrix} a_{1i} \\ a_{2i} \\ \vdots \\ a_{\ni} \end{bmatrix} \tag{4-5}$$

그러면 행렬A는$a_i\ , i = 1, 2, \cdots, m,$을 이용하여

$$A = [a_1\ a_2 \cdots \quad a_i \quad \cdots a_m\ ] \tag{4-6}$$

으로 표현할 수 있다. 행렬의 이와 같은 표현 방법은 행렬과 관련된 증명 등에 많이 활용되므로, 기억해 두면 편리하게 사용할 수 있다.

예제 4.1

행렬A가

$$A = \begin{bmatrix} 1 & 2 & 3 & 4 \\ 5 & 6 & 7 & 8 \\ 9 & 10 & 11 & 12 \\ 13 & 14 & 15 & 16 \end{bmatrix}$$

일 때, ① A의 크기와 ② 주대각 요소들을 쓰시오.

풀이

① A의 크기 :

행이 4개 및 열이 4개 있으므로 4×4임.

② 주대각 요소들 :

1, 6, 11, 16

■■■

4.1.2 행렬 사이의 연산

행렬을 이용하여 수학적인 연산을 하기 위해서는 벡타에서와 마찬가지로 행렬사이의 더하기, 빼기, 곱하기 및 행렬과 상수와의 곱하기 등과 같은 여러 가지 연산에 대한 규칙이 마련되어야 한다. 다음에 행렬 사이의 더하기, 상등, 빼기, 곱하기 및 행렬과 상수와의 곱하기 등에 대한 연산 규칙을 정의한다.

정의 4-3 : 행렬 사이의 더하기

행렬A 및B가 각각 $n\times m$의 크기를 갖고, i번째 행과 j번째 열의 요소가 각각 a_{ij} 및 b_{ij}라면, A와B의 더하기는 다음과 같이 약속한다.

$A+B = [a_{ij}+b_{ij}]_{n\times m}$

즉 행렬사이의 더하기는 크기가 같은 행렬에 대해서만 정의되며, 그 결과는 서로 같은 위치에 있는 요소끼리 더해지는 것이다.

예제 4.2

행렬A와B의 더하기를 계산하시오.

① $A=\begin{bmatrix}3 & 5\\ 6 & 7\end{bmatrix}$ $B=\begin{bmatrix}1 & 2\\ 3 & 4\end{bmatrix}$

② $A=\begin{bmatrix}1 & 2 & 3\\ 4 & 5 & 6\\ 7 & 8 & 9\end{bmatrix}$ $B=\begin{bmatrix}2 & 1\\ 3 & 5\end{bmatrix}$

풀이

① $A+B=\begin{bmatrix}3+1 & 5+2\\ 6+3 & 7+4\end{bmatrix}$

$=\begin{bmatrix}4 & 7\\ 9 & 11\end{bmatrix}$

② A는 3×3이고 B는 2×2이다. 행렬사이의 더하기 연산은 크기가 동일한 행렬들 사이에서만 정의되는 것이므로 A와 B사이에는 더하기 연산이 성립될 수 없다.

■■■

정의 4-4 : 행렬 사이의 상등(Equality)

행렬A 및B가 각각 $n \times m$의 크기를 갖고, i번째 행과 j번째 열의 요소가 각각 a_{ij} 및 b_{ij}일 때, 모든 i, j에 대해

$$a_{ij} = b_{ij}$$

가 성립하면 A와B는 상등이라고 한다.

예제 4.3

행렬A와B의 상등 관계를 판정하시오.

① $A = \begin{bmatrix} 5 & 6 & 7 \\ 8 & 5 & 2 \\ 1 & 2 & 3 \end{bmatrix} \quad B = \begin{bmatrix} 5 & 6 & 7 \\ 8 & 5 & 2 \\ 1 & 2 & 1 \end{bmatrix}$

② $A = \begin{bmatrix} 1 & 2 \\ 4 & 5 \end{bmatrix} \quad B = \begin{bmatrix} 5 & 6 & 7 \\ 8 & 5 & 2 \\ 1 & 2 & 1 \end{bmatrix}$

풀이

① $a_{33} = 3$ 이나 $b_{33} = 1$ 이며, 그 외는 $a_{ij} = b_{ij}$가 성립한다. 따라서 $a_{33} \neq b_{33}$ 이므로 A와B는 상등관계가 성립하지 않는다.

② A는 2×2이고 B는 3×3이다. 즉 A와B는 서로 다른 크기를 갖는 행렬들이므로 상등 관계가 정의되지 않는다.

■■■

정의 4-5 : 행렬과 스칼라의 곱하기

$n \times m$ 행렬A와 스칼라 α와 곱하기는

$$\alpha A = \begin{bmatrix} \alpha a_{11} & \alpha a_{12} & \cdots & \alpha a_{1m} \\ \alpha a_{21} & \alpha a_{22} & \cdots & \alpha a_{2m} \\ \vdots & \vdots & \cdots & \vdots \\ \alpha a_{n1} & \alpha a_{n2} & \cdots & \alpha a_{nm} \end{bmatrix}$$

으로 약속한다.

즉 행렬과 스칼라 사이의 곱하기는 행렬 내에 있는 모든 요소에 스칼라를 각각 곱해서 만들어진 행렬을 의미한다.

예제 4.4

행렬A에 대해 $5A$를 구하시오.

$$A = \begin{bmatrix} 1 & 2 & 3 \\ 5 & 6 & 7 \\ 4 & 1 & 2 \end{bmatrix}$$

풀이

행렬과 스칼라 사이의 곱하기에 대한 정의에 의해

$$5A = \begin{bmatrix} 5\times1 & 5\times2 & 5\times3 \\ 5\times5 & 5\times6 & 5\times7 \\ 5\times4 & 5\times1 & 5\times2 \end{bmatrix}$$

$$= \begin{bmatrix} 5 & 10 & 15 \\ 25 & 30 & 35 \\ 20 & 5 & 10 \end{bmatrix}$$

■■■

예제 4.5

어떤 행렬A에 스칼라α를 곱한 행렬을 B라 할 때 B는 다음과 같다.

$$B = \begin{bmatrix} 3 & 6 & 9 \\ 12 & 15 & 18 \\ 21 & 24 & 27 \end{bmatrix}$$

α를 구하시오. 단, $\alpha \geqq 2$ 이다.

풀이

$$B = \begin{bmatrix} 3\times1 & 3\times2 & 3\times3 \\ 3\times4 & 3\times5 & 3\times6 \\ 3\times7 & 3\times8 & 3\times9 \end{bmatrix}$$

$$= 3\begin{bmatrix} 1 & 2 & 3 \\ 4 & 5 & 6 \\ 7 & 8 & 9 \end{bmatrix}$$

이므로, $\alpha = 3$ 을 얻는다.

■■■

행렬사이의 빼기

행렬과 행렬간의 빼기는 행렬사이의 더하기와 행렬과 스칼라 사이의 곱하기에 대한 정의들로부터 유도될 수 있다. 즉 행렬 $A = [a_{ij}]_{n\times m}$과 $B = [b_{ij}]_{n\times m}$에 대해

$A-B$는

$$A-B = A+(-1)B \tag{4-7}$$

와 같으므로

$$\begin{aligned} A-B &= [a_{ij}]_{n\times m}+[-b_{ij}]_{n\times m} \\ &= [a_{ij}-b_{ij}]_{n\times m} \end{aligned} \tag{4-8}$$

을 얻는다.

예제 4.6

다음 행렬 A 및 B에 대해 $A-2B$를 구하시오.

$A=\begin{bmatrix}10 & 2\\ 4 & 5\end{bmatrix}$ $B=\begin{bmatrix}3 & 4\\ 2 & 3\end{bmatrix}$

풀이

$$\begin{aligned} A-2B &= \begin{bmatrix}10 & 2\\ 4 & 5\end{bmatrix}+(-2)\begin{bmatrix}3 & 4\\ 2 & 3\end{bmatrix} \\ &= \begin{bmatrix}10 & 2\\ 4 & 5\end{bmatrix}+\begin{bmatrix}-6 & -8\\ -4 & -6\end{bmatrix} \\ &= \begin{bmatrix}4 & -6\\ 0 & -1\end{bmatrix} \end{aligned}$$

■■■

예제 4.7

2×2 행렬 A 및 B에 대해

$A-2B=\begin{bmatrix}1 & 2\\ 3 & 4\end{bmatrix}$ 이고, $B=\begin{bmatrix}1 & 2\\ 3 & 4\end{bmatrix}$ 이다.

이때 행렬 A를 구하시오.

풀이

행렬 A를 다음과 같이 약속하자.

$$A = \begin{bmatrix}a_{11} & a_{12}\\ a_{21} & a_{22}\end{bmatrix}$$

그러면

$$A-2B = \begin{bmatrix} a_{11}\, a_{12} \\ a_{21}\, a_{22} \end{bmatrix} + \begin{bmatrix} -2-4 \\ -6-8 \end{bmatrix}$$

$$= \begin{bmatrix} a_{11}-2\, a_{12}-4 \\ a_{21}-6\, a_{22}-8 \end{bmatrix}$$

$$= \begin{bmatrix} 1\,2 \\ 3\,4 \end{bmatrix}$$

를 얻는다. 그런데 행렬의 상등에 대한 정의로부터 두 행렬이 상등이려면 같은 위치에 있는 요소가 모두 동일해야 하므로 다음 관계를 얻는다.

$$a_{11}-2= 1 \quad a_{12}-4= 2$$

$$a_{21}-6= 3 \quad a_{22}-8= 4$$

따라서, $a_{11}=3$, $a_{12}=6$, $a_{21}=9$, $a_{22}=12$가 되며, A는 다음과 같다.

$$A = \begin{bmatrix} 3\;6 \\ 9\,12 \end{bmatrix}$$

■■■

정의 4-6 : 행렬과 행렬의 곱하기

$n\times m$ 행렬A와 $m\times l$ 행렬B와의 곱은 다음과 같이 정의된다.

$$AB= \begin{bmatrix} a_{11}\, a_{12} \cdots a_{1m} \\ a_{21}\, a_{22} \cdots a_{2m} \\ \vdots \quad \vdots \qquad \vdots \\ a_{i1}\; a_{i2} \cdots a_{im} \\ \vdots \quad \vdots \qquad \vdots \\ a_{n1}\, a_{n2} \cdots a_{nm} \end{bmatrix} \begin{bmatrix} b_{11}\; b_{12}\; \cdots\; b_{1j} \cdots b_{1l} \\ b_{21}\; b_{22}\; \cdots\; b_{2j} \cdots b_{2l} \\ \quad \vdots \quad \vdots \qquad \vdots \\ \vdots \qquad b_{m1}\, b_{m2} \cdots b_{mj} \\ \cdots b_{ml} \\ \end{bmatrix}$$

$$= \begin{bmatrix} a_{11}b_{11}+a_{12}b_{21}+\cdots+a_{1m}b_{m1} & \cdots & a_{11}b_{1l}+a_{12}b_{2l}+\cdots+a_{1m}b_{ml} \\ a_{21}b_{11}+a_{22}b_{21}+\cdots+a_{2m}b_{m1} & \cdots & a_{21}b_{1l}+a_{22}b_{2l}+\cdots+a_{2m}b_{ml} \\ \vdots & & \vdots \\ a_{n1}b_{11}+a_{n2}b_{21}+\cdots+a_{nm}b_{m1} & \cdots & a_{n1}b_{1l}+a_{n2}b_{2l}+\cdots+a_{nm}b_{ml} \end{bmatrix}$$

$$= \left[\sum_{k=1}^{m} a_{ik}b_{kj} \right]_{n\times l}$$

행렬A와 행렬B의 곱하기를 AB라 하면, 이 곱하기 연산은 앞쪽에 위치한 행렬A의 열(Column)개수(m개)와 뒷쪽에 위치한 행렬B의 행(Row)개수(m개)가 동일할 때만 정의되는 것이다. 또 AB연산의 결과는 다른 행렬이 되는데 그 연산 결과를 행렬 C라 하면, C의 크기는 $n \times l$, 즉 (앞쪽 행렬의 행수)×(뒷쪽 행렬의 열수)가 되며, C의 i번째 행과 j번째 열에 위치한 요소를 C_{ij}라 하면 C_{ij}는 다음과 같다.

$$\begin{aligned} C_{ij} &= \sum_{k=1}^{m} a_{ik} b_{kj} \\ &= a_{i1}b_{1j} + a_{i2}b_{2j} + \cdots + a_{im}b_{mj} \end{aligned} \tag{4-9}$$

바꾸어 생각해 보면 C_{ij}는 행벡타

$$[\, a_{i1} \quad a_{i2} \quad \cdots \quad a_{im} \,]$$

과 열벡타

$$\begin{bmatrix} b_{1j} \\ b_{2j} \\ \vdots \\ b_{nj} \end{bmatrix}$$

의 내적이라고 볼 수 있다.

예제 4.8

다음의 행렬A와B에 대해AB 및BA를 계산하시오.

$A = \begin{bmatrix} 1\,2 \\ 4\,1 \end{bmatrix} \quad B = \begin{bmatrix} 2\,1 \\ 0\,3 \end{bmatrix}$

풀이

① AB :

$$\begin{aligned} AB &= \begin{bmatrix} 1\,2 \\ 4\,1 \end{bmatrix}\begin{bmatrix} 2\,1 \\ 0\,3 \end{bmatrix} \\ &= \begin{bmatrix} 1\times2+2\times0\,1\times1+2\times3 \\ 4\times2+1\times0\,4\times1+1\times3 \end{bmatrix} \\ &= \begin{bmatrix} 2\,7 \\ 8\,7 \end{bmatrix} \end{aligned}$$

② BA :

$$BA = \begin{bmatrix} 2 & 1 \\ 0 & 3 \end{bmatrix}\begin{bmatrix} 1 & 2 \\ 4 & 1 \end{bmatrix}$$

$$= \begin{bmatrix} 2\times1+1\times4 & 2\times2+1\times1 \\ 0\times1+3\times4 & 0\times2+3\times1 \end{bmatrix}$$

$$= \begin{bmatrix} 6 & 5 \\ 12 & 3 \end{bmatrix}$$

■■■

예제 4.9

다음의 행렬A와B에 대해AB 및BA를 계산하시오.

$$A = \begin{bmatrix} 1 & 2 \\ 2 & 0 \\ 1 & 3 \end{bmatrix} \quad B = \begin{bmatrix} 1 & 2 & 2 \\ 2 & 1 & 0 \end{bmatrix}$$

풀이

① AB :

$$AB = \begin{bmatrix} 1 & 2 \\ 2 & 0 \\ 1 & 3 \end{bmatrix}\begin{bmatrix} 1 & 2 & 2 \\ 2 & 1 & 0 \end{bmatrix}$$

$$= \begin{bmatrix} 1\times1+2\times2 & 1\times2+2\times1 & 1\times2+2\times0 \\ 2\times1+0\times2 & 2\times2+0\times1 & 2\times2+0\times0 \\ 1\times1+3\times2 & 1\times2+3\times1 & 1\times2+3\times0 \end{bmatrix}$$

$$= \begin{bmatrix} 5 & 4 & 2 \\ 2 & 4 & 4 \\ 7 & 5 & 2 \end{bmatrix}$$

② BA :

$$BA = \begin{bmatrix} 1 & 2 & 2 \\ 2 & 1 & 0 \end{bmatrix}\begin{bmatrix} 1 & 2 \\ 2 & 0 \\ 1 & 3 \end{bmatrix}$$

$$= \begin{bmatrix} 1\times1+2\times2+2\times1 & 1\times2+2\times0+2\times3 \\ 2\times1+1\times2+0\times1 & 2\times2+1\times0+0\times3 \end{bmatrix}$$

$$= \begin{bmatrix} 7 & 8 \\ 4 & 4 \end{bmatrix}$$

■■■

◉ **참고** : $AB \neq BA$

예제의 풀이 결과를 보면 행렬사이의 곱하기에 대해서는 교환법칙이 성립하지 않음을 알 수 있다. A와 B의 크기가 동일할 때는 AB 및 BA의 크기는A 또는 B와 동일하게 유지되지만 AB와 BA의 요소들은 달라 질 수 있다. 또한 A와 B의 크기가 다른 경우에는 AB와 BA의 크기도 달라지고 AB 및 BA의 요소들도 달라 질 수 있으므로 행렬 사이의 곱하기 연산에서는 순서에 주의하여야 한다.

예제 4.10

xy좌표계와 $x'y'$좌표계는 같은 원점을 가지며 $x'y'$좌표계는 xy좌표계를 반시계 방향으로 θ만큼 회전시킨 관계를 갖는다. 이 관계를 그림 4-2에 보인다. 이때 xy좌표계에서 A점의 좌표를 (x_1, y_1) 및 $x'y'$좌표계에서 A점의 좌표를 (x_1', y_1') 이라고 할때 행렬의 곱하기 정의를 이용하여 (x_1, y_1)과 (x_1', y_1') 의 관계를 표시하시오.

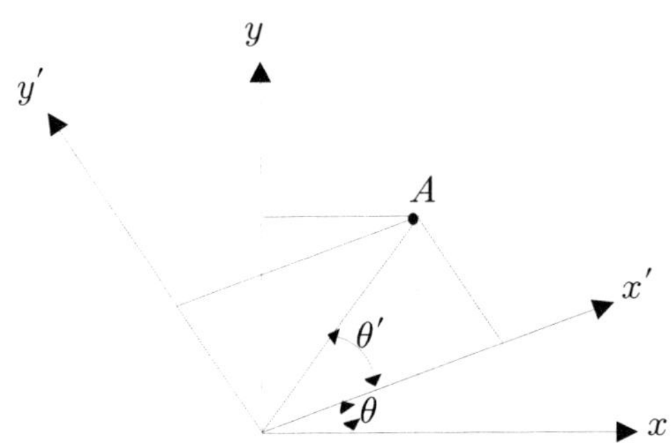

[그림 4-2] xy좌표계와 $x'y'$좌표계

풀이

원점에서 A점까지의 길이를 l이라 하면 각 좌표계에서 A점은 다음과 같이 표현된다. 먼저 xy좌표계에서는

$$x_1 = l\cos(\theta+\theta') = l(\cos\theta\cos\theta' - \sin\theta\sin\theta')$$

$$y_1 = l\sin(\theta+\theta') = l(\sin\theta\cos\theta' + \cos\theta\sin\theta')$$

이며, $x'y'$좌표계에서는

$$x_1' = l\cos\theta'$$

$$y_1' = l\sin\theta'$$

이다.

따라서

$$x_1 = (l\cos\theta')\cos\theta - (l\sin\theta')\sin\theta$$

$$= x_1'\cos\theta - y_1'\sin\theta$$

$$y_1 = (l\cos\theta')\sin\theta + (l\sin\theta')\cos\theta$$

$$= x_1'\sin\theta + y_1'\cos\theta$$

를 얻는다. 이 결과를 행렬의 곱하기 관계로 표현하면

$$\begin{bmatrix} x_1 \\ y_1 \end{bmatrix} = \begin{bmatrix} \cos\theta & -\sin\theta \\ \sin\theta & \cos\theta \end{bmatrix} \begin{bmatrix} x_1' \\ y_1' \end{bmatrix}$$

와 같다.

■■■

4.1.3 행렬연산에 관한 수학적 성질들

행렬사이의 연산에는 유용한 수학적 성질들이 있는데 다음에 중요한 몇 가지를 정리로 요약한다.

정리 4-1 : 행렬의 수학적 성질

$n \times m$ 행렬 A, B 및 C와 상수 α에 대해

① $A + B = B + A$

② $\alpha(A+B) = \alpha A + \alpha B$

③ $A + (B + C) = (A + B) + C$

가 성립한다.

(증명)

먼저 행렬 A, B 및 C를 다음과 같이 약속하자.

$$A = \begin{bmatrix} a_{11} & a_{12} & \cdots & a_{1m} \\ a_{21} & a_{22} & \cdots & a_{2m} \\ \vdots & \vdots & & \vdots \\ a_{n1} & a_{n2} & \cdots & a_{nm} \end{bmatrix} \tag{4-10}$$

$$B = \begin{bmatrix} b_{11} & b_{12} & \cdots & b_{1m} \\ b_{21} & b_{22} & \cdots & b_{2m} \\ \vdots & \vdots & & \vdots \\ b_{n1} & b_{n2} & \cdots & b_{nm} \end{bmatrix} \tag{4-11}$$

$$C = \begin{bmatrix} c_{11} & c_{12} & \cdots & c_{1m} \\ c_{21} & c_{22} & \cdots & c_{2m} \\ \vdots & \vdots & & \vdots \\ c_{n1} & c_{n2} & \cdots & c_{nm} \end{bmatrix} \tag{4-12}$$

① $A+B = B+A$:

행렬 사이의 더하기에 대한 정의로부터 $A+B$는 다음과 같다.

$$\begin{aligned} A+B &= \begin{bmatrix} a_{11}+b_{11} & a_{12}+b_{12} & \cdots & a_{1m}+b_{1m} \\ a_{21}+b_{21} & a_{22}+b_{22} & \cdots & a_{2m}+b_{2m} \\ \vdots & \vdots & & \vdots \\ a_{n1}+b_{n1} & a_{n2}+b_{n2} & \cdots & a_{nm}+b_{nm} \end{bmatrix} \\ &= \begin{bmatrix} b_{11}+a_{11} & b_{12}+a_{12} & \cdots & b_{1m}+a_{1m} \\ b_{21}+a_{21} & b_{22}+a_{22} & \cdots & b_{2m}+a_{2m} \\ \vdots & \vdots & & \vdots \\ b_{n1}+a_{n1} & b_{n2}+a_{n2} & \cdots & b_{nm}+a_{nm} \end{bmatrix} \\ &= \begin{bmatrix} b_{11} & b_{12} & \cdots & b_{1m} \\ b_{21} & b_{22} & \cdots & b_{2m} \\ \vdots & \vdots & & \vdots \\ b_{n1} & b_{n2} & \cdots & b_{nm} \end{bmatrix} + \begin{bmatrix} a_{11} & a_{12} & \cdots & a_{1m} \\ a_{21} & a_{22} & \cdots & a_{2m} \\ \vdots & \vdots & & \vdots \\ a_{n1} & a_{n2} & \cdots & a_{nm} \end{bmatrix} \\ &= B+A \end{aligned} \tag{4-13}$$

② $\alpha(A+B) = \alpha A + \alpha B$:

①의 유도과정에서 언급된 식과 행렬과 스칼라 사이의 곱하기 정의를 이용하면 $\alpha(A+B)$는 다음과 같다.

$$\begin{aligned} \alpha(A+B) &= \begin{bmatrix} \alpha(a_{11}+b_{11}) & \alpha(a_{12}+b_{12}) & \cdots & \alpha(a_{1m}+b_{1m}) \\ \alpha(a_{21}+b_{21}) & \alpha(a_{22}+b_{22}) & \cdots & \alpha(a_{2m}+b_{2m}) \\ \vdots & \vdots & & \vdots \\ \alpha(a_{n1}+b_{n1}) & \alpha(a_{n2}+b_{n2}) & \cdots & \alpha(a_{nm}+b_{nm}) \end{bmatrix} \\ &= \begin{bmatrix} \alpha a_{11} & \alpha a_{12} & \cdots & \alpha a_{1m} \\ \alpha a_{21} & \alpha a_{22} & \cdots & \alpha a_{2m} \\ \vdots & \vdots & & \vdots \\ \alpha a_{n1} & \alpha a_{n2} & \cdots & \alpha a_{nm} \end{bmatrix} + \begin{bmatrix} \alpha b_{11} & \alpha b_{12} & \cdots & \alpha b_{1m} \\ \alpha b_{21} & \alpha b_{22} & \cdots & \alpha b_{2m} \\ \vdots & \vdots & & \vdots \\ \alpha b_{n1} & \alpha b_{n2} & \cdots & \alpha b_{nm} \end{bmatrix} \end{aligned}$$

$$= \alpha \begin{bmatrix} a_{11} & a_{12} & \cdots & a_{1m} \\ a_{21} & a_{22} & \cdots & a_{2m} \\ \vdots & \vdots & & \vdots \\ a_{n1} & a_{n2} & \cdots & a_{nm} \end{bmatrix} + \alpha \begin{bmatrix} b_{11} & b_{12} & \cdots & b_{1m} \\ b_{21} & b_{22} & \cdots & b_{2m} \\ \vdots & \vdots & & \vdots \\ b_{n1} & b_{n2} & \cdots & b_{nm} \end{bmatrix}$$

$$= \alpha A + \alpha B \tag{4-14}$$

③ $A+(B+C) = (A+B)+C$:

$$A+(B+C) = \begin{bmatrix} a_{11} & a_{12} & \cdots & a_{1m} \\ a_{21} & a_{22} & \cdots & a_{2m} \\ \vdots & \vdots & & \vdots \\ a_{n1} & a_{n2} & \cdots & a_{nm} \end{bmatrix} + \begin{bmatrix} b_{11}+c_{11} & b_{12}+c_{12} & \cdots & b_{1m}+c_{1m} \\ b_{21}+c_{21} & b_{22}+c_{22} & \cdots & b_{2m}+c_{2m} \\ \vdots & \vdots & & \vdots \\ b_{n1}+c_{n1} & b_{n2}+c_{n2} & \cdots & b_{nm}+c_{nm} \end{bmatrix}$$

$$= \begin{bmatrix} a_{11}+b_{11}+c_{11} & a_{12}+b_{12}+c_{12} & \cdots & a_{1m}+b_{1m}+c_{1m} \\ a_{21}+b_{21}+c_{21} & a_{22}+b_{22}+c_{22} & \cdots & a_{2m}+b_{2m}+c_{2m} \\ \vdots & \vdots & & \vdots \\ a_{n1}+b_{n1}+c_{n1} & a_{n2}+b_{n2}+c_{n2} & \cdots & a_{nm}+b_{nm}+c_{nm} \end{bmatrix}$$

$$= \begin{bmatrix} a_{11}+b_{11} & a_{12}+b_{12} & \cdots & a_{1m}+b_{1m} \\ a_{21}+b_{21} & a_{22}+b_{22} & \cdots & a_{2m}+b_{2m} \\ \vdots & \vdots & & \vdots \\ a_{n1}+b_{n1} & a_{n2}+b_{n2} & \cdots & a_{nm}+b_{nm} \end{bmatrix} + \begin{bmatrix} c_{11} & c_{12} & \cdots & c_{1m} \\ c_{21} & c_{22} & \cdots & c_{2m} \\ \vdots & \vdots & & \vdots \\ c_{n1} & c_{n2} & \cdots & c_{nm} \end{bmatrix}$$

$$= (A+B)+C \tag{4-15}$$

■■■

행렬의 곱에 대한 성질

행렬사이의 곱에 대해서는 교환법칙과 결합법칙이 성립하는데 다음 정리로 간단히 요약한다.

정리 4-2 : 행렬간의 곱에 대한 성질

행렬 A, B, C 및 D를 각각 $n \times m, m \times r, r \times k$ 및 $m \times r$ 행렬이라고 할 때

① $A(BC) = (AB)C$

② $A(B+D) = AB+AD$

③ $(B+D)C = BC+DC$

가 성립한다.

증명은 생략한다.

♤

4.1.4 행렬의 전치(Transpose)와 성질

행렬에 관한 수학적인 연산을 다루는 과정에 자주 나오는 용어로 전치라는 것이 있다. 행렬의 전치란 주어진 행렬의 행과 열을 바꾸어서 만들어진 행렬을 의미하는데 수학적으로 정의하면 다음과 같다.

정의 4-7 : 행렬의 전치

$n \times m$ 행렬 A의 전치는 $m \times n$ 행렬이 되고 A^T로 표기되며, A와 A^T의 관계는 다음과 같다.

$$A = \begin{bmatrix} a_{11} & a_{12} & \cdots & a_{1m} \\ a_{21} & a_{22} & \cdots & a_{2m} \\ \vdots & \vdots & & \vdots \\ a_{n1} & a_{n2} & \cdots & a_{nm} \end{bmatrix} \qquad A^T = \begin{bmatrix} a_{11} & a_{21} & \cdots & a_{n1} \\ a_{12} & a_{22} & \cdots & a_{n2} \\ \vdots & \vdots & & \vdots \\ a_{1m} & a_{2m} & \cdots & a_{nm} \end{bmatrix}$$

예제 4.11

다음 행렬 A의 전치를 구하시오.

$$A = \begin{bmatrix} 1 & 5 \\ 2 & 6 \\ 3 & 7 \\ 4 & 8 \end{bmatrix}$$

풀이

$$A^T = \begin{bmatrix} 1 & 2 & 3 & 4 \\ 5 & 6 & 7 & 8 \end{bmatrix}$$

■■■

행렬의 전치에는 여러 가지 수학적 성질이 있는데 유용한 몇 가지를 다음 정리에 보인다.

정리 4-3 : 전치의 수학적 성질

행렬 A 및 B와 상수 k에 대해 다음 성질들이 성립한다.

① $(A^T)^T = A$

② $(AB)^T = B^T A^T$

③ $(A+B)^T = A^T + B^T$

④ $(kA)^T = kA^T$

증명

① $(A^T)^T = A$:

A^T는 A의 행과 열을 바꾸어서 만들어진 행렬이므로, A^T의 행과 열을 바꾸면 A가 되는 것은 자명하다.

② $(AB)^T = B^T A^T$:

Step 1 : A^T와 B^T의 표현

먼저 A와 B를 다음과 같이 표현하여 보자.

$$A = [a_{ij}]_{n \times m} \tag{4-16}$$

$$B = [b_{ij}]_{m \times l} \tag{4-17}$$

여기서 a_{ij} 및 b_{ij}는 각각 A 및 B행렬의 i번째 행 및 j번째 열에 위치한 요소를 의미한다. 이때 같은 방법으로 A^T를 표현하면, A^T는 A의 행과 열을 바꾸어 만들어진 행렬이므로 A^T의 크기는 $m \times n$이 되고, A^T의 i번째 행 및 j번째 열에 위치한 요소는 a_{ji}가 된다. 따라서 A^T는

$$A^T = [a_{ji}]_{m \times n} \tag{4-18}$$

으로 표현되며, 같은 이유로 B^T는 다음과 같다.

$$B^T = [b_{ji}]_{l \times m} \tag{4-19}$$

Step 2 : AB와 $(AB)^T$

AB는 이미 앞에서

$$AB = [\sum_{k=1}^{m} a_{ik} b_{kj}]_{n \times l} \tag{4-20}$$

으로 표현됨을 보았다. 즉 AB는 크기가 $n \times l$이며, AB행렬의 i번째 행 및 j번째 열에 위치한 요소가

$$\sum_{k=1}^{m} a_{ik} b_{kj}$$

라는 것이다. 그런데 Step 1에서 알 수 있듯이 주어진 행렬에 대한 전치의 i번째 행 및 j번째 열에 위치한 요소는 주어진 행렬의 i번째 행 및 j번째 열에 위치한 요소에서 하첨자(Subscript)를 바꾼 것으로 표현된다. 따라서 행렬 AB의 전치는 크기는 $l \times n$이 되며 다음과 같다.

$$(AB)^T = \left[\sum_{k=1}^{m} a_{jk} b_{ki} \right]_{l \times n} \tag{4-21}$$

즉 $(AB)^T$의 i번째 행 및 j번째 열에 위치한 요소는

$$\sum_{k=1}^{m} a_{jk} b_{ki}$$

로 표현됨을 의미한다.

Step 3 : $B^T A^T$

A와 B를 다음과 같이 표현해 보자.

$$A = \begin{bmatrix} a_{11} & a_{12} & \cdots & a_{1j} & \cdots & a_{1m} \\ a_{21} & a_{22} & \cdots & a_{2j} & \cdots & a_{2m} \\ \vdots & \vdots & & \vdots & & \vdots \\ a_{i1} & a_{i2} & \cdots & a_{ij} & \cdots & a_{im} \\ \vdots & \vdots & & \vdots & & \vdots \\ a_{n1} & a_{n2} & \cdots & a_{nj} & \cdots & a_{nm} \end{bmatrix} \tag{4-22}$$

$$B = \begin{bmatrix} b_{11} & b_{12} & \cdots & b_{1j} & \cdots & b_{1l} \\ b_{21} & b_{22} & \cdots & b_{2j} & \cdots & b_{2l} \\ \vdots & \vdots & & \vdots & & \vdots \\ b_{i1} & b_{i2} & \cdots & b_{ij} & \cdots & b_{il} \\ \vdots & \vdots & & \vdots & & \vdots \\ b_{m1} & b_{m2} & \cdots & b_{mj} & \cdots & b_{ml} \end{bmatrix} \tag{4-23}$$

그러면 $B^T A^T$는

$$B^T A^T = \begin{bmatrix} b_{11} & b_{21} & \cdots & b_{i1} & \cdots & b_{m1} \\ b_{12} & b_{22} & \cdots & b_{i2} & \cdots & b_{m2} \\ \vdots & \vdots & & \vdots & & \vdots \\ b_{1i} & b_{2i} & \cdots & b_{ii} & \cdots & b_{mi} \\ \vdots & \vdots & & \vdots & & \vdots \\ b_{1j} & b_{2j} & \cdots & b_{ij} & \cdots & b_{mj} \\ \vdots & \vdots & & \vdots & & \vdots \\ b_{1l} & b_{2l} & \cdots & b_{il} & \cdots & b_{ml} \end{bmatrix}$$

$$\begin{bmatrix} a_{11} & a_{21} & \cdots & a_{j1} & \cdots & a_{n1} \\ a_{12} & a_{22} & \cdots & a_{j2} & \cdots & a_{n2} \\ \vdots & \vdots & & \vdots & & \vdots \\ a_{1i} & a_{2i} & \cdots & a_{ji} & \cdots & a_{\ni} \\ \vdots & \vdots & & \vdots & & \vdots \\ a_{1j} & a_{2j} & \cdots & a_{jj} & \cdots & a_{nj} \\ \vdots & \vdots & & \vdots & & \vdots \\ a_{1m} & a_{2m} & \cdots & a_{jm} & \cdots & a_{nm} \end{bmatrix}$$

$$= \ [\sum_{k=1}^{m} b_{ki} a_{jk}]_{l \times n} \tag{4-24}$$

으로 유도된다. 즉 $B^T A^T$의 i번째 행 및 j번째 열에 위치한 요소는

$$\sum_{k=1}^{m} b_{ki} a_{jk}$$

라는 뜻이다.

Step 4 : $B^T A^T = (AB)^T$

Step 2와 Step 3의 결과를 보면 $(AB)^T$와 $B^T A^T$의 i번째 행 및 j번째 열에 위치한 요소들이 동일함을 알 수 있다. 즉$(AB)^T$와 $B^T A^T$는 상등의 관계가 성립하는 것이다.

③ $(A+B)^T = A^T + B^T$:

②에서 표현한 일반적 형태의 A 및 B를 사용하면 다음 관계를 얻는다.

$$A + B = \begin{bmatrix} a_{11}+b_{11} & a_{12}+b_{12} & \cdots & a_{1m}+b_{1m} \\ a_{21}+b_{21} & a_{22}+b_{22} & \cdots & a_{2m}+b_{2m} \\ \vdots & \vdots & & \vdots \\ a_{n1}+b_{n1} & a_{n2}+b_{n2} & \cdots & a_{nm}+b_{nm} \end{bmatrix} \tag{4-25}$$

이때는 행렬의 더하기가 같은 크기의 행렬에 대해서만 정의되므로 A와 B의 크기를 모두 $n \times m$으로 정한다.

따라서 $(A+B)^T$는 다음과 같다.

$$(A+B)^T = \begin{bmatrix} a_{11}+b_{11} & a_{21}+b_{21} & \cdots & a_{n1}+b_{n1} \\ a_{12}+b_{12} & a_{22}+b_{22} & \cdots & a_{n2}+b_{n2} \\ \vdots & \vdots & & \vdots \\ a_{1m}+b_{1m} & a_{2m}+b_{2m} & \cdots & a_{nm}+b_{nm} \end{bmatrix}$$

$$= \begin{bmatrix} a_{11} & a_{21} & \cdots & a_{n1} \\ a_{12} & a_{22} & \cdots & a_{n2} \\ \vdots & \vdots & & \vdots \\ a_{1m} & a_{2m} & \cdots & a_{nm} \end{bmatrix} + \begin{bmatrix} b_{11} & b_{21} & \cdots & b_{n1} \\ b_{12} & b_{22} & \cdots & b_{n2} \\ \vdots & \vdots & & \vdots \\ b_{1m} & b_{2m} & \cdots & b_{nm} \end{bmatrix}$$

$$= A^T + B^T \tag{4-26}$$

④ $(kA)^T = kA^T$:

kA는 스칼라와 행렬의 곱하기 정의에 의해 다음과 같다.

$$kA = \begin{bmatrix} ka_{11} & ka_{12} & \cdots & ka_{1m} \\ ka_{21} & ka_{22} & \cdots & ka_{2m} \\ \vdots & \vdots & & \vdots \\ ka_{n1} & ka_{n2} & \cdots & ka_{nm} \end{bmatrix} \tag{4-27}$$

따라서 $(kA)^T$는 전치의 정의에 의해

$$(kA)^T = \begin{bmatrix} ka_{11} & ka_{21} & \cdots & ka_{n1} \\ ka_{12} & ka_{22} & \cdots & ka_{n2} \\ \vdots & \vdots & & \vdots \\ ka_{1m} & ka_{2m} & \cdots & ka_{nm} \end{bmatrix}$$

$$= k\begin{bmatrix} a_{11} & a_{21} & \cdots & a_{n1} \\ a_{12} & a_{22} & \cdots & a_{n2} \\ \vdots & \vdots & & \vdots \\ a_{1m} & a_{2m} & \cdots & a_{nm} \end{bmatrix}$$

$$= kA^T \tag{4-28}$$

를 얻는다.

■■■

예제 4.12

행렬 A, B 및 C에 대해

$(A+B+C)^T = A^T + B^T + C^T$

임을 증명하시오.

풀이

$$\begin{aligned} (A+B+C)^T &= ((A+B)+C)^T \\ &= (A+B)^T + C^T \\ &= A^T + B^T + C^T \end{aligned}$$

■■■

예제 4.13

행렬 A , B 및 C에 대해

$$(ABC)^T = C^T B^T A^T$$

임을 증명하시오.

풀이

$$\begin{aligned}(ABC)^T &= ((AB)C)^T \\ &= C^T(AB)^T \\ &= C^T B^T A^T\end{aligned}$$

■■■

4.1.5 특별한 형태의 행렬들

행렬중에는 요소의 구성이 특별한 구조를 갖는 것이 여러 가지가 있다. 이러한 특별한 행렬들은 행렬을 이용한 연산 과정이나 증명 등에 폭 넓게 활용되고 있다. 다음에 몇 가지 중요한 행렬을 소개한다.

단위행렬(Identity 또는 Unit matrix)

주대각선 방향에 있는 모든 요소가 1이고, 그 외의 모든 요소는 0인 행렬을 단위행렬이라 하며, $n \times n$의 크기를 갖는 경우 $I_{n \times n}$으로 표기한다. $I_{n \times n}$은 다음과 같다.

$$I_{n \times n} = \begin{bmatrix} 1 & 0 & \cdots & 0 \\ 0 & 1 & \cdots & 0 \\ \vdots & \vdots & & \vdots \\ 0 & 0 & \cdots & 1 \end{bmatrix} \tag{4-29}$$

대각선행렬(Diagonal matrix)

단위 행렬과 같은 구조를 가지나, 주대각선 방향의 모든 요소가 0이 아닌 임의의 값을 갖는 행렬을 대각선 행렬이라고 부른다.

대각선 행렬의 예를 몇 가지 보이면 다음과 같다.

$$\begin{bmatrix} 1 & 0 & 0 \\ 0 & 5 & 0 \\ 0 & 0 & 2 \end{bmatrix} \quad \begin{bmatrix} 4 & 0 & 0 \\ 0 & 8 & 0 \\ 0 & 0 & 2 \end{bmatrix} \quad \begin{bmatrix} 5 & 0 & 0 \\ 0 & 0.2 & 0 \\ 0 & 0 & 0.1 \end{bmatrix}$$

삼각행렬(Triangular matrix)

주대각선을 기준으로 주대각선의 윗쪽 또는 아래쪽에 위치한 모든 요소가 0인 행렬을 삼각행렬이라 하는데, 삼각행렬에는 두 가지 종류가 있다. 즉 주대각선보다 윗쪽에 위치한 모든 요소가 0인 행렬은 아래삼각행렬(Lower triangular matrix)라 하며, 주대각선보다 아래쪽에 위치한 모든 요소가 0인 행렬을 윗삼각행렬(Upper triangular matrix)이라고 부른다. 다음에 아래삼각행렬과 윗삼각행렬의 예를 보인다.

$$\begin{bmatrix} 1 & 0 & 0 & 0 \\ 4 & 5 & 0 & 0 \\ 1 & 7 & 8 & 0 \\ 5 & 6 & 7 & 9 \end{bmatrix} \qquad \begin{bmatrix} 1 & 4 & 5 & 7 \\ 0 & 8 & 2 & 6 \\ 0 & 0 & 1 & 4 \\ 0 & 0 & 0 & 5 \end{bmatrix}$$

아래삼각행렬 윗삼각행렬

영행렬(Zero matrix)

행렬내의 모든 요소가 0인 행렬을 특별히 영행렬이라고 부른다.

대칭행렬(Symmetric matrix)

주대각선을 기준선으로 하여 종이를 접듯이 행렬을 접었을 때 서로 접해지는 모든 요소들이 서로 같을 때, 즉 수학적으로 표현하면 행렬 A의 요소를 a_{ij}로 정의할 때 모든 i와 j에 대해 $a_{ij} = a_{ji}$가 성립할 때 이런 특성을 갖는 행렬을 대칭행렬이라고 부른다.

다음에 대칭행렬의 예를 보인다.

$$\begin{bmatrix} 1 & 5 & 7 & 9 \\ 5 & 4 & 5 & 3 \\ 7 & 5 & 7 & 6 \\ 9 & 3 & 6 & 5 \end{bmatrix} \qquad \begin{bmatrix} 4 & 5 & 8 & 6 \\ 5 & 7 & 3 & 2 \\ 8 & 3 & 2 & 9 \\ 6 & 2 & 9 & 5 \end{bmatrix}$$

이 대칭행렬은 $a_{ij} = a_{ji}$의 특성을 가지므로, 대칭행렬의 전치(A^T)는 원 행렬과 동일한 성질이 있다. 즉 대칭 행렬에 대해서는

$$A^T = A \tag{4-30}$$

가 성립한다.

의대칭행렬(Skew-Symmetric matrix)

행렬내의 모든 요소에 대해 $a_{ij} = -a_{ji}$의 특징을 갖는 행렬을 의대칭행렬이라고 부른다. 다음에 의대칭행렬의 예를 보인다.

$$\begin{bmatrix} 0 & 1 & 2 & -5 \\ -1 & 0 & 3 & -2 \\ -2 & -3 & 0 & 9 \\ 5 & 2 & -9 & 0 \end{bmatrix}$$

4.2 행렬식과 성질

4.2.1 행렬식(Determinant)이란?

행렬식이란 $n \times n$ 크기의 행렬을 스칼라에 대응시키는 관계를 의미하는데, $n \times n$ 행렬

$$A = \begin{bmatrix} a_{11} & a_{12} & \cdots & a_{1n} \\ a_{21} & a_{22} & \cdots & a_{2n} \\ \vdots & \vdots & & \vdots \\ a_{n1} & a_{n2} & \cdots & a_{nn} \end{bmatrix} \quad (4\text{-}31)$$

의 행렬식은 $\det A$ 또는

$$\begin{vmatrix} a_{11} & a_{12} & \cdots & a_{1n} \\ a_{21} & a_{22} & \cdots & a_{2n} \\ \vdots & \vdots & & \vdots \\ a_{n1} & a_{n2} & \cdots & a_{nn} \end{vmatrix}$$

와 같이 행렬의 대괄호 대신 절대값 기호와 같은 수직선으로 표시한다. 다음에 2×2 및 3×3 크기의 행렬에 대한 행렬식을 차례로 정의한다.

정의 4-8 : 2×2 행렬의 행렬식

행렬 $A = \begin{bmatrix} a_{11} & a_{12} \\ a_{21} & a_{22} \end{bmatrix}$ 에 대한 행렬식은 다음과 같다.

$$\det A = \begin{vmatrix} a_{11} & a_{12} \\ a_{21} & a_{22} \end{vmatrix} = +a_{11}a_{22} - a_{12}a_{21}$$

2×2 행렬에 대한 행렬식을 보면 주대각선 방향에 있는 요소들을 곱하여 더하고 다른 대각선 방향에 있는 요소들을 곱하여 빼기를 한 것을 의미함을 알 수 있다.

예제 4.14

행렬 A의 행렬식을 계산하시오.

$$A = \begin{bmatrix} 4 & 5 \\ 6 & -3 \end{bmatrix}$$

풀이

$$\det A = \begin{vmatrix} 4 & 5 \\ 6 & -3 \end{vmatrix}$$

$$= +(4)(-3)-(5)(6)$$

$$= -42$$

■■■

예제 4.15

행렬 A의 행렬식이 1일 때 a를 구하시오.

$$A = \begin{bmatrix} a & 2 \\ 1 & 3 \end{bmatrix}$$

풀이

$$\det A = \begin{vmatrix} a & 2 \\ 1 & 3 \end{vmatrix}$$

$$= 3a-2 = 1$$

따라서

$$3a = 3$$

이므로 $a=1$을 얻는다.

■■■

예제 4.16

행렬 A의 행렬식이 0이 되는 a를 구하시오.

$$A = \begin{bmatrix} a-2 & 3 \\ 1 & a-4 \end{bmatrix}$$

풀이

2×2 행렬에 대한 행렬식의 정의로부터

$$\det A = \begin{vmatrix} a-2 & 3 \\ 1 & a-4 \end{vmatrix}$$

$$= +(a-2)(a-4)-3\times 1$$

$$= a^2-6a+5$$

$$= (a-1)(a-5)= 0$$

을 얻으므로,

$a=1$ 또는 5

■■■

정의 4-9 : 3×3행렬의 행렬식

행렬 $A=\begin{bmatrix} a_{11} & a_{12} & a_{13} \\ a_{21} & a_{22} & a_{23} \\ a_{31} & a_{32} & a_{33} \end{bmatrix}$에 대한 행렬식은 다음과 같다.

$$\det A = \begin{vmatrix} a_{11} & a_{12} & a_{13} \\ a_{21} & a_{22} & a_{23} \\ a_{31} & a_{32} & a_{33} \end{vmatrix}$$

$$= +a_{11}a_{22}a_{33}+a_{12}a_{23}a_{31}+a_{13}a_{21}a_{32}$$

$$-a_{13}a_{22}a_{31}-a_{11}a_{23}a_{32}-a_{12}a_{21}a_{33}$$

3×3 행렬에 대한 행렬식을 보면 주대각선 방향에 있는 요소들을 곱하여 더하고, 주대각선을 중심으로 위에 있는 요소들과 아래에 있는 요소들은 주대각선과 같은 방향으로 선을 그었을 때 선상에 위치한 요소들에 대해 주대각선 윗쪽과 아래쪽 요소들을 중복되지 않도록 3개씩 곱하여 더한다. 또한 다른 대각선 방향에 대해서는 같은 방법으로 3개씩 곱하여 뺀 것을 의미한다.

예제 4.17

행렬 A 의 행렬식을 계산하시오.

$$A=\begin{bmatrix} 1 & 2 & 3 \\ 2 & 4 & 1 \\ 5 & 6 & 3 \end{bmatrix}$$

풀이

$$\det A = \begin{vmatrix} 1 & 2 & 3 \\ 2 & 4 & 1 \\ 5 & 6 & 3 \end{vmatrix}$$

$$= +(1)(4)(3)+(2)(1)(5)+(3)(2)(6)$$

$$-(3)(4)(5)-(1)(1)(6)-(2)(2)(3)$$

$$= -20$$

■■■

4×4이상의 크기를 갖는 행렬에 대한 행렬식은 3×3 크기까지에서 정의한 것과 같은 형태로 정의된다. 그러나 4×4이상에 대해서는 식이 너무 길어지므로 4×4이상은 그 이하의 크기로 바꾸어 표현하는 방법이 많이 활용된다. 다음에 이 기법을 설명한다.

3×3행렬에 대한 행렬식의 결과를 보면 +항이 3개이며 −항이 3개이므로 +와 −항들을 2개씩 짝을 지어 정리할 수 있음을 알 수 있으며, 2개씩 짝을 지어 줄 때 공통 요소가 있도록 만들 수 있는 구성 법은 여러 가지가 있다. 예를 들어 행렬A의 첫 번째 행에 있는 요소들인 a_{11}, a_{12}, a_{13}이 각각 공통 요소로 나오게 짝을 지으면 다음과 같다.

$$\det A = a_{11}(+a_{22}a_{33} - a_{23}a_{32}) + a_{12}(+a_{23}a_{31} - a_{21}a_{33}) \tag{4-32}$$

$$+a_{13}(+a_{21}a_{32} - a_{22}a_{31})$$

여기서 괄호 안의 요소들은 모두 두개씩 곱하여 더하고, 두개씩 곱하여 뺀 형태이므로 이는 2×2 행렬의 행렬식과 같은 구조를 가지고 있다. 즉 다음과 같다.

$$+a_{22}a_{33} - a_{23}a_{32} = +\begin{vmatrix} a_{22} & a_{23} \\ a_{32} & a_{33} \end{vmatrix} \triangleq C_{11} \tag{4-33}$$

$$+a_{23}a_{31} - a_{21}a_{33} = -\begin{vmatrix} a_{21} & a_{23} \\ a_{31} & a_{33} \end{vmatrix} \triangleq C_{12} \tag{4-34}$$

$$+a_{21}a_{32} - a_{22}a_{31} = +\begin{vmatrix} a_{21} & a_{22} \\ a_{31} & a_{32} \end{vmatrix} \triangleq C_{13} \tag{4-35}$$

여기서 C_{ij} , $i,j = 1,2,3$ 는 행렬A에서 i번째 행과 j번째 열을 제외하고 남아 있는 요소들을 해당 위치에 그대로 두어 만들어진 행렬의 행렬식을 의미하며, 이를 여인자(Cofactor)라고 부른다. 즉 det A는 C_{ij}를 이용하면 다음과 같이 간략하게 표현할 수 있다.

$$\det A = a_{11}C_{11} + a_{12}C_{12} + a_{13}C_{13} \tag{4-36}$$

이때 C_{ij}의 부호에 유의해야 한다. C_{ij}는 $i+j$가 짝수인 경우에는 +, $i+j$가 홀수인 경우에는 −의 부호를 가진다. 즉 C_{ij}의 부호는 $(-1)^{i+j}$로 표현된다. 또한 참고로 C_{ij}에서 부호를 제외한 행렬식만을 의미하는 뜻으로 소행렬식(Minor determinant)이라는 용어를 사용하며 이를 M_{ij}로 표현하면, C_{ij}와 M_{ij}의 관계는 다음과 같다.

$$C_{ij} = (-1)^{i+j}M_{ij} \tag{4-37}$$

이제 행렬A의 세 번째 열에 있는 요소들인 a_{13}, a_{23}, a_{33}이 각각 공통 요소로 나오게 짝을 지어 보면 다음과 같다.

$$\det A = a_{13}(+a_{21}a_{32} - a_{22}a_{31}) + a_{23}(+a_{12}a_{31} - a_{11}a_{32}) \tag{4-38}$$

$$+ a_{33}(+a_{11}a_{22} - a_{12}a_{21})$$

앞에서와 같은 이치로 다음 관계를 얻는다.

$$+a_{21}a_{32} - a_{22}a_{31} = +\begin{vmatrix} a_{21} & a_{22} \\ a_{31} & a_{32} \end{vmatrix} \triangleq C_{13} \tag{4-39}$$

$$+a_{12}a_{31} - a_{11}a_{32} = -\begin{vmatrix} a_{11} & a_{12} \\ a_{31} & a_{32} \end{vmatrix} \triangleq C_{23} \tag{4-40}$$

$$+a_{11}a_{22} - a_{12}a_{21} = +\begin{vmatrix} a_{11} & a_{12} \\ a_{21} & a_{22} \end{vmatrix} \triangleq C_{33} \tag{4-41}$$

즉 행렬A의 세 번째 열에 있는 요소들을 이용하면 det$A$는 다음과 같이 표현됨을 의미한다.

$$\det A = a_{13}C_{13} + a_{23}C_{23} + a_{33}C_{33} \tag{4-42}$$

이상의 결과를 정리하면 det$A$는 행렬A내의 어떤 한 행이나 한 열에 위치한 모든 요소들과 그 요소와 동일한 하첨자(Subscript)를 갖는 여인자를 이용하여, 3×3행렬의 행렬식을 2×2행렬의 행렬식 3개의 1차 결합 형태로 바꾸어 표현할 수 있음을 알 수 있다. 즉, 임의의 i번째 행에 대해서는

$$\det A = a_{i1}C_{i1} + a_{i2}C_{i2} + a_{i3}C_{i3} \tag{4-43}$$

이 성립하며, 임의의 j번째 열에 대해서도

$$\det A = a_{1j}C_{1j} + a_{2j}C_{2j} + a_{3j}C_{3j} \tag{4-44}$$

가 성립한다. 이와 같은 표현을 여인자 전개(Cofactor expansion)라고 부른다.

이를 요약하면 다음 정리를 얻는다.

정리 4-4 : 여인자 전개(Cofactor expansion)를 이용한 행렬식의 표현

$n \times n$ 행렬 $A = [a_{ij}]_{n\times n}$에 대한 행렬식 $\det A$는 i번째 행에 대해서는

$$\det A = a_{i1}C_{i1} + a_{i2}C_{i2} + \cdots + a_{\in}C_{\in}$$

및 j번째 열에 대해서는

$$\det A = a_{1j}C_{1j} + a_{2j}C_{2j} + \cdots + a_{nj}C_{nj}$$

로 표현된다.

예제 4.18

행렬A의 행렬식을 여인자를 이용하여 계산하시오.

$$A = \begin{bmatrix} 1 & 2 & 0 & 2 \\ 0 & 1 & 4 & 1 \\ 3 & 0 & 1 & 2 \\ 1 & 3 & 2 & 1 \end{bmatrix}$$

풀이

A의 첫 번째 행에 대해 여인자 전개를 하면 다음과 같다.

$$\det A = a_{11}C_{11} + a_{12}C_{12} + a_{13}C_{13} + a_{14}C_{14}$$

$$= 1 \cdot C_{11} + 2 \cdot C_{12} + 0 \cdot C_{13} + 2 \cdot C_{14}$$

여기서

$$C_{11} = \begin{vmatrix} 1 & 4 & 1 \\ 0 & 1 & 2 \\ 3 & 2 & 1 \end{vmatrix}$$

$$= -0 \cdot \begin{vmatrix} 4 & 1 \\ 2 & 1 \end{vmatrix} + 1 \cdot \begin{vmatrix} 1 & 1 \\ 3 & 1 \end{vmatrix} - 2 \cdot \begin{vmatrix} 1 & 4 \\ 3 & 2 \end{vmatrix}$$

$$= 18$$

$$C_{12} = -\begin{vmatrix} 0 & 4 & 1 \\ 3 & 1 & 2 \\ 1 & 2 & 1 \end{vmatrix}$$

$$= -\left\{0 \cdot \begin{vmatrix} 1 & 2 \\ 2 & 1 \end{vmatrix} - 4 \cdot \begin{vmatrix} 3 & 2 \\ 1 & 1 \end{vmatrix} + 1 \cdot \begin{vmatrix} 3 & 1 \\ 1 & 2 \end{vmatrix}\right\}$$

$$= -1$$

$$C_{14} = -\begin{vmatrix} 0 & 1 & 4 \\ 3 & 0 & 1 \\ 1 & 3 & 2 \end{vmatrix}$$

$$= -\left\{0 \cdot \begin{vmatrix} 0 & 1 \\ 3 & 2 \end{vmatrix} - 1 \cdot \begin{vmatrix} 3 & 1 \\ 1 & 2 \end{vmatrix} + 4 \cdot \begin{vmatrix} 3 & 0 \\ 1 & 3 \end{vmatrix}\right\}$$

$$= -31$$

따라서

$$\det A = 1 \cdot (18) + 2 \cdot (-1) + 2 \cdot (-31)$$

$$= -46$$

■■■

예제 4.19

행렬 A에 대해 C_{23}과 C_{32}를 구하시오.

$$A = \begin{bmatrix} 3 & 5 & 1 \\ 4 & 2 & 3 \\ 1 & 0 & 2 \end{bmatrix}$$

풀이

여인자의 정의로부터 다음을 얻는다.

$$C_{23} = (-1)^{2+3} \begin{vmatrix} 3 & 5 \\ 1 & 0 \end{vmatrix}$$

$$= -(+3 \times 0 - 5 \times 1)$$

$$= 5$$

$$C_{32} = (-1)^{3+2} \begin{vmatrix} 3 & 1 \\ 4 & 3 \end{vmatrix}$$

$$= -(+3 \times 3 - 1 \times 4)$$

$$= -5$$

■■■

4.2.2 행렬식의 수학적 성질

행렬식에는 계산의 편의나 증명 등을 용이하게 할 수 있는 여러 가지 유용한 성질들이 있다. 다음에 몇 가지를 설명한다.

정리 4-5 :

행렬 A의 한 행 또는 한 열 전체의 요소들이 모두 0이면 $\det A = 0$이다.

증명

A의 행렬식을 여인자 전개로 표현하면, i번째 행에 대해서는

$$\det A = a_{i1}C_{i1} + a_{i2}C_{i2} + \cdots + a_{\in}C_{\in} \tag{4-45}$$

이며, j번째 열에 대해서는

$$\det A = a_{1j}C_{1j} + a_{2j}C_{2j} + \cdots + a_{nj}C_{nj} \tag{4-46}$$

이므로, 한 행 또는 한 열 전체의 요소들이 모두 0이면, 그 행 또는 열에 대해 여인자 전개를 했을 때, 여인자 전개식에서 여인자 앞에 곱해진 요소들이 모두 0이므로 $\det A$는 항상 0이다.

■■■

예제 4.20

행렬A의 행렬식을 계산하시오.

$$A = \begin{bmatrix} 1\,2\,3 \\ 7\,8\,9 \\ 0\,0\,0 \end{bmatrix}$$

풀이

A의 3번째 행에 있는 요소가 모두 0이므로, 3번째 행에 대해 여인자 전개를 하면 다음을 얻는다.

$$\begin{aligned} \det A &= a_{31}C_{31} + a_{32}C_{32} + a_{33}C_{33} \\ &= 0 \cdot C_{31} + 0 \cdot C_{32} + 0 \cdot C_{33} \\ &= 0 \end{aligned}$$

■■■

정리 4-6 :

행렬A의 두개의 열 또는 두개의 행이 동일하면 $\det A=0$이다

증명

이 정리의 증명은 일반적인 $n\times n$ 행렬에 대해서는 이해하기가 조금 어려우므로 예를 들어 설명한다. 4×4행렬

$$A = \begin{bmatrix} 5\,6\,7\,8 \\ 1\,2\,3\,4 \\ 5\,6\,7\,8 \\ 9\,1\,2\,5 \end{bmatrix} \tag{4-47}$$

의 행렬식을 생각해 보자. A의 첫 번째 행과 세 번째 행의 모든 요소가 동일하다. 이때 동일한 요소들로 구성된 첫 번째 행과 세 번째 행을 제외한 다른 행에 대해 여인자 전개로 행렬식을 계산해 본다. 즉 예로 두 번째 행에 대해 여인자 전개를 하면 행렬 A에 대한 행렬식은 다음과 같다.

$$det\ A = 1\cdot C_{21} + 2\cdot C_{22} + 3\cdot C_{23} + 4\cdot C_{24} \tag{4-48}$$

여기서

$$C_{21} = (-1)^{2+1}M_{21} = -\begin{vmatrix} 6\,7\,8 \\ 6\,7\,8 \\ 1\,2\,5 \end{vmatrix} \tag{4-49}$$

$$C_{22} = (-1)^{2+2}M_{22} = \begin{vmatrix} 5\,7\,8 \\ 5\,7\,8 \\ 9\,2\,5 \end{vmatrix} \tag{4-50}$$

$$C_{23} = (-1)^{2+3}M_{23} = -\begin{vmatrix} 5\,6\,8 \\ 5\,6\,8 \\ 9\,1\,5 \end{vmatrix} \tag{4-51}$$

$$C_{24} = (-1)^{2+4}M_{24} = \begin{vmatrix} 5\,6\,7 \\ 5\,6\,7 \\ 9\,1\,2 \end{vmatrix} \tag{4-52}$$

이다. 또 M_{21}, M_{22}, M_{23} 및 M_{24}를 보면 모두 두 개의 행이 동일한 요소들을 갖는다. 따라서 같은 방법으로 M_{21}, M_{22}, M_{23} 및 M_{24}에 대해 각각 동일한 두 개의 행들을 제외한 나머지 행에 대해 여인자 전개를 하면 다음과 같다.

$$M_{21} = 1\cdot\begin{vmatrix} 7\,8 \\ 7\,8 \end{vmatrix} - 2\cdot\begin{vmatrix} 6\,8 \\ 6\,8 \end{vmatrix} + 5\cdot\begin{vmatrix} 6\,7 \\ 6\,7 \end{vmatrix} = 0 \tag{4-53}$$

$$M_{22} = 9 \cdot \begin{vmatrix} 7 & 8 \\ 7 & 8 \end{vmatrix} - 2 \cdot \begin{vmatrix} 5 & 8 \\ 5 & 8 \end{vmatrix} + 5 \cdot \begin{vmatrix} 5 & 7 \\ 5 & 7 \end{vmatrix} = 0 \tag{4-54}$$

$$M_{23} = 9 \cdot \begin{vmatrix} 6 & 8 \\ 6 & 8 \end{vmatrix} - 1 \cdot \begin{vmatrix} 5 & 8 \\ 5 & 8 \end{vmatrix} + 5 \cdot \begin{vmatrix} 5 & 6 \\ 5 & 6 \end{vmatrix} = 0 \tag{4-55}$$

$$M_{24} = 9 \cdot \begin{vmatrix} 6 & 7 \\ 6 & 7 \end{vmatrix} - 1 \cdot \begin{vmatrix} 5 & 7 \\ 5 & 7 \end{vmatrix} + 2 \cdot \begin{vmatrix} 5 & 6 \\ 5 & 6 \end{vmatrix} = 0 \tag{4-56}$$

결과를 보면 M_{21}, M_{22}, M_{23} 및 M_{24}들은 모두 두개의 행이 같은 요소들로 구성된2×2행렬식의 1차 결합 형태로 표현되어 항상 0이 됨을 알 수 있다.
이와 마찬가지로 어떤 크기의 $n\times n$행렬도 두개의 행 또는 두개의 열이 모두 같은 요소들로 구성된 행렬은 동일한 두개의 행 또는 두개의 열을 제외한 나머지 행 또는 열에 대해 여인자 전개를 하는 방법으로 계속 행렬식의 크기를 줄여 가면 최종적으로 두개의 행 또는 열이 동일한 2×2행렬의 행렬식에 대한 1차 결합 형태로 표현될 수 있으므로 두개의 행 또는 두개의 열이 동일한 요소들로 구성된 행렬의 행렬식은 항상 0이 된다.

■■■

예제 4.21

행렬A의 행렬식을 계산하시오.

$$A = \begin{bmatrix} 4 & 5 & 6 \\ 7 & 8 & 9 \\ 4 & 5 & 6 \end{bmatrix}$$

풀이

행렬A의 첫 번째 행과 세 번째 행이 동일하므로 $\det A = 0$이다.

■■■

정리 4-7 :

행렬A에 대한 행렬식에 대해 다음 성질이 성립한다.

$$\det A = \begin{vmatrix} a_{11} & a_{12} & \cdots & a_{1j}+b_{1j} & \cdots & a_{1n} \\ a_{21} & a_{22} & \cdots & a_{2j}+b_{2j} & \cdots & a_{2n} \\ \vdots & \vdots & & \vdots & & \vdots \\ a_{n1} & a_{n2} & \cdots & a_{nj}+b_{nj} & \cdots & a_{nn} \end{vmatrix}$$

$$= \begin{vmatrix} a_{11} & a_{12} & \cdots & a_{1j} & \cdots & a_{1n} \\ a_{21} & a_{22} & \cdots & a_{2j} & \cdots & a_{2n} \\ \vdots & \vdots & & \vdots & & \vdots \\ a_{n1} & a_{n2} & \cdots & a_{nj} & \cdots & a_{nn} \end{vmatrix} + \begin{vmatrix} a_{11} & a_{12} & \cdots & b_{1j} & \cdots & a_{1n} \\ a_{21} & a_{22} & \cdots & b_{2j} & \cdots & a_{2n} \\ \vdots & \vdots & & \vdots & & \vdots \\ a_{n1} & a_{n2} & \cdots & b_{nj} & \cdots & a_{nn} \end{vmatrix}$$

증명

A의 j번째 열에 대해 여인자 전개를 하면

$$\begin{aligned}\det A &= (a_{1j}+b_{1j})C_{1j}+(a_{2j}+b_{2j})C_{2j}+\cdots+(a_{nj}+b_{nj})C_{nj}\\ &= (a_{1j}C_{1j}+a_{2j}C_{2j}+\cdots+a_{nj}C_{nj})+(b_{1j}C_{1j}+b_{2j}C_{2j}+\cdots+b_{nj}C_{nj})\\ &\triangleq \det A_1+\det A_2 \end{aligned} \tag{4-57}$$

를 얻는다. 여기서 $\det A_1$은

$$\begin{vmatrix} a_{11} & a_{12} & \cdots & a_{1j} & \cdots & a_{1n} \\ a_{21} & a_{22} & \cdots & a_{2j} & \cdots & a_{2n} \\ \vdots & \vdots & & \vdots & & \vdots \\ a_{n1} & a_{n2} & \cdots & a_{nj} & \cdots & a_{nn} \end{vmatrix}$$

를 j번째 열에 대해 여인자 전개를 한 것이며, $\det A_2$는

$$\begin{vmatrix} a_{11} & a_{12} & \cdots & b_{1j} & \cdots & a_{1n} \\ a_{21} & a_{22} & \cdots & b_{2j} & \cdots & a_{2n} \\ \vdots & \vdots & & \vdots & & \vdots \\ a_{n1} & a_{n2} & \cdots & b_{nj} & \cdots & a_{nn} \end{vmatrix}$$

를 j번째 열에 대해 여인자 전개를 한 것이다. 따라서 정리가 성립한다.

■■■

정리 4-8 :

행렬A에서 두 개의 행(또는 두 개의 열)의 위치를 바꾼 행렬을B라 하면 $\det A = -\det B$의 관계가 성립한다.

증명

행렬A를 다음과 같이 정의한다.

$$A = \begin{bmatrix} a_{11} & a_{12} & \cdots & a_{1i} & \cdots & a_{1j} & \cdots & a_{1n} \\ a_{21} & a_{22} & \cdots & a_{2i} & \cdots & a_{2j} & \cdots & a_{2n} \\ \vdots & \vdots & & \vdots & & \vdots & & \vdots \\ a_{n1} & a_{n2} & \cdots & a_{\ni} & \cdots & a_{nj} & \cdots & a_{nn} \end{bmatrix}$$

$$\triangleq \begin{bmatrix} a_1 & a_2 & \cdots & a_i & \cdots & a_j & \cdots & a_n \end{bmatrix} \tag{4-58}$$

여기서 a_i, $i=1,2,\cdots,n$, 은 열벡타이며

$$a_i = \begin{bmatrix} a_{1i} \\ a_{2i} \\ \vdots \\ a_{\ni} \end{bmatrix} \tag{4-59}$$

로 정의되는 $n \times 1$벡타이다.

그런데 앞에서 행렬의 두개 열 또는 두개 행이 동일하면 행렬식이 0이 됨을 보았다. 따라서 행렬A'

$$A' = \begin{bmatrix} a_{11}\ a_{12} \cdots a_{1i}+a_{1j} \cdots a_{1i}+a_{1j} \cdots a_{1n} \\ a_{21}\ a_{22} \cdots a_{2i}+a_{2j} \cdots a_{2i}+a_{2j} \cdots a_{2n} \\ \vdots \quad \vdots \qquad \vdots \qquad\qquad \vdots \qquad \vdots \\ a_{n1}\ a_{n2} \cdots a_{\ni}+a_{nj} \cdots a_{\ni}+a_{nj} \cdots a_{nn} \end{bmatrix}$$

$$= \left[a_1\, a_2 \cdots a_i + a_j \cdots a_i + a_j \cdots a_n\right] \tag{4-60}$$

의 행렬식은 0 이 된다. 즉

$$\det\left[a_1\, a_2 \cdots a_i + a_j \cdots a_i + a_j \cdots a_n\right] = 0 \tag{4-61}$$

이다. 또한 앞에서 하나의 열 또는 행의 모든 요소가 두개 항의 합으로 표현된 행렬의 행렬식은 이를 분리하여 표현할 수 있었으므로 합으로 표현된 두개의 열벡타에 대해 각각 한번씩 정리를 적용시키면 다음과 같이 4개의 행렬식의 합으로 나누어 표현된다.

$$\begin{aligned} &\det\ \left[a_1\, a_2 \cdots a_i + a_j \cdots a_i + a_j \cdots a_n\right] \\ &= \det\left[a_1\, a_2 \cdots a_i \cdots a_i \cdots a_n\right] \\ &\quad + \det\left[a_1\, a_2 \cdots a_i \cdots a_j \cdots a_n\right] \\ &\quad + \det\left[a_1\, a_2 \cdots a_j \cdots a_i \cdots a_n\right] \\ &\quad + \det\left[a_1\, a_2 \cdots a_j \cdots a_j \cdots a_n\right] \\ &= 0 \end{aligned}$$

이 결과에서 두개의 열이 동일한 행렬식은 0이 됨을 상기하면 다음과 같이 간략히 정리할 수 있다.

$$\begin{aligned} &\det\ \left[a_1\, a_2 \cdots a_i \cdots a_j \cdots a_n\right] \\ &+ \det\ \left[a_1\, a_2 \cdots a_j \cdots a_i \cdots a_n\right] = 0 \end{aligned} \tag{4-63}$$

즉 앞의 행렬 A에 대한 정의를 보면 이는

$$det\ A + det\ B = 0 \tag{4-64}$$

을 의미하며 det $A = -$ det B가 성립한다.

■■■

정리 4-9 :

행렬A에서 하나의 행 또는 열에 있는 모든 요소에 α배를 한 행렬을 B라 하면 det $B = \alpha$det A가 성립한다.

증명

행렬B를 행렬A의 i번째 행에 있는 모든 요소들에 α배를 하여 만들어진 행렬이라고 하면, 행렬B의 행렬식은 i번째 행에 대해 여인자 전개를 하여 다음과 같이 표현된다.

$$\begin{aligned} \det\ B &= \alpha a_{i1} C_{i1} + \alpha a_{i2} C_{i2} + \cdots + \alpha a_{\in} C_{\in} \\ &= \alpha(a_{i1} C_{i1} + a_{i2} C_{i2} + \cdots + a_{\in} C_{\in}) \\ &= \alpha \det\ A \end{aligned} \tag{4-65}$$

■■■

정리 4-10 :

행렬A와 A의 전치인 A^T는 행렬식이 동일하다. 즉 det $A = \det A^T$가 성립한다.

증명

행렬A와 A^T는 다음과 같은 관계이다.

$$A = \begin{bmatrix} a_{11} & a_{12} & \cdots & a_{1j} & \cdots & a_{1n} \\ a_{21} & a_{22} & \cdots & a_{2j} & \cdots & a_{2n} \\ \vdots & \vdots & & \vdots & & \vdots \\ a_{i1} & a_{i2} & \cdots & a_{ij} & \cdots & a_{\in} \\ \vdots & \vdots & & \vdots & & \vdots \\ a_{n1} & a_{n2} & \cdots & a_{nj} & \cdots & a_{nn} \end{bmatrix} \tag{4-66}$$

$$A^T = \begin{bmatrix} a_{11} & a_{21} & \cdots & a_{i1} & \cdots & a_{n1} \\ a_{12} & a_{22} & \cdots & a_{i2} & \cdots & a_{n2} \\ \vdots & \vdots & & \vdots & & \vdots \\ a_{1j} & a_{2j} & \cdots & a_{ij} & \cdots & a_{nj} \\ \vdots & \vdots & & \vdots & & \vdots \\ a_{1n} & a_{2n} & \cdots & a_{\in} & \cdots & a_{nn} \end{bmatrix} \tag{4-67}$$

그런데 행렬식은 주어진 행렬에서 임의의 행이나 열에 대해 여인자 전개로 표현되므로, A의 i번째 행에 대해서는

$$\det A = a_{i1}C_{i1} + a_{i2}C_{i2} + \cdots + a_{ij}C_{ij} + \cdots + a_{\in}C_{\in} \tag{4-68}$$

으로 표현되고, A^T의 j번째 열에 대해서는

$$\det A^T = a_{i1}C_{i1} + a_{i2}C_{i2} + \cdots + a_{ij}C_{ij} + \cdots + a_{\in}C_{\in} \tag{4-69}$$

이 성립한다. 즉 $\det A$와 $\det A^T$는 항상 일치한다.

■■■

정리 4-11 :

행렬A를 열벡타를 이용하여 $A = [a_1\, a_2 \cdots a_i \cdots a_j \cdots a_n]$로 표현했을때 두 개의 열벡타가 $a_i = \alpha a_j$(α는 상수)의 관계를 갖는 행렬을 B라 하면 $\det B = 0$ 이다.

증명

B는 다음과 같다.

$$B = [a_1\, a_2 \cdots \alpha a_j \cdots a_j \cdots a_n] \tag{4-70}$$

이미 앞에서 임의의 열벡타에 상수배를 한 행렬의 행렬식은 상수배를 하지 않은 행렬에 대한 행렬식과 상수배의 관계를 갖는 성질이 있었으므로

$$\det B = \alpha \det[a_1\, a_2 \cdots a_j \cdots a_j \cdots a_n] \tag{4-71}$$

을 얻는다.
또한 행렬에서 두개의 열이 동일하면 행렬식이 0이 되는 성질이 있었으므로

$$\det[a_1\, a_2 \cdots a_j \cdots a_j \cdots a_n] = 0 \tag{4-72}$$

이 성립한다.
따라서 $\det B = 0$이 된다. 이 정리는 행에 대해서도 같은 성질이 성립한다.

즉 두개의 행벡타가 상수배의 관계를 갖는 행렬의 행렬식도 0이 된다.

■■■

예제 4.22

행렬A의 행렬식을 계산하시오.

$$A = \begin{bmatrix} 1\,2\,3 \\ 4\,5\,7 \\ 3\,6\,9 \end{bmatrix}$$

풀이

행렬A의 세 번째 행에 있는 요소들은 첫 번째 행에 있는 요소들에 3배를 한 관계를 갖는다. 즉 A를 행벡타 형태로 표현하면

$$A = \begin{bmatrix} a_1 \\ a_2 \\ a_3 \end{bmatrix}$$

$a_1 = [1\,2\,3\,]$, $a_2 = [4\,5\,6\,]$, $a_3 = [3\,6\,9\,]$

인데 여기서

$a_3 = 3a_1$

의 관계를 가진다. 따라서 $\det A = 0$이다.

■■■

정리 4-12 :

행렬$A = [a_1\, a_2 \cdots a_i \cdots a_j \cdots a_n\,]$에서 하나의 열 벡타에 상수배($\alpha$)를 한 결과를 다른 열 벡타에 더하여 만들어진 행렬을 B라 하면 $\det\ B = \det A$가 성립한다.

증명

행렬A의 i번째 열 벡타를 α배하여 j번째 열 벡타에 더해서 만들어진 행렬을 B라 하면 B는 다음과 같다.

$$B = [a_1\, a_2 \cdots a_i \cdots a_j + \alpha a_i \cdots a_n\,] \qquad (4\text{-}73)$$

그런데 앞의 정리를 활용하면

$$\det\ B = \det[a_1\, a_2 \cdots a_i \cdots a_j \cdots a_n]$$

$$+\det\left[a_1\, a_2 \cdots a_i \cdots \alpha a_i \cdots a_n\right] \tag{4-74}$$

이 됨을 알 수 있다. 또한

$$\det\left[a_1\, a_2 \cdots a_i \cdots \alpha a_i \cdots a_n\right] = 0 \tag{4-75}$$

임을 알고 있으므로

$$\begin{aligned}\det B &= \det\left[a_1\, a_2 \cdots a_i \cdots a_j \cdots a_n\right] \\ &= \det A\end{aligned} \tag{4-76}$$

가 성립한다.

■■■

정리 4-13 :

삼각형 행렬의 행렬식은 주대각선 상에 있는 요소들의 곱으로 표현된다. 즉 $\det A = a_{11}a_{22} \cdots a_{nn}$ 이다.

증명

아래삼각형 행렬과 윗삼각형 행렬에 대한 증명이 동일하므로 아래삼각형 행렬에 대해서 증명해 본다. $n \times n$ 아래삼각형 행렬 A를 다음과 같이 정의해 보자.

$$A = \begin{bmatrix} a_{11} & 0 & 0 & \cdots & 0 \\ a_{21} & a_{22} & 0 & \cdots & 0 \\ a_{31} & a_{32} & a_{33} & \cdots & 0 \\ \vdots & \vdots & \vdots & & \vdots \\ a_{n1} & a_{n2} & a_{n3} & \cdots & a_{nn} \end{bmatrix} \tag{4-77}$$

행렬의 행렬식을 여인자 전개로 표현할 때는 0이 많은 행이나 열에 대해 여인자 전개를 하는 것이 계산이 편리하다. 따라서 0이 아닌 요소가 1개만 있는 첫 번째 행이나 n번째 열에 대해 여인자 전개를 하는 것이 유리하므로 첫 번째 행에 대해 여인자 전개를 하면 다음과 같다.

$$\begin{aligned}\det A &= a_{11}C_{11} + a_{12}C_{12} + \cdots + a_{1n}C_{1n} \\ &= a_{11}C_{11} + 0 \cdot C_{12} + \cdots + 0 \cdot C_{1n} \\ &= a_{11}C_{11}\end{aligned} \tag{4-78}$$

여기서 C_{11}은 행렬 A에서 첫 번째 행과 열을 제외한 $(n-1)\times(n-1)$행렬에 대한 행렬식이므로 행렬의 크기만 A에 비해 행과 열이 1씩 줄어든 것이지 형태는 동일한 아래삼각형 행렬의 행렬식이 된다.
따라서 같은 방법으로 첫 번째 행에 대해 다시 여인자 전개를 하면, a_{22}와 a_{22}를 포함하는 행과 열을 제외한 나머지 요소들로 구성된 $(n-2)\times(n-2)$ 아래삼각형 행열에 대한 행렬식의 곱으로 표현된다. 따라서 이 과정을 계속 반복하여 a_{nn} 이 나올 때 까지 진행하면

$$\det A = a_{11}a_{22}\cdots a_{nn} \tag{4-79}$$

이 얻어진다.

■■■

정리 4-14 :

$n\times n$행렬의 행렬식을 어떤 행 또는 열에 대해 여인자 전개로 표현했을 때 요소와 곱해진 여인자의 하첨자가 다르면 여인자 전개식은 항상 0이다. 즉 a_{ik} 및 a_{kj}, $k=1,2,\cdots,n,i,j=1,2,\cdots,n$을 각각 행렬의 i번째 행 및 j번째 열에 있는 요소들이라고 하면

$$a_{i1}C_{k1}+a_{i2}C_{k2}+\cdots+a_{\in}C_{kn}=0\ ,\ i\neq k$$

$$a_{1j}C_{1k}+a_{2j}C_{2k}+\cdots+a_{nj}C_{nk}=0\ ,\ j\neq k$$

이 성립한다.

증명

행과 열에 대해서 조건이 동일하므로 열에 대해서 증명해 본다.
앞에서 행렬A의 두개 열이 동일하면 $\det A=0$이 됨을 보았다. 만약 p번째 열과 q번째 열이 동일하다면 p번째 열에 대해 여인자 전개를 하면

$$\det A = a_{1p}C_{1p}+a_{2p}C_{2p}+\cdots+a_{np}C_{np}= 0 \tag{4-80}$$

을 얻는다. 그런데 p번째 열과 q번째 열$(p\neq q)$이 동일하므로

$$a_{kp}= a_{kq},\ k=1,2,\cdots,n \tag{4-81}$$

이 성립한다. 따라서

$$a_{1q}C_{1p}+a_{2q}C_{2p}+\cdots+a_{nq}C_{np}= 0 \tag{4-82}$$

의 관계가 성립하므로, $p\neq q$이면

$$\sum_{k=1}^{n}a_{kq}C_{kq}= 0 \tag{4-83}$$

이다.

■■■

4.3 역(Inverse)행렬 또는 행렬의 역

4.3.1 역행렬이란?

역행렬이란 스칼라량에서 곱셈에 대한 역원과 유사한 개념이다. 어떤 수 a에 다른 수 x를 곱하여 항상 1이 되는, 즉

$$ax = 1 \tag{4-84}$$

의 관계가 성립하는 x를 a의 역원이라고 부른다. 예를 들어 a가 3이면 $x = 1/3$이 3에 대한 역원이다. 행렬에 대해서도 스칼라에 있어서의 역원과 유사한 개념을 정의할 수 있는데 행렬사이의 곱하기는 그 결과가 스칼라가 아닌 행렬이며, 행렬에 대해서는 나눗셈의 정의가 없으므로 역행렬이란 개념을 다음과 같이 정의한다.

정의 4-10 : 역행렬

$n \times n$ 행렬A에 대해

$$AB = BA = I_{n \times n}$$

의 관계를 만족하는 행렬B가 존재하면, B를 A의 역 또는 역행렬이라고 부른다. 여기서는 $I_{n \times n}$은 $n \times n$ 단위행렬이다.

B가 A의 역행렬일때 B는

$$B = A^{-1} \tag{4-85}$$

로 표기한다. 이때 A의 윗첨자(Superscript)는 숫자가 아닌 역행렬을 의미하는 기호임에 주의해야 한다.

예제 4.23

행렬B가 행렬A의 역행렬이 되는 지를 판정하시오.

$$A = \begin{bmatrix} 1 & 2 \\ 3 & 7 \end{bmatrix} \quad B = \begin{bmatrix} 7 & -2 \\ -3 & 1 \end{bmatrix}$$

풀이

$AB = BA = I$ 가 성립하는 지를 확인해 보면 된다. 행렬사이의 곱하기에

대한 정의로 부터

$$AB = \begin{bmatrix} 1 & 2 \\ 3 & 7 \end{bmatrix}\begin{bmatrix} 7 & -2 \\ -3 & 1 \end{bmatrix} = \begin{bmatrix} 1 & 0 \\ 0 & 1 \end{bmatrix} = I_{2\times 2}$$

$$BA = \begin{bmatrix} 7 & -2 \\ -3 & 1 \end{bmatrix}\begin{bmatrix} 1 & 2 \\ 3 & 7 \end{bmatrix} = \begin{bmatrix} 1 & 0 \\ 0 & 1 \end{bmatrix} = I_{2\times 2}$$

를 얻을 수 있으므로 B는 A의 역행렬이 된다.

■■■

4.3.2 역행렬을 구하는 방법

역행렬을 구하는 데는 여러 가지 방법이 있는데 여기서는 딸림 행렬(Adjoint matrix)이란 특별한 모양의 행렬을 이용하여 공식형태로 역행렬을 표현하는 방법을 설명한다. 우선 $n\times n$ 행렬 A

$$A = \begin{bmatrix} a_{11} & a_{12} & \cdots & a_{1j} & \cdots & a_{1n} \\ a_{21} & a_{22} & \cdots & a_{2j} & \cdots & a_{2n} \\ \vdots & \vdots & & \vdots & & \vdots \\ a_{i1} & a_{i2} & \cdots & a_{ij} & \cdots & a_{\in} \\ \vdots & \vdots & & \vdots & & \vdots \\ a_{n1} & a_{n2} & \cdots & a_{nj} & \cdots & a_{nn} \end{bmatrix} \tag{4-86}$$

의 행렬식을 i번째 행에 대해 여인자 전개로 표현하면

$$\det A = a_{i1}C_{i1} + a_{i2}C_{i2} + \cdots + a_{\in}C_{\in} \tag{4-87}$$

이며, j번째 열에 대해 여인자 전개로 표현하면

$$\det A = a_{1j}C_{1j} + a_{2j}C_{2j} + \cdots + a_{nj}C_{nj} \tag{4-88}$$

임을 상기하고, 이 여인자 전개식들에 나오는 n^2개의 여인자들,
$C_{ij}, i,j = 1,2,\cdots,n,$을

$$\begin{bmatrix} C_{11} & C_{21} & \cdots & C_{n1} \\ C_{12} & C_{22} & \cdots & C_{n2} \\ \vdots & \vdots & & \vdots \\ C_{1n} & C_{2n} & \cdots & C_{nn} \end{bmatrix} = \begin{bmatrix} C_{11} & C_{12} & \cdots & C_{1n} \\ C_{21} & C_{22} & \cdots & C_{2n} \\ \vdots & \vdots & & \vdots \\ C_{n1} & C_{n2} & \cdots & C_{nn} \end{bmatrix} \tag{4-89}$$

와 같은 형태로 모아둔 행렬을 A의 딸림 행렬(Adjoint matrix)이라고 정의하며, $adj\ A$로 표기한다. 다음에 이 딸림 행렬을 이용하여 역행렬을 구하는 공식을 정리로 요약한다.

정리 4-15 : A의 역행렬

$n\times n$ 행렬A에 대해 det $A\neq 0$이면, A의 역행렬은

$$A^{-1}=\left(\frac{1}{\det A}\right)(adj\ A)$$

로 표현된다.

증명

역행렬의 정의에 의해 $AA^{-1}=A^{-1}A=I_{n\times n}$이 성립함을 보이면 된다. 따라서 두 단계로 나누어 $AA^{-1}=I_{n\times n}$과 $A^{-1}A=I_{n\times n}$을 각각 증명한다.

Step 1 : $AA^{-1}=I_{n\times n}$의 증명

$$\begin{aligned} AA^{-1} &= A\left(\frac{1}{\det A}\right)adj\ A \\ &= \left(\frac{1}{\det A}\right)\begin{bmatrix} a_{11} & a_{12} & \cdots & a_{1n} \\ a_{21} & a_{22} & \cdots & a_{2n} \\ \vdots & \vdots & & \vdots \\ a_{n1} & a_{n2} & \cdots & a_{nn} \end{bmatrix}\begin{bmatrix} C_{11} & C_{21} & \cdots & C_{n1} \\ C_{12} & C_{22} & \cdots & C_{n2} \\ \vdots & \vdots & & \vdots \\ C_{1n} & C_{2n} & \cdots & C_{nn} \end{bmatrix} \end{aligned} \tag{4-90}$$

그런데 $k=1,2,\cdots,n$에 대해

$$a_{k1}C_{k1}+a_{k2}C_{k2}+\cdots+a_{kn}C_{kn}$$

는 A의 행렬식인 det A를 여인자 전개로 표현한 것이며, 여인자 전개식의 각 항에서 A내에 있는 요소의 하첨자와 여인자의 하첨자가 동일하지 않은 경우는 0이 된다는 정리가 있었으므로, 이 두 가지 사실을 이용하여 AA^{-1}을 다음과 같이 간략하게 표현할 수 있다.

$$\begin{aligned} AA^{-1} &= \left(\frac{1}{\det A}\right)\begin{bmatrix} \det A & 0 & \cdots & 0 \\ 0 & \det A & \cdots & 0 \\ \vdots & \vdots & & \vdots \\ 0 & 0 & \cdots & \det A \end{bmatrix} \\ &= \begin{bmatrix} 1 & 0 & \cdots & 0 \\ 0 & 1 & \cdots & 0 \\ \vdots & \vdots & & \vdots \\ 0 & 0 & \cdots & 1 \end{bmatrix} \\ &= I_{n\times n} \end{aligned} \tag{4-91}$$

Step 2 : $A^{-1}A = I_{n\times n}$의 증명

$$A^{-1}A = \left(\frac{1}{\det A}\right)(adj\ A)A$$

$$= \left(\frac{1}{\det A}\right)\begin{bmatrix} C_{11} & C_{21} & \cdots & C_{n1} \\ C_{12} & C_{22} & \cdots & C_{n2} \\ \vdots & \vdots & & \vdots \\ C_{1n} & C_{2n} & \cdots & C_{nn} \end{bmatrix}\begin{bmatrix} a_{11} & a_{12} & \cdots & a_{1n} \\ a_{21} & a_{22} & \cdots & a_{2n} \\ \vdots & \vdots & & \vdots \\ a_{n1} & a_{n2} & \cdots & a_{nn} \end{bmatrix} \tag{4-92}$$

Step 1에서와 같은 이유로

$$A^{-1}A = \left(\frac{1}{\det A}\right)\begin{bmatrix} \det A & 0 & \cdots & 0 \\ 0 & \det A & \cdots & 0 \\ \vdots & \vdots & & \vdots \\ 0 & 0 & \cdots & \det A \end{bmatrix}$$

$$= \begin{bmatrix} 1 & 0 & \cdots & 0 \\ 0 & 1 & \cdots & 0 \\ \vdots & \vdots & & \vdots \\ 0 & 0 & \cdots & 1 \end{bmatrix}$$

$$= I_{n\times n} \tag{4-93}$$

를 얻는다.

따라서 A의 역행렬은 $A^{-1} = \left(\frac{1}{\det A}\right)adj\ A$로 표현된다.

■■■

예제 4.24

행렬A의 역행렬을 구하시오.

$$A = \begin{bmatrix} 1 & 2 & 1 \\ 0 & 1 & 0 \\ 2 & 1 & -1 \end{bmatrix}$$

풀이

$A^{-1} = \left(\frac{1}{\det A}\right)(adj\ A)$이므로 $\det A$와 $adj\ A$를 구하면 된다. A의 행렬식은

$$\det A = +(1)(1)(-1)+(2)(0)(2)+(1)(0)(1)$$
$$-(1)(1)(2)-(1)(1)(0)-(2)(0)(-1)$$
$$= -3$$

이다. A의 딸림 행렬은

$$adj\ A = \begin{bmatrix} C_{11} & C_{21} & C_{31} \\ C_{12} & C_{22} & C_{32} \\ C_{13} & C_{23} & C_{33} \end{bmatrix}$$

이므로, 각 여인자들을 구하면 다음과 같다.

$$C_{11} = \begin{vmatrix} 1 & 0 \\ 1 & -1 \end{vmatrix} = -1 \qquad C_{12} = -\begin{vmatrix} 0 & 0 \\ 2 & -1 \end{vmatrix} = 0 \qquad C_{13} = \begin{vmatrix} 0 & 1 \\ 2 & 1 \end{vmatrix} = -2$$

$$C_{21} = -\begin{vmatrix} 2 & 1 \\ 1 & -1 \end{vmatrix} = 3$$

$$C_{22} = \begin{vmatrix} 1 & 1 \\ 2 & -1 \end{vmatrix} = -3 \qquad C_{23} = -\begin{vmatrix} 1 & 2 \\ 2 & 1 \end{vmatrix} = 3$$

$$C_{31} = \begin{vmatrix} 2 & 1 \\ 1 & 0 \end{vmatrix} = -1 \qquad C_{32} = -\begin{vmatrix} 1 & 1 \\ 0 & 0 \end{vmatrix} = 0 \qquad C_{33} = \begin{vmatrix} 1 & 2 \\ 0 & 1 \end{vmatrix} = 1$$

따라서 A의 역행렬은

$$A^{-1} = \left(\frac{1}{-3}\right)\begin{bmatrix} -1 & 3 & -1 \\ 0 & -3 & 0 \\ -2 & 3 & 1 \end{bmatrix} = \begin{bmatrix} \frac{1}{3} & -1 & \frac{1}{3} \\ 0 & 1 & 0 \\ \frac{2}{3} & -1 & -\frac{1}{3} \end{bmatrix}$$

이다.

■■■

예제 4.25

행렬 A와 역행렬(A^{-1})이 다음과 같을 때 a를 구하시오.

$$A = \begin{bmatrix} 1 & 2 \\ 0 & 1 \end{bmatrix} \quad A^{-1} = \begin{bmatrix} 1 & a \\ 0 & 1 \end{bmatrix}$$

풀이

역행렬의 정의에 의해

$$AA^{-1} = I_{2\times 2}$$

가 성립한다. 따라서

$$AA^{-1} = \begin{bmatrix} 1 & 2 \\ 0 & 1 \end{bmatrix}\begin{bmatrix} 1 & a \\ 0 & 1 \end{bmatrix}$$

$$= \begin{bmatrix} 1 & a+2 \\ 0 & 1 \end{bmatrix}$$

$$= \begin{bmatrix} 1 & 0 \\ 0 & 1 \end{bmatrix}$$

이므로, $a+2=0$을 얻는다.
그러므로 $a=-2$

■■■

4.3.3 역행렬에 관한 성질

역행렬에 대해서는 연산에 관련된 여러 가지 성질이 있는데 몇 가지를 정리하면 다음과 같다.

정리 4-16 : 역행렬의 성질

역행렬이 존재하는 $n \times n$ 행렬 A 및 B에 대해 다음 성질들이 성립한다.

① $(A^{-1})^{-1} = A$

② $(A^{-1})^T = (A^T)^{-1}$

③ $(AB)^{-1} = B^{-1}A^{-1}$

증명

여기서는 ①과 ③을 증명한다.

① $(A^{-1})^{-1} = A$:

A^{-1}를 D라고 약속해 보자. 그러면 역행렬의 정의에 의해

$$AD = DA = I_{n \times n} \tag{4-94}$$

이 성립하며, 이 식을 바꾸어 표현하면

$$DA = AD = I_{n \times n} \tag{4-95}$$

도 성립한다. 그런데 $D = A^{-1}$이므로, 이 식은

$$A^{-1}A = AA^{-1} = I_{n \times n} \tag{4-96}$$

을 의미한다. 이 결과는 A^{-1}를 임의의 행렬로 생각하면, 역행렬의 정의에 따라 A가 A^{-1}라는 행렬의 역행렬, 즉 $A = (A^{-1})^{-1}$, 임을 말한다.

③ $(AB)^{-1} = B^{-1}A^{-1}$:

역행렬의 정의에 의해

$$(AB)(B^{-1}A^{-1}) = (B^{-1}A^{-1})(AB) = I_{n \times n} \tag{4-97}$$

임을 보이면 된다.

$$\begin{aligned}(AB)(B^{-1}A^{-1}) &= A(BB^{-1})A^{-1} \\ &= AI_{n \times n}A^{-1} \\ &= AA^{-1} \\ &= I_{n \times n}\end{aligned} \tag{4-98}$$

$(B^{-1}A^{-1})(AB)$도 같은 방법에 의해 $I_{n \times n}$임이 증명된다.

■■■

4.3.4 역행렬을 이용한 연립방정식의 해법

역행렬을 이용하면 소거법이나 치환법 등으로 해를 구하는 연립방정식에 대해 일반적인 형태의 공식으로 해를 표현할 수 있다.

다음과 같은 n원 1차 연립방정식을 생각해 보자.

$$\begin{aligned}a_{11}x_1 + a_{12}x_2 + \cdots + a_{1n}x_n &= b_1 \\ a_{21}x_1 + a_{22}x_2 + \cdots + a_{2n}x_n &= b_2 \\ &\vdots \\ a_{n1}x_1 + a_{n2}x_2 + \cdots + a_{n}x_n &= b_n\end{aligned} \tag{4-99}$$

여기서 상수 a_{ij}, $i,j = 1,2,\cdots,n$, b_i, $i = 1,2,\cdots,n$ 및 x_i, $i = 1,2,\cdots,n$ 들을 모아 다음과 같이 행렬로 표현해 보자.

$$A = \begin{bmatrix} a_{11} & a_{12} & \cdots & a_{1n} \\ a_{21} & a_{22} & \cdots & a_{2n} \\ \vdots & \vdots & & \vdots \\ a_{n1} & a_{n2} & \cdots & a_{nn} \end{bmatrix} \tag{4-100}$$

$$X = \begin{bmatrix} x_1 \\ x_2 \\ \vdots \\ x_n \end{bmatrix} \tag{4-101}$$

$$B = \begin{bmatrix} b_1 \\ b_2 \\ \vdots \\ b_n \end{bmatrix} \tag{4-102}$$

그러면 구하고자 하는 해 X는 다음 정리와 같이 표현된다.

정리 4-17 : 연립방정식의 해

식(4-99)로 표현된 연립방정식의 해는 $\det A \neq 0$이면

$$\boldsymbol{X} = A^{-1}B$$

로 구해진다. 여기서 A, B 및 $\boldsymbol{X}$는 식(4-100), 식(4-102) 및 식(4-101)에 정의된 행렬들이다.

증명

식(4-99)은 A, $\boldsymbol{X}$ 및 B를 이용하면

$$A\boldsymbol{X} = B \tag{4-103}$$

로 표현된다.
양변에 A의 역행렬을 곱하면

$$A^{-1}A\boldsymbol{X} = A^{-1}B \tag{4-104}$$

가 성립하며

$$A^{-1}A = I_{n \times n} \tag{4-105}$$

이고, $I_{n \times n}\boldsymbol{X} = \boldsymbol{X}$이므로

$$\boldsymbol{X} = A^{-1}B \tag{4-106}$$

가 성립한다.

■■■

예제 4.26

역행렬을 이용하여 다음 연립방정식의 해를 구하시오.

$x_1 + 2x_2 = 3$

$2x_1 - x_2 = 1$

풀이

연립방정식을 행렬을 이용하여 표현하면

$$\begin{bmatrix} 1 & 2 \\ 2 & -1 \end{bmatrix}\begin{bmatrix} x_1 \\ x_2 \end{bmatrix} = \begin{bmatrix} 3 \\ 1 \end{bmatrix}$$

이다. 이 식을

$$AX = B$$

로 표현하면 $X = A^{-1}B$이므로,

$$\begin{aligned} A^{-1} &= \begin{bmatrix} 1 & 2 \\ 2 & -1 \end{bmatrix} \\ &= \frac{1}{\det A}(adj\ A) \\ &= \frac{1}{-5}\begin{bmatrix} -1 & -2 \\ -2 & 1 \end{bmatrix} \\ &= \begin{bmatrix} \frac{1}{5} & \frac{2}{5} \\ \frac{2}{5} & -\frac{1}{5} \end{bmatrix} \end{aligned}$$

따라서

$$X = \begin{bmatrix} \frac{1}{5} & \frac{2}{5} \\ \frac{2}{5} & -\frac{1}{5} \end{bmatrix}\begin{bmatrix} 3 \\ 1 \end{bmatrix} = \begin{bmatrix} 1 \\ 1 \end{bmatrix}$$

그러므로 $x_1 = x_2 = 1$이다.

■■■

4.3.5 연립방정식의 해에 관한 Cramer의 정리

식 (4-99)로 표현된 연립방정식의 해는 정리 4-16에 언급한 대로 $X = A^{-1}B$로 구해지는데 여기서 A^{-1}를 구체적으로 계산하면 X를 다른 형태로 표현한 Cramer의 정리를 얻을 수 있다.

정리 4-18 : Cramer의 정리

식(4-99)으로 표현된 연립방정식의 해 $x_j,\ j=1,2,\cdots,n$은 $det\ A\neq 0$이면

$$x_j = \frac{\det A_j}{\det A}$$

로 구해진다. 여기서 $A_j,\ j=1,2,\cdots,n$ 는 A에서 j번째 열만을 B로 대체한$n\times n$ 행렬, 즉

$$A_j = \begin{bmatrix} a_{11}\ a_{12} \cdots a_{1\ j-1}\ b_1\ a_{1\ j+1} \cdots a_{1n} \\ a_{21}\ a_{22} \cdots a_{2\ j-1}\ b_2\ a_{2\ j+1} \cdots a_{2n} \\ \vdots \quad \vdots \qquad \vdots \quad \vdots \quad \vdots \qquad \vdots \\ a_{n1}\ a_{n2} \cdots a_{n\ j-1}\ b_n\ a_{n\ j+1} \cdots a_{nn} \end{bmatrix}$$

을 의미한다.

증명

앞에서 해가 $\boldsymbol{X}= A^{-1}B$로 표현됨을 보았다. 따라서 $\boldsymbol{X}$를 다음과 같이 바꾸어 쓸 수 있다.

$$\begin{aligned} \boldsymbol{X} &= A^{-1}B \\ &= \frac{1}{\det A}(adj\ A)B \\ &= \frac{1}{\det A}\begin{bmatrix} C_{11} & C_{21} & \cdots & C_{n1} \\ C_{12} & C_{22} & \cdots & C_{n2} \\ \vdots & \vdots & & \vdots \\ C_{1n} & c_{2n} & \cdots & C_{nn} \end{bmatrix}\begin{bmatrix} b_1 \\ b_2 \\ \vdots \\ b_n \end{bmatrix} \end{aligned}$$

$$= \frac{1}{det\ A}\begin{bmatrix} b_1C_{11} + b_2C_{21} + \cdots + b_nC_{n1} \\ b_1C_{12} + b_2C_{22} + \cdots + b_nC_{n2} \\ \vdots \\ b_1C_{1j} + b_2C_{2j} + \cdots + b_nC_{nj} \\ \vdots \\ b_1C_{1n} + b_2C_{2n} + \cdots + b_nC_{nn} \end{bmatrix} \tag{4-107}$$

그런데 행렬A_j의 정의를 보면

$$b_1C_{1j} + b_2C_{2j} + \cdots + b_nC_{nj}$$

는 A_j의 행렬식을 j번째 열에 대해 여인자 전개로 표현한 식임을 알 수 있다. 즉

$$\det A_j = b_1C_{1j} + b_2C_{2j} + \cdots + b_nC_{nj} \tag{4-108}$$

가 성립한다. 따라서 주어진 연립방정식의 해 x_j, $j=1,2,\cdots,n$는

$$x_j = \frac{\det A_j}{\det A} \tag{4-109}$$

로 구해진다.

■■■

예제 4.27

다음 연립방정식의 해를 Cramer의 정리로 구하시오.

$$2x_1 + x_2 + 3x_3 = 1$$

$$x_1 + x_2 - 2x_3 = 0$$

$$3x_1 - 2x_2 + x_3 = 2$$

풀이

Step 1 : det A를 구한다.

$$\det A = \begin{vmatrix} 2 & 1 & 3 \\ 1 & 1 & -2 \\ 3 & -2 & 1 \end{vmatrix} = -28$$

Step 2 : det A_j, $j=1,2,3$ 을 구한다.

$$\det A_1 = \begin{vmatrix} 1 & 1 & 3 \\ 0 & 1 & -2 \\ 2 & -2 & 1 \end{vmatrix} = -13$$

$$\det A_2 = \begin{vmatrix} 2 & 1 & 3 \\ 1 & 0 & -2 \\ 3 & 2 & 1 \end{vmatrix} = 7$$

$$\det A_3 = \begin{vmatrix} 2 & 1 & 1 \\ 1 & 1 & 0 \\ 3 & -2 & 2 \end{vmatrix} = -3$$

Step 3 : x_j, $j=1,2,3$,을 구한다.

$$x_1 = \frac{\det A_1}{\det A} = \frac{13}{28}$$

$$x_2 = \frac{\det A_2}{\det A} = -\frac{1}{4}$$

$$x_3 = \frac{\det A_3}{\det A} = \frac{3}{28}$$

■■■

4.3.6 행렬의 고유치와 고유 벡타

행렬식은 그 결과를 보면 행렬을 하나의 숫자에 대응시키는 관계다. 이와 같이 행렬과 관련된 숫자로서 고유치(Eigenvalue)라는 개념이 있으며, 선형 n차 연립 미분방정식의 일반해를 구하는 과정등 여러 분야에 활용된다. 다음에 행렬의 고유치와 고유벡타(Eigenvector)를 정의한다.

정의 4−10 : 행렬의 고유치와 고유벡타

$n \times n$ 행렬 A에 대해
$AK = \alpha K$
의 관계를 만족하는 영벡타가 아닌 벡타K가 존재할 때, α를 행렬A의 고유치라 부르고, 이 α에 대응하는K를 고유벡타라 한다.

주어진 행렬A에 대한 고유치와 고유벡타를 구하는 방법을 알아본다.

$AK = \alpha K$의 관계를 바꾸어 표현하면

$$(A - \alpha I_{n\times n})K = 0 \tag{4-110}$$

와 같다. 여기서 $I_{n\times n}$은 $n \times n$ 단위 행렬이며 α에 대응하는 고유벡타K를

$$K = \begin{bmatrix} k_1 \\ k_2 \\ \vdots \\ k_n \end{bmatrix} \tag{4-111}$$

으로 약속하면 이 식은 $k_i\ ,i = 1,2,\cdots,n,$ 에 대한 n원 1차 연립 방정식이다. 그런데 역행렬을 이용하면 구하고자 하는 고유벡타 K는 다음과 같이 표현된다.

$$\begin{aligned} K &= (A - \alpha I_{n\times n})^{-1}0 \\ &= \frac{1}{\det(A - \alpha I_{n\times n})} adj(A - \alpha I_{n\times n})0 \end{aligned} \tag{4-112}$$

결과를 보면 여기서 $\det(A - \alpha I_{n\times n}) \neq 0$이면 고유벡타는 항상 영벡타(Zero vector)가 된다. 따라서 이때 영벡타가 아닌 고유벡타가 존재하기 위해서는

$$\det(A - \alpha I_{n\times n}) = 0 \tag{4-113}$$

의 조건이 만족되어야 함을 알 수 있다. 즉 A가 주어지면 이 조건식은 α에 관한 n차 대수 방정식이 되므로, 이 대수 방정식의 해를 구하면 n 개의 고유치 α_i,

$i=1,2,\cdots,n$, 가 구해진다. 그러면 각각의 α_i에 대응하는 고유벡타를 K_i라 하면 K_i는

$$A\ K_i = \alpha_i K_i \tag{4-114}$$

의 관계로 부터 얻어진다.

예제 4.28

다음 행렬 A의 고유치와 고유벡타를 구하시오.

$$A = \begin{bmatrix} 1 & 4 \\ 3 & 2 \end{bmatrix}$$

풀이

Step 1 : A의 고유치

$$A - \alpha I_{2\times 2} = \begin{bmatrix} 1 & 4 \\ 3 & 2 \end{bmatrix} - \alpha \begin{bmatrix} 1 & 0 \\ 0 & 1 \end{bmatrix}$$

$$= \begin{bmatrix} 1-\alpha & 4 \\ 3 & 2-\alpha \end{bmatrix}$$

따라서

$$\det(A - \alpha I_{2\times 2}) = (1-\alpha)(2-\alpha) - 12$$

$$= (\alpha - 5)(\alpha + 2) = 0$$

으로 부터

$$\alpha = -2,\ 5$$

를 얻는다.

Step 2 : $\alpha_1 \triangleq -2$에 대응하는 고유벡타 $K_1 \triangleq [k_{11}\ k_{12}]^T$

$$A - \alpha_1 I_{2\times 2} = \begin{bmatrix} 1 & 4 \\ 3 & 2 \end{bmatrix} - (-2) \begin{bmatrix} 1 & 0 \\ 0 & 1 \end{bmatrix}$$

$$= \begin{bmatrix} 3 & 4 \\ 3 & 4 \end{bmatrix}$$

이므로 $(A - \alpha_1 I_{2\times 2})K_1 = 0$로 부터

$$3k_{11} + 4k_{12} = 0$$

$$3k_{11} + 4k_{12} = 0$$

의 두가지 관계를 구할 수 있다. 즉

$$k_{11} = -\frac{4}{3}k_{12}$$

의 관계를 가지므로, $k_{12} = 3$으로 가정하면 $k_{11} = -4$가 되므로 $\alpha_1 = -2$에 대응하는 고유벡타 K_1은

$$K_1 = \begin{bmatrix} -4 \\ 3 \end{bmatrix}$$

이 된다.

Step 3 : $\alpha_2 \triangleq 5$에 대응하는 고유벡타 $K_2 \triangleq [k_{21}\, k_{22}]^T$

$$A - \alpha_2 I_{2\times 2} = \begin{bmatrix} 1 & 4 \\ 3 & 2 \end{bmatrix} - 5\begin{bmatrix} 1 & 0 \\ 0 & 1 \end{bmatrix}$$

$$= \begin{bmatrix} -4 & 4 \\ 3 & -3 \end{bmatrix}$$

이므로 $(A - \alpha_2 I_{2\times 2})K_2 = 0$로 부터

$$-4k_{21} + 4k_{22} = 0$$

$$3k_{21} - 3k_{22} = 0$$

임을 알 수 있다. 즉

$$k_{21} = k_{22}$$

가 되며, $k_{22} = 1$로 가정하면 $k_{21} = 1$이 된다.

따라서 $\alpha_2 = 5$에 대응하는 고유벡타 K_2는

$$K_2 = \begin{bmatrix} 1 \\ 1 \end{bmatrix}$$

이 된다.

■■■

참고 : 고유벡타의 의미

$n \times 1$벡타K에 $n \times n$행렬을 곱하면, 그 결과는 $n \times 1$벡타가 된다. 즉 AK는 벡타 K를 다른 벡타로 변환한 것인데 AK가 αK가 된다는 것은 K와 상수배의 관계를 가지는 것이므로 AK는 K와 크기만 다르며 방향은 동일한 벡타가 되는 관계임을 알 수 있다. 즉 어떤 벡타에 행렬을 곱하여 변환을 했을 때, 그 벡타의 크기는 변해도 방향은 변하지 않는 성질을 가진 벡타가 고유벡타라는 의미이다.

4.4 행렬 함수와 수학적 성질

4.4.1 행렬 함수란?

행렬 함수는 벡타 함수와 더불어 연립 미분 방정식의 일반해를 구할 때 중요한 도구로 사용되는데 다음과 같이 정의된다.

정의 4-11 : 행렬함수

i번째 행 및 j번째 열에 위치한 요소가 함수 $a_{ij}(t)$로 표현되는 행렬을 행렬 함수라 부르며, $A(t)$로 표기한다. 즉, $m \times n$크기의 $A(t)$는 $A(t) = [a_{ij}(t)]_{m \times n}$ 와 같다.

4.4.2 행렬 함수의 미분과 적분

행렬 함수도 각 요소가 함수라는 특징이 추가된 행렬이므로 기존에 약속된 행렬에 관한 더하기, 빼기, 상등, 행렬과 스칼라의 곱하기, 행렬과 행렬의 곱하기 등에 관한 정의는 그대로 성립한다. 다만 행렬 함수는 함수에 관련된 정의가 더 필요한 점이 다르다. 다음에 행렬 함수의 미분과 적분에 대해 정의한다.

정의 4-12 : 행렬 함수의 미분

행렬 함수 $A(t) = [a_{ij}(t)]_{m \times n}$의 미분은 각 요소를 미분한 것으로 약속한다. 즉

$\dfrac{dA(t)}{dt} = \left[\dfrac{da_{ij}(t)}{dt}\right]_{m \times n}$ 이다.

예제 4.29

다음 행렬 함수 $A(t)$의 미분을 구하시오.

$$A(t) = \begin{bmatrix} 2t & e^t \\ \sin t & 1 \end{bmatrix}$$

풀이

행렬 함수의 미분에 대한 정의로 부터

$$\frac{dA(t)}{dt} = \begin{bmatrix} \frac{d(2t)}{dt} & \frac{d(e^t)}{dt} \\ \frac{d(\sin t)}{dt} & \frac{d(1)}{dt} \end{bmatrix}$$

$$= \begin{bmatrix} 2 & e^t \\ \cos t & 0 \end{bmatrix}$$

■■■

정의 4-13 : 행렬 함수의 적분

행렬 함수 $A(t) = [a_{ij}(t)]_{m \times n}$의 적분은 각 요소를 적분한 것으로 약속한다. 즉

$$\int_{t_1}^{t} A(\tau)d\tau = \left[\int_{t_1}^{t} a_{ij}(\tau)d\tau\right]_{m \times n}$$ 이다.

예제 4.30

다음 행렬 함수 $A(t)$에 대해 $\int_0^t A(\tau)d\tau$를 구하시오.

$$A(t) = \begin{bmatrix} 1 & t \\ e^t & t-1 \end{bmatrix}$$

풀이

행렬 함수의 적분에 대한 정의로 부터

$$\int_0^t A(\tau)d\tau = \begin{bmatrix} \int_0^t 1d\tau & \int_0^t \tau d\tau \\ \int_0^t e^{\tau}d\tau & \int_0^t (\tau-1)d\tau \end{bmatrix}$$

$$= \begin{bmatrix} t & \frac{t^2}{2} \\ e^t - 1 & \frac{t^2}{2} - t \end{bmatrix}$$

■■■

4.4.3 행렬 함수의 수학적 성질

행렬 함수의 미분과 적분연산에 대해서는 여러가지 수학적 성질들이 있는데 다음 정리에 몇 가지를 보인다.

정리 4-19 : 행렬 함수의 수학적 성질

행렬 함수 $A(t) = [a_{ij}(t)]_{n\times m}$, $B(t) = [b_{ij}(t)]_{n\times m}$

및 $C = [c_{ij}]_{m\times n}$에 대해

① $\dfrac{d}{dt}CA(t) = C\dfrac{dA(t)}{dt}$

② $\dfrac{d}{dt}(A(t)+B(t)) = \dfrac{dA(t)}{dt}+\dfrac{dB(t)}{dt}$

③ $\displaystyle\int_{t_1}^{t}(A(\tau)+B(\tau))d\tau = \int_{t_1}^{t}A(\tau)d\tau + \int_{t_1}^{t}B(\tau)d\tau$

가 성립한다.

증명

각 성질에 대한 증명 방법은 유사하므로 ②번에 대해서만 증명한다. 먼저 괄호안의 계산은 행렬 사이의 더하기에 대한 정의로 부터

$$A(t)+B(t) = [a_{ij}(t)+b_{ij}(t)]_{n\times m} \tag{4-115}$$

을 얻는다. 다음에 행렬 함수의 미분에 대한 정의에 의해

$$\frac{d}{dt}(A(t)+B(t)) = \left[\frac{d}{dt}(a_{ij}(t)+b_{ij}(t))\right]_{n\times m}$$

$$= \left[\frac{da_{ij}(t)}{dt}+\frac{db_{ij}(t)}{dt}\right]_{n\times m} \tag{4-116}$$

이 성립한다. 앞에서와 마찬가지로 행렬사이의 더하기에 대한 정의를 다시 활용하면

$$\left[\frac{da_{ij}(t)}{dt}+\frac{db_{ij}(t)}{dt}\right]_{n\times m} = \left[\frac{da_{ij}(t)}{dt}\right]_{n\times m} + \left[\frac{db_{ij}(t)}{dt}\right]_{n\times m} \tag{4-117}$$

이 되므로,

$$\frac{d}{dt}(A(t)+B(t))= \frac{dA(t)}{dt}+\frac{dB(t)}{dt} \tag{4-118}$$

이 증명된다.

■■■

예제 4.31

다음 행렬 함수들 $A(t)$ 및 $B(t)$에 대해 $\frac{d}{dt}(A(t)+B(t))$와

$\int_0^t (A(\tau)+B(\tau))d\tau$ 를 구하시오.

$$A(t) = \begin{bmatrix} t & 1 \\ e^t & 0 \end{bmatrix} \quad B(t) = \begin{bmatrix} 0 & t-1 \\ 1 & e^t \end{bmatrix}$$

풀이

① $\frac{d}{dt}(A(t)+B(t))$

$$= \frac{dA(t)}{dt}+\frac{dB(t)}{dt}$$

$$= \begin{bmatrix} 1 & 0 \\ e^t & 0 \end{bmatrix}+\begin{bmatrix} 0 & 1 \\ 0 & e^t \end{bmatrix}$$

$$= \begin{bmatrix} 1 & 1 \\ e^t & e^t \end{bmatrix}$$

② $\int_0^t (A(\tau)+B(\tau))d\tau$

$$= \int_0^t A(\tau)d\tau+\int_0^t B(\tau)d\tau$$

$$= \begin{bmatrix} \frac{t^2}{2} & t \\ e^t-1 & 0 \end{bmatrix}+\begin{bmatrix} 0 & \frac{t^2}{2}-t \\ t & e^t-1 \end{bmatrix}$$

$$= \begin{bmatrix} \frac{t^2}{2} & \frac{t^2}{2} \\ t+e^t-1 & e^t-1 \end{bmatrix}$$

■■■

4.5 행렬의 응용 – 실험식의 작성법

실험식의 작성 문제

어떤 시스템의 입력x와 출력y사이의 관계가 함수 관계로

$$y = f(x) \tag{4-119}$$

와 같이 표현된다고 가정하여 보자. 그런데 f 는 알지 못하며, 실험에 의해 여러가지의 입력에 대한 출력의 데이타를 얻었다고 해 보자. 즉 n번의 실험을 통해 $x_i,\ i=1,2,\cdots,n$,에 대한 출력 $y_i,\ i=1,2,\cdots,n$,를 알게 되었다면, 이 n개의 데이타 조합, 즉 $(x_i,y_i), i=1,2,\cdots,n$,들은 시스템의 특성인 함수$f$ 에 대한 정보를 가지고 있을 것이다. 그런데 이 n개의 데이타들을 이용하여 시스템의 특성을 설명하기에는 불편함이 따르고, n개의 입력 $x_i,\ i=1,2,\cdots,n$,이외의 다른 입력에 대해서는 시스템의 출력이 어떻게 될 지를 알 수가 없다. 즉 예를 들면 x_1과x_2 사이의 값이 시스템에 들어가면 출력y가 어떤 값이 될 지를 모르는 문제점 등이 있다. 따라서 주어진 n개의 데이터를 이용하여 이 데이타들을 가장 잘 대변할 수 있는 함수f 를 찾는 방법이 필요하다. 왜냐하면 어떤 방법에 의해 시스템의 특성을 의미하는 함수f 를 주어진 데이타로 부터 구할 수 있다면, 시스템을 표현할 때 번거롭게 많은 데이타를 가지고 설명하지 않고, 함수f 만에 의해 시스템의 의미를 전달할 수가 있으며, 주어진 n개의 입력이외의 입력에 대해서도 함수f 의 연산에 의해 해당 입력에 대응하는 시스템의 출력을 계산할 수 있기 때문이다.

실험식 작성의 설계 사상

주어진 n개의 데이타를 가장 잘 대변할 수 있으면서 계산도 편리한 함수f 를 어떻게 찾을 수 있을까? 가장 간단하게 생각할 수 있는 방법이 함수f 를 직선의 형태인 1차 함수로 가정하는 것이다. 즉

$$y = f(x) = ax + b \tag{4-120}$$

로 가정해 두고, 주어진 n개의 데이타에 가장 적합한 a와 b의 값을 찾는 문제로 변환하는 것이다.

이제 a와 b의 값을 구하는 방법을 생각해 보자. 이상적인 a와 b의 값은 정해진 a와 b로 $y=f(x)$를 구성했을 때 가지고 있는 n개의 데이타에 대한 관계가 모두 등식으로 성립하는 것이다. 즉 (x_i,y_i) , $i=1,2,\cdots,n$,에 대해

$$y_i = ax_i + b \ , \ \ i = 1, 2, \cdots, n \tag{4-121}$$

의 관계가 되면 이상적이지만, 항상 n개의 관계를 모두 만족하는 a와 b는 존재하지 않음을 쉽게 알 수 있다. 따라서 n개의 데이타 조합에 가장 근접한 관계를 갖도록 a와 b의 값을 찾아야 하는데, 이런 경우에 적합한 기법이 '최소자승법(Method of Least Square)'이다.

즉 찾고자 하는 함수 관계가

$$y = ax + b \tag{4-122}$$

일때, x와 y에 관한 n개의 관계 (x_i, y_i) , $i = 1,2,\cdots,n$, 를 가지고 있다면, n개의 각 점에서 주어진 x_i로 부터 가정된 함수 관계로 계산된

$$y = ax_i + b \tag{4-123}$$

와 실험에 의해 알고 있는 y_i와의 차이를 e_i라고 약속해 보자. 다시 말하면 e_i는

$$e_i = (ax_i + b) - y_i, \ \ i = 1,2,\cdots,n \tag{4-124}$$

을 의미한다. 이 e_i, $i = 1,2,\cdots,n$, 들을 제곱하여 합하고, 그 결과를 E라고 한다면 E는

$$E = \sum_{i=1}^{n} e_i^2 = e_1^2 + e_2^2 + \cdots + e_n^2 \tag{4-125}$$

와 같다. 각 데이터들에 대한 차이의 제곱을 합한 E가 최소가 되는 a와 b를 구하면 오차의 제곱이 최소가 된다는 의미를 갖는 함수 관계가 얻어질 것이다. 이런 관점에서 주어진 n개의 데이터를 대변할 수 있는 직선의 식 $y = ax + b$를 구하는 방법을 최소자승법이라고 부른다.

최소 자승법을 이용한 실험식의 작성

이제 실험식을 작성하는 문제는 E가 최소가 되는 a와 b를 구하는 단순한 수학적인 계산 문제로 변형되었다. E는

$$\begin{aligned} E &= \sum_{i=1}^{n} e_i^2 \\ &= \sum_{i=1}^{n} [y_i - (ax_i + b)]^2 \end{aligned} \tag{4-126}$$

이므로, E가 최소가 되는 a와 b는 다음의 관계로 부터 찾을 수 있다.

$$\frac{\partial E}{\partial a} = 0 \tag{4-127}$$

$$\frac{\partial E}{\partial b} = 0 \tag{4-128}$$

각 식을 계산하면 다음과 같다.

$$\frac{\partial E}{\partial a} = -2\sum_{i=1}^{n} x_i \left[y_i - (ax_i + b)\right] = 0 \tag{4-129}$$

$$\frac{\partial E}{\partial b} = -2\sum_{i=1}^{n} \left[y_i - (ax_i + b)\right] = 0 \tag{4-130}$$

구하고자 하는 것은 a와 b이므로 이 두개의 식들을 a와 b에 대해 정리하면 다음의 연립방정식이 얻어진다.

$$\left(\sum_{i=1}^{n} x_i^2\right)a + \left(\sum_{i=1}^{n} x_i\right)b = \sum_{i=1}^{n} x_i y_i \tag{4-131}$$

$$\left(\sum_{i=1}^{n} x_i\right)a + nb = \sum_{i=1}^{n} y_i \tag{4-132}$$

그런데 이 연립방정식은 행렬을 이용하면

$$\begin{bmatrix} \sum_{i=1}^{n} x_i^2 & \sum_{i=1}^{n} x_i \\ \sum_{i=1}^{n} x_i & n \end{bmatrix} \begin{bmatrix} a \\ b \end{bmatrix} = \begin{bmatrix} \sum_{i=1}^{n} x_i y_i \\ \sum_{i=1}^{n} y_i \end{bmatrix} \tag{4-133}$$

로 바꾸어 표현할 수 있으며, 좀더 간략히 표현하기 위해

$$X = \begin{bmatrix} a \\ b \end{bmatrix} \tag{4-134}$$

$$Y = \begin{bmatrix} y_1 \\ y_2 \\ \vdots \\ y_n \end{bmatrix} \tag{4-135}$$

$$A = \begin{bmatrix} x_1 & 1 \\ x_2 & 1 \\ \vdots & \vdots \\ x_n & 1 \end{bmatrix} \tag{4-136}$$

로 약속하면

$$A^T A = \begin{bmatrix} x_1 & x_2 & \cdots & x_n \\ 1 & 1 & \cdots & 1 \end{bmatrix} \begin{bmatrix} x_1 & 1 \\ x_2 & 1 \\ \vdots & \vdots \\ x_n & 1 \end{bmatrix} = \begin{bmatrix} \sum_{i=1}^{n} x^2{}_i \sum_{i=1}^{n} x_i \sum_{i=1}^{n} x_i \, n \end{bmatrix} \tag{4-137}$$

$$A^TY = \begin{bmatrix} x_1\ x_2 \cdots x_n \\ 1\ \ 1 \cdots 1 \end{bmatrix} \begin{bmatrix} y_1 \\ y_2 \\ \vdots \\ y_n \end{bmatrix} = \begin{bmatrix} \sum_{i=1}^{n} x_i y_i \\ \sum_{i=1}^{n} y_i \end{bmatrix} \tag{4-138}$$

이 성립하므로, 앞에서 유도한 연립방정식은

$$A^TAX = A^TY \tag{4-139}$$

와 같은 식이 된다. 따라서 X가 구하고자 하는 a와 b를 가지고 있는 행렬이므로, 역행렬을 이용하면 X는 다음과 같이 유도된다.

$$X = (A^TA)^{-1}A^TY \tag{4-140}$$

예제 4.32

어떤 시스템에 대한 실험을 통해 입력 x와 출력 y사이에 여섯 개의 관계 (1,2), (2,4), (3,5), (4,5), (5,6) 및 (6,8)를 얻었다. 최소자승법을 이용하여 x와 y사이의 관계를 $y = ax + b$로 표현하여 보시오.

풀이

$$Y = \begin{bmatrix} 2 \\ 4 \\ 5 \\ 5 \\ 6 \\ 8 \end{bmatrix} \qquad A = \begin{bmatrix} 1 & 1 \\ 2 & 1 \\ 3 & 1 \\ 4 & 1 \\ 5 & 1 \\ 6 & 1 \end{bmatrix}$$

이며,

$$A^TA = \begin{bmatrix} \sum_{i=1}^{6} x_i^2 & \sum_{i=1}^{6} x_i \\ \sum_{i=1}^{6} x_i & 6 \end{bmatrix} = \begin{bmatrix} 91 & 21 \\ 21 & 6 \end{bmatrix}$$

$$A^TY = \begin{bmatrix} 1 & 2 & 3 & 4 & 5 & 6 \\ 1 & 1 & 1 & 1 & 1 & 1 \end{bmatrix} \begin{bmatrix} 2 \\ 4 \\ 5 \\ 5 \\ 6 \\ 8 \end{bmatrix} = \begin{bmatrix} 123 \\ 30 \end{bmatrix}$$

이므로

$$X = \begin{bmatrix} a \\ b \end{bmatrix}$$

$$= \begin{bmatrix} 91 & 21 \\ 21 & 6 \end{bmatrix} \begin{bmatrix} 123 \\ 30 \end{bmatrix}$$

$$= \frac{1}{105} \begin{bmatrix} 6 & -21 \\ -21 & 91 \end{bmatrix} \begin{bmatrix} 123 \\ 30 \end{bmatrix}$$

$$= \begin{bmatrix} 1.029 \\ 1.4 \end{bmatrix}$$

즉 $y = 1.029x + 1.4$로 표현할 수 있다.

■■■

예제 4.33

어떤 Si 다이오드의 순방향 전압$[V]$,전류$[I]$ 특성을 시험해 본 결과 다음과 같은 데이터를 취득하였다.

$V[Volt]$	0.6	0.7	0.8	0.9
$I[mA]$	1	10	20	60

최소 자승법을 이용하여 V와 I와의 관계를 직선의 식으로 근사하여 보시오.

풀이

$$Y = \begin{bmatrix} 1 \\ 10 \\ 20 \\ 60 \end{bmatrix} \qquad A = \begin{bmatrix} 0.6 & 1 \\ 0.7 & 1 \\ 0.8 & 1 \\ 0.9 & 1 \end{bmatrix}$$

이므로,

$$A^T A = \begin{bmatrix} \sum_{i=1}^{4} x_i^2 & \sum_{i=1}^{4} x_i \\ \sum_{i=1}^{4} x_i & 4 \end{bmatrix} = \begin{bmatrix} 2.3 & 3 \\ 3 & 4 \end{bmatrix}$$

$$A^T Y = \begin{bmatrix} 0.6 & 0.7 & 0.8 & 0.9 \\ 1 & 1 & 1 & 1 \end{bmatrix} \begin{bmatrix} 1 \\ 10 \\ 20 \\ 60 \end{bmatrix} = \begin{bmatrix} 77.6 \\ 91 \end{bmatrix}$$

따라서

$$
\begin{aligned}
X &= \begin{bmatrix} a \\ b \end{bmatrix} \\
&= \begin{bmatrix} 2.3 & 3 \\ 3 & 4 \end{bmatrix} \begin{bmatrix} 77.6 \\ 91 \end{bmatrix} \\
&= \frac{1}{0.2} \begin{bmatrix} 4 & -3 \\ -3 & 2.3 \end{bmatrix} \begin{bmatrix} 77.6 \\ 91 \end{bmatrix} \\
&= \begin{bmatrix} 187 \\ -117.5 \end{bmatrix}
\end{aligned}
$$

즉 $I(mA) = 187V(Volt) - 117.5$ 로 근사할 수 있다.

■■■

연 습 문 제

1. 행렬 A와 B에 대해 다음 식들을 계산하시오.

$$A = \begin{bmatrix} 1 & 2 \\ 0 & 1 \end{bmatrix} \qquad B = \begin{bmatrix} 2 & 1 \\ 1 & 2 \end{bmatrix}$$

01 $A+B$

02 $5A-B$

03 AB

04 BA

05 A^T

06 $(3A)^T$

07 $\det AB$

08 A^{-1}

2. 행렬 함수 $A(t)$와 $B(t)$에 대해 다음 식들을 계산하시오.

$$A(t) = \begin{bmatrix} e^t & \cos t \\ 0 & 1 \end{bmatrix} \qquad B(t) = \begin{bmatrix} t & t^2 \\ 1 & e^t \end{bmatrix}$$

01 $A'(t)$

02 $\int A(t)dt$

03 $(A(t)+B(t))'$

3. 어떤 시스템에 대한 실험을 통해 입력 x와 출력 y사이에(1 , 0.8),(2 , 2.2),(3 , 2.8),(4 , 4.3),(5 , 5)의 다섯 가지 자료를 얻었다. 최소자승법을 이용하여 입력과 출력사이의 관계를 1차 함수의 형태로 근사하여 보시오.

4. 다음 연립 방정식의 해를 Cramer의 정리로 구하시오.

$$x_1 + 2x_2 + 5x_3 = 2$$

$$2x_1 - x_2 + 2x_3 = 1$$

$$x_1 + 3x_2 - 2x_3 = 0$$

PART 5

연립미분방정식

5.1 연립미분방정식이란?

5.1.1 왜 연립미분방정식인가?

1장에서 선형 1차 및 2차 상미분방정식의 해를 구하는 방법을 보았다. 이제 일반적인 n차의 차수를 갖는 선형 상미분방정식인

$$C_n \frac{d^n y}{dt^n} + C_{n-1} \frac{d^{n-1} y}{dt^{n-1}} + \cdots + C_1 \frac{dy}{dt} + C_0 y = f(t) \tag{5-1}$$

의 해를 구하는 방법을 생각해 보자. 차수가 높아지면 아무래도 다루기가 어려울 것이므로 차수를 낮출 수 있는 방안을 찾기 위해 식을 다음과 같이 바꾸어 표현한다.

$$\frac{d^n y}{dt^n} = -\frac{C_0}{C_n} y - \frac{C_1}{C_n} \frac{dy}{dt} - \cdots - \frac{C_{n-1}}{C_n} \frac{d^{n-1} y}{dt^{n-1}} + g(t) \tag{5-2}$$

여기서 $g(t) = f(t)/C_n$이다. 이 식에는 구하고자 하는 y와 y이외에 y의 미분항들 $(y', y'', \cdots, y^{(n-1)}, y^n)$이 포함되어 있다. 주어진 미분방정식의 차수를 낮추는데 걸림돌이 되는 것은 y의 미분항들이므로 모든 미분항들의 차수를 1차로 통일하기 위해 다음과 같이 변수를 추가하는 변수 변환을 해 보자.

$$\begin{aligned} y &\triangleq x_1 \\ y' &\triangleq x_2 \\ &\vdots \\ y^{n-1} &\triangleq x_n \end{aligned} \tag{5-3}$$

그러면 다음 관계가 성립한다.

$$\begin{aligned} x_1' &= x_2 \\ x_2' &= x_3 \\ &\vdots \\ x_n' &= \frac{d^n y}{dt^n} = -\frac{C_0}{C_n} x_1 - \frac{C_1}{C_n} x_2 - \cdots - \frac{C_{n-1}}{C_n} x_{n-1} + g(t) \end{aligned} \tag{5-4}$$

즉 원래의 선형 n차 상미분방정식의 해를 구하는 문제가 변수 변환에 의해 n개의 선형 1차 상미분방정식이 연립된 형태의 해를 구하는 문제로 바뀌게 된다. 이 결

과 식들을 벡타 함수와 행렬을 이용하여 간결하게 표현하기 위해

$$x \triangleq \begin{bmatrix} x_1 \\ x_2 \\ \vdots \\ x_n \end{bmatrix} \tag{5-5}$$

$$\hat{G}(t) \triangleq \begin{bmatrix} 0 \\ 0 \\ \vdots \\ g(t) \end{bmatrix} \tag{5-6}$$

$$A \triangleq \begin{bmatrix} 0 & 1 & 0 & \cdots & 0 \\ 0 & 0 & 1 & \cdots & 0 \\ \vdots & \vdots & \vdots & & \vdots \\ -\frac{C_0}{C_n} & -\frac{C_1}{C_n} & -\frac{C_2}{C_n} & \cdots & -\frac{C_{n-1}}{C_n} \end{bmatrix} \tag{5-7}$$

로 약속하면,

$$x' = Ax + \hat{G}(t) \tag{5-8}$$

가 된다.

행렬 함수를 이용하여 일반적인 형태로 표현하면

$$A(t) \triangleq \begin{bmatrix} C_{11}(t) & C_{12}(t) & \cdots & C_{1n}(t) \\ C_{21}(t) & C_{22}(t) & \cdots & C_{2n}(t) \\ \vdots & \vdots & & \vdots \\ C_{n1}(t) & C_{n2}(t) & \cdots & C_{nn}(t) \end{bmatrix} \tag{5-9}$$

$$G(t) \triangleq \begin{bmatrix} g_1(t) \\ g_2(t) \\ \vdots \\ g_n(t) \end{bmatrix} \tag{5-10}$$

일때, $x' = A(t)x + G(t)$이 선형 n차 상미분방정식의 표준형이다.

5.1.2 선형 표준형의 정의

연립 미분 방정식에 대한 선형 표준형은 다음과 같이 정의 된다.

정의 5-1 : 선형 표준형

$x(t)$ 및 $G(t)$가 $n\times1$ 벡타함수이고, $A(t)$가 $n\times n$ 행렬함수일때 $x' = A(t)x + G(t)$를 선형 n차 상미분방정식에 대한 선형 표준형 또는 표준형이라고 부른다.

예제 5.1

다음 선형 3차 상미분방정식을 표준형으로 변환하시오.

$$\frac{d^3y}{dt^3} + 3\frac{d^2y}{dt^2} + 2\frac{dy}{dt} + 4y = 3\cos t$$

풀이

Step 1 : 변수 변환

$$y \triangleq x_1$$

$$y' \triangleq x_2$$

$$y'' \triangleq x_3$$

Step 2 : $x_1{}', x_2{}'$ 및 $x_3{}'$의 유도

$$x_1{}' = x_2$$

$$x_2{}' = x_3$$

$$x_3{}' = y''' = -4x_1 - 2x_2 - 3x_3 + 3\cos t$$

Step 3 : 표준형으로 정리

$$\begin{bmatrix} x_1{}' \\ x_2{}' \\ x_3{}' \end{bmatrix} = \begin{bmatrix} 0 & 1 & 0 \\ 0 & 0 & 1 \\ -4 & -2 & -3 \end{bmatrix}\begin{bmatrix} x_1 \\ x_2 \\ x_3 \end{bmatrix} + \begin{bmatrix} 0 \\ 0 \\ 3\cos t \end{bmatrix}$$

■■■

예제 5.2

다음 두 개의 미분 방정식들을 하나의 선형 표준형으로 변환하시오.

$$\frac{d^2z}{dt^2}+2\frac{dy}{dt}=u_1$$

$$\frac{d^2y}{dt^2}=u_2$$

풀이

Step 1 : 변수 변환

$$z \triangleq x_1$$

$$z' \triangleq x_2$$

$$y \triangleq x_3$$

$$y' \triangleq x_4$$

Step 2 : x_1', x_2', x_3' 및 x_4'의 유도

$$x_1' = x_2$$

$$x_2' = -2x_4 + u_1$$

$$x_3' = x_4$$

$$x_4' = u_2$$

Step 3 : 선형표준형으로 정리

$$\begin{bmatrix} x_1' \\ x_2' \\ x_3' \\ x_4' \end{bmatrix} = \begin{bmatrix} 0 & 1 & 0 & 0 \\ 0 & 0 & 0 & -2 \\ 0 & 0 & 0 & 1 \\ 0 & 0 & 0 & 0 \end{bmatrix} \begin{bmatrix} x_1 \\ x_2 \\ x_3 \\ x_4 \end{bmatrix} + \begin{bmatrix} 0 \\ u_1 \\ 0 \\ u_2 \end{bmatrix}$$

■■■

예제 5.3

다음 RLC 회로에서

① v_1및 v_2에 관한 회로 방정식을 유도하시오.

② ①에서 구한 회로 방정식을 선형 표준형으로 변환하시오.

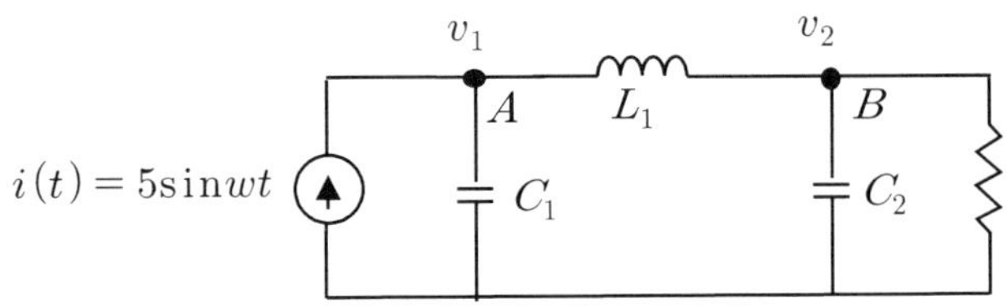

[그림 5-1] RLC회로

풀이

① 회로방정식의 유도

A점에 키르호프의 전류 법칙을 적용하면 다음 식을 얻는다.

$$C_1\frac{dv_1}{dt}+\frac{1}{L_1}\int(v_1-v_2)dt= 5\sin wt$$

양변을 미분하면 다음과 같이 정리된다.

$$\frac{d^2v_1}{dt^2}+\frac{1}{L_1C_1}v_1-\frac{1}{L_1C_1}v_2= \frac{5w}{C_1}coswt$$

B점에 키르호프의 전류 법칙을 적용하면

$$\frac{1}{L_1}\int(v_1-v_2)dt= C_1\frac{dv_2}{dt}+\frac{v_2}{R_1}$$

가 성립하며, 양변을 미분하면

$$\frac{d^2v_2}{dt^2}+\frac{1}{R_1C_1}\frac{dv_2}{dt}+\frac{1}{L_1C_1}v_2-\frac{1}{L_1C_1}v_1= 0$$

을 얻는다.

② 선형표준형으로의 변환

Step 1 : 변수 변환

$$v_1 \triangleq x_1$$

$$v_1{}' \triangleq x_2$$

$$v_2 \triangleq x_3$$

$$v_2{}' \triangleq x_4$$

Step 2 : $x_1{}',x_2{}',x_3{}'$ 및 $x_4{}'$의 유도

$$x_1' = x_2$$

$$x_2' = -\frac{1}{L_1C_1}x_1 + \frac{1}{L_1C_1}x_3 + \frac{5w}{C_1}coswt$$

$$x_3' = x_4$$

$$x_4' = \frac{1}{L_1C_1}x_1 - \frac{1}{L_1C_1}x_3 - \frac{1}{R_1C_1}x_4$$

Step 3 : 선형표준형으로 정리

$$\begin{bmatrix} x_1' \\ x_2' \\ x_3' \\ x_4' \end{bmatrix} = \begin{bmatrix} 0 & 1 & 0 & 0 \\ -\frac{1}{L_1C_1} & 0 & \frac{1}{L_1C_1} & 0 \\ 0 & 0 & 0 & 1 \\ \frac{1}{L_1C_1} & 0 & -\frac{1}{L_1C_1} & \frac{1}{R_1C_1} \end{bmatrix} \begin{bmatrix} x_1 \\ x_2 \\ x_3 \\ x_4 \end{bmatrix} + \begin{bmatrix} 0 \\ \frac{5w}{C_1}coswt \\ 0 \\ 0 \end{bmatrix}$$

■■■

예제 5.4

다음의 RLC 회로에서

① v_i및 v_0의 Laplace 변환을 각각 $V_i(s)$ 및 $V_0(s)$ 라 할 때 전달함수를 구하시오.

② ①에서 구한 전달함수에 대응하는 미분방정식을 구하시오.

③ ②에서 구한 미분방정식을 선형 표준형으로 변환하시오.

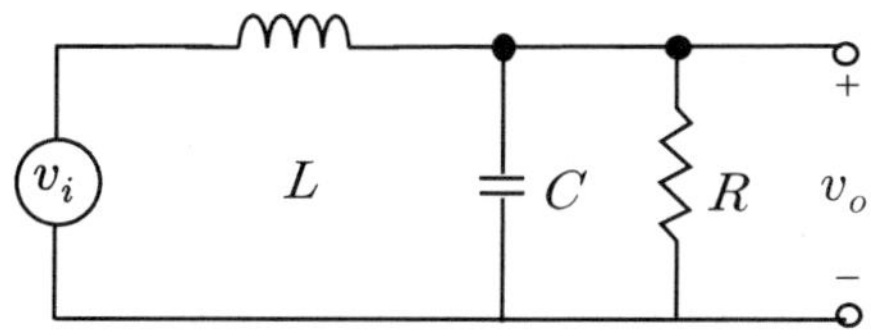

[그림 5-2] RLC회로

풀이

① 전달함수

Z_{RC}를 R과 C의 병렬 연결에 대한 임피던스라 하면 $V_0(s)$는 다음과 같다.

$$V_0(s) = \frac{Z_{RC}}{sL + Z_{RC}}V_i(s)$$

따라서 전달함수는

$$\frac{V_0(s)}{V_i(s)} = \frac{\dfrac{\dfrac{R}{sC}}{R+\dfrac{1}{sC}}}{sL+\dfrac{\dfrac{R}{sC}}{R+\dfrac{1}{sC}}}$$

$$= \frac{\dfrac{1}{LC}}{s^2+\dfrac{1}{RC}s+\dfrac{1}{LC}}$$

② 전달함수에 대응하는 미분 방정식

미분에 대한 Laplace 변환의 성질과 Laplace 변환의 선형성에 의해

$$\frac{d^2v_0}{dt^2}+\frac{1}{RC}\frac{dv_0}{dt}+\frac{1}{LC}v_0 = v_i$$

를 얻을 수 있다.

③ 선형 표준형으로의 변환

Step 1 : 변수 변환

$$v_0 \triangleq x_1$$

$$v_0{}' \triangleq x_2$$

Step 2 : $x_1{}'$ 및 $x_2{}'$의 유도

$$x_1{}' = x_2$$

$$x_2{}' = -\frac{1}{LC}x_1-\frac{1}{RC}x_2+\frac{1}{LC}v_i$$

Step 3 : 선형표준형으로 정리

$$\begin{bmatrix} x_1{}' \\ x_2{}' \end{bmatrix} = \begin{bmatrix} 0 & 1 \\ -\dfrac{1}{LC} & -\dfrac{1}{RC} \end{bmatrix} \begin{bmatrix} x_1 \\ x_2 \end{bmatrix} + \begin{bmatrix} 0 \\ \dfrac{1}{LC}v_i \end{bmatrix}$$

■■■

5.2 선형 표준형의 해법에 관한 기본 지식

5.2.1 해 벡타와 초기치 문제

여기서는 선형 표준형인 $x' = Ax + G(t)$를 만족하는 해를 구하는데 필요한 몇 가지 정의와 정리를 다룬다. 먼저 $x' = Ax + G(t)$는 벡타와 행렬로 구성된 행렬방정식이므로 이 관계를 만족시키는 $x(t)$는 벡타가 되며, 이를 선형 표준형의 '해 벡타(Solution vector)'라고 부른다. 또한 $t = t_0$에서 $x(t) \triangleq x(t_0)$로 정해두고, $x' = Ax + G(t)$를 만족하는 해 벡타를 구하는 문제를 '초기치 문제(Initial value problem)'라 한다.

예제 5.5

$x = \begin{bmatrix} 1 \\ 1 \end{bmatrix} e^{5t}$ 가 $x' = \begin{bmatrix} 1 & 4 \\ 3 & 2 \end{bmatrix} x$의 해 벡타가 되는 지를 판정하시오.

풀이

주어진 x가 선형 표준형의 등식을 만족시키는 지를 확인해 보면 된다.

$$x' = \begin{bmatrix} 1 \\ 1 \end{bmatrix} (e^{5t})' = \begin{bmatrix} 5e^{5t} \\ 5e^{5t} \end{bmatrix}$$

$$\begin{bmatrix} 1 & 4 \\ 3 & 2 \end{bmatrix} x = \begin{bmatrix} 1 & 4 \\ 3 & 2 \end{bmatrix} \begin{bmatrix} e^{5t} \\ e^{5t} \end{bmatrix}$$

$$= \begin{bmatrix} e^{5t} + 4e^{5t} \\ 3e^{5t} + 2e^{5t} \end{bmatrix}$$

$$= \begin{bmatrix} 5e^{5t} \\ 5e^{5t} \end{bmatrix}$$

따라서 x는 해 벡타가 된다.

■■■

5.2.2 중첩의 원리

선형n차 상미분방정식에서와 마찬가지로 입력 함수가 존재하지 않는 $x' = Ax$의 해 벡타를 구하는데 관련된 몇가지 용어를 알아 본다. 먼저 $x' = Ax$의 해 벡타에 대해서도 다음과 같은 중첩의 원리가 성립한다.

정리 5-1 : 중첩의 원리

$x_1, x_2, \cdots, x_m$을 각각 $x' = Ax$의 해 벡타라 하면

$$x = a_1 x_1 + a_2 x_2 + \cdots + a_m x_m$$

도 해 벡타가 된다.

증명

$x = a_1 x_1 + a_2 x_2 + \cdots + a_m x_m$이 $x' = Ax$를 만족함을 보이면 된다. 따라서 $x' = Ax$의 좌변 및 우변을 각각 구해본다. 좌변은

$$x' = (a_1 x_1 + a_2 x_2 + \cdots + a_m x_m)' \tag{5-11}$$

이므로, 벡타 함수에 관한 미분의 성질을 활용하면

$$x' = a_1 x_1' + a_2 x_2' + \cdots + a_m x_m' \tag{5-12}$$

을 얻는다. 우변은

$$Ax = A\{a_1 x_1 + a_2 x_2 + \cdots + a_m x_m\} \tag{5-13}$$

이므로, 행렬의 곱하기에 관한 분배 법칙 및 스칼라와 행렬간의 곱하기 성질을 이용하면

$$Ax = a_1 A x_1 + a_2 A x_2 + \cdots + a_m A x_m \tag{5-14}$$

을 얻는다. 그런데 $x_1, x_2, \cdots, x_m$은 각각 $x' = Ax$의 해 백타라고 가정했으므로

$$\begin{aligned} x_1' &= Ax_1 \\ x_2' &= Ax_2 \\ &\vdots \\ x_m' &= Ax_m \end{aligned} \tag{5-15}$$

의 관계가 성립한다. 따라서

$$\begin{aligned} &a_1 x_1' + a_2 x_2' + \cdots + a_m x_m' \\ &= a_1 A x_1 + a_2 A x_2 + \cdots + a_m A x_m \end{aligned} \tag{5-16}$$

이 되며, $x = a_1 x_1 + a_2 x_2 + \cdots + a_m x_m$은 $x' = Ax$의 해 벡타가 된다.

■■■

예제 5.6

선형 표준형

$$x' = \begin{bmatrix} 4 & 3 \\ -2 & -1 \end{bmatrix} x$$

에 대해 다음 질문에 답하시오.

① $x_1 = \begin{bmatrix} 1 \\ -1 \end{bmatrix} e^t$는 해 벡타가 되는가?

② $x_2 = \begin{bmatrix} -3 \\ 2 \end{bmatrix} e^{2t}$는 해 벡타가 되는가?

③ $a_1 x_1 + a_2 x_2$가 해 벡타가 되는가?

풀이

① x_1이 해 벡타가 되는 지의 판정:

$$x_1' = \begin{bmatrix} 1 \\ -1 \end{bmatrix} (e^t)' = \begin{bmatrix} e^t \\ -e^t \end{bmatrix}$$

$$\begin{bmatrix} 4 & 3 \\ -2 & -1 \end{bmatrix} x_1 = \begin{bmatrix} 4 & 3 \\ -2 & -1 \end{bmatrix} \begin{bmatrix} e^t \\ -e^t \end{bmatrix}$$

$$= \begin{bmatrix} 4e^t - 3e^t \\ -2e^t + e^t \end{bmatrix}$$

$$= \begin{bmatrix} e^t \\ -e^t \end{bmatrix}$$

그러므로 x_1은 해 벡타가 된다.

② x_2가 해 벡타가 되는 지의 판정:

$$x_2' = \begin{bmatrix} -3 \\ 2 \end{bmatrix} (e^{2t})' = \begin{bmatrix} -6e^{2t} \\ 4e^{2t} \end{bmatrix}$$

$$\begin{bmatrix} 4 & 3 \\ -2 & -1 \end{bmatrix} x_2 = \begin{bmatrix} 4 & 3 \\ -2 & -1 \end{bmatrix} \begin{bmatrix} -3e^{2t} \\ 2e^{2t} \end{bmatrix}$$

$$= \begin{bmatrix} -12e^{2t} + 6e^{2t} \\ 6e^{2t} - 2e^{2t} \end{bmatrix}$$

$$= \begin{bmatrix} -6e^{2t} \\ 4e^{2t} \end{bmatrix}$$

따라서x_2는 해 벡타가 된다.

③ $a_1\boldsymbol{x}_1+a_2\boldsymbol{x}_2$이 해 벡타가 되는 지의 판정:

$$a_1\boldsymbol{x}_1+a_2\boldsymbol{x}_2=a_1\begin{bmatrix} e^t \\ -e^t \end{bmatrix}+a_2\begin{bmatrix} -3e^{2t} \\ 2e^{2t} \end{bmatrix}$$

$$=\begin{bmatrix} a_1e^t-3a_2e^{2t} \\ -a_1e^t+2a_2e^{2t} \end{bmatrix}$$

이므로

$$(a_1\boldsymbol{x}_1+a_2\boldsymbol{x}_2)'=\begin{bmatrix} a_1e^t-6a_2e^{2t} \\ -a_1e^t+4a_2e^{2t} \end{bmatrix}$$

를 얻는다. 또한

$$\begin{bmatrix} 4 & 3 \\ -2 & -1 \end{bmatrix}(a_1\boldsymbol{x}_1+a_2\boldsymbol{x}_2)$$

$$=\begin{bmatrix} 4(a_1e^t-3a_2e^{2t})+3(-a_1e^t+2a_2e^{2t}) \\ -2(a_1e^t-3a_2e^{2t})-(-a_1e^t+2a_2e^{2t}) \end{bmatrix}$$

$$=\begin{bmatrix} a_1e^t-6a_2e^{2t} \\ -a_1e^t+4a_2e^{2t} \end{bmatrix}$$

가 성립한다. 따라서 $\boldsymbol{x}_1$과 $\boldsymbol{x}_2$의 선형 결합인 $a_1\boldsymbol{x}_1+a_2\boldsymbol{x}_2$도 해 벡타가 된다.

■■■

5.2.3 벡타 함수의 1차 독립

다음에 $x'=Ax$의 일반해를 정의하는데 필요한 용어로 벡타 함수의 1차 독립에 대해 알아 본다. n개의 함수에 관한 1차 독립은 선형 n차 상미분방정식의 일반해를 정의할 때 이미 언급되었다. 그런데 여기서는 해가 모두 벡타, 즉 벡타 함수이므로 벡타 함수사이의 1차 독립에 대한 정의가 필요하다. 따라서 스칼라 함수에 관한 1차 독립의 정의와 유사하게 벡타 함수에 관한 1차 독립을 다음과 같이 정의한다.

정의 5-2 : 벡타 함수의 1차 독립과 1차 종속

n개의 벡타 함수$\boldsymbol{x}_1,\boldsymbol{x}_2,\cdots,\boldsymbol{x}_n$의 1차 결합 형태인 $a_1\boldsymbol{x}_1+a_2\boldsymbol{x}_2+\cdots+a_n\boldsymbol{x}_n$에 대해 $a_1\boldsymbol{x}_1+a_2\boldsymbol{x}_2+\cdots+a_n\boldsymbol{x}_n=0$ 이 되는 0이 아닌$a_1,a_2,\cdots,a_n$이 존재하면 $\boldsymbol{x}_1,\boldsymbol{x}_2,\cdots,\boldsymbol{x}_n$은 1차 종속이라 하며, $a_1=a_2=\cdots=a_n=0$이어야만 위의 등식이 성립하는 경우 $\boldsymbol{x}_1,\boldsymbol{x}_2,\cdots,\boldsymbol{x}_n$은 1차 독립이라고 부른다.

예제 5.7

두 개의 벡타 함수

$$x_1 = \begin{bmatrix} e^t \\ 2e^t \end{bmatrix} x_2 = \begin{bmatrix} 3\sin t \\ \sin t \end{bmatrix}$$

가 1차 독립의 관계를 갖는 지를 판정하시오.

풀이

벡타 함수의 1차 독립에 관한 정의에 의해

$$a_1 \begin{bmatrix} e^t \\ 2e^t \end{bmatrix} + a_2 \begin{bmatrix} 3\sin t \\ \sin t \end{bmatrix} = \begin{bmatrix} 0 \\ 0 \end{bmatrix}$$

의 관계를 만족하는 a_1과 a_2의 값을 찾으면 1차 독립 또는 1차 종속 관계를 판정할 수 있다.
위의 행렬 방정식을 풀어 쓰면 다음과 같은 연립방정식이다.

$$e^t a_1 + (3\sin t)a_2 = 0$$

$$2e^t a_1 + (\sin t)a_2 = 0$$

윗 식들이 성립될 수 있는 a_1과 a_2의 값은

$$a_1 = a_2 = 0$$

밖에 없다. 즉 x_1과 x_2는 1차 독립의 관계를 갖는다.

■■■

예제 5.8

두 개의 벡타 함수

$$x_1 = \begin{bmatrix} e^t \\ 5e^{2t} \end{bmatrix} x_2 = \begin{bmatrix} 2e^t \\ 10e^{2t} \end{bmatrix}$$

가 1차 독립의 관계를 갖는 지를 판정하시오.

풀이

벡타 함수의 1차 독립에 관한 정의에 의해

$$a_1 \begin{bmatrix} e^t \\ 5e^{2t} \end{bmatrix} + a_2 \begin{bmatrix} 2e^t \\ 10e^t \end{bmatrix} = \begin{bmatrix} 0 \\ 0 \end{bmatrix}$$

을 만족하는 a_1과 a_2가 무엇인 지를 확인하면 된다.

행렬 방정식으로부터 다음 식들을 얻는다.

$$e^t a_1 + 2e^t a_2 = 0$$

$$5e^{2t} a_1 + 10e^{2t} a_2 = 0$$

만약 $a_1 = 1$ 및 $a_2 = -\frac{1}{2}$이면 위의 두 식은 항상 만족된다. 즉 $a_1 \boldsymbol{x}_1 + a_2 \boldsymbol{x}_2 = 0$을 만족시키는 0이 아닌 a_1과 a_2가 존재한다. 따라서 $\boldsymbol{x}_1$과 $\boldsymbol{x}_2$는 1차 독립의 관계를 갖지 않는다.

■■■

벡타 함수의 1차 독립 관계 판정법

n개의 벡타 함수 $\boldsymbol{x}_1, \boldsymbol{x}_2, \cdots, \boldsymbol{x}_n$ 들이 1차 독립의 관계를 갖는 지를 판정하기 위해 정의에 따라

$$a_1 \boldsymbol{x}_1 + a_2 \boldsymbol{x}_2 + \cdots + a_n \boldsymbol{x}_n = 0 \tag{5-17}$$

의 관계를 만족하는 $a_1, a_2, \cdots, a_n$이 무엇인 지를 찾는 것은 매우 불편하다. 따라서 다음과 같은 판정 기법을 사용한다.

$\boldsymbol{x}_i, i = 1, 2, \cdots, n$, 은 $n \times 1$벡타들이므로 n개의 $n \times 1$벡타들로 $n \times n$행렬

$$[\boldsymbol{x}_1 \boldsymbol{x}_2 \cdots \boldsymbol{x}_n]$$

을 구성하고, 이 행렬의 행렬식을 $W(\boldsymbol{x}_1, \boldsymbol{x}_2, \cdots, \boldsymbol{x}_n)$이라 하면, $\boldsymbol{x}_1, \boldsymbol{x}_2, \cdots, \boldsymbol{x}_n$이 1차 독립의 관계를 가질 필요충분조건은

$$W(\boldsymbol{x}_1, \boldsymbol{x}_2, \cdots, \boldsymbol{x}_n) \neq 0 \tag{5-18}$$

이다.

예제 5.9

두 개의 벡타 함수

$$\boldsymbol{x}_1 = \begin{bmatrix} e^t \\ 3e^t \end{bmatrix} \boldsymbol{x}_2 = \begin{bmatrix} 4e^t \\ 2e^t \end{bmatrix}$$

가 1차 독립의 관계를 갖는 지를 판정하시오.

풀이

$$W(x_1, x_2) = \begin{vmatrix} e^t & 4e^t \\ 3e^t & 2e^t \end{vmatrix}$$

$$= -10e^{2t} \neq 0$$

따라서 x_1과 x_2는 1차 독립의 관계를 갖는다.

■■■

5.3 $x' = Ax$의 일반해와 기본 행렬

5.3.1 $x' = Ax$의 일반해와 기본 행렬의 정의

1차 독립의 관계를 갖는 벡타 함수들을 이용하여 $x' = Ax$의 일반해를 다음과 같이 정의한다.

정의 5-3 : $x' = Ax$의 일반해와 기본행렬

$x_1, x_2, \cdots, x_n$이 각각 $x' = Ax$의 해이고, 1차 독립의 관계를 갖는 경우

$$x = a_1x_1 + a_2x_2 + \cdots + a_nx_n$$

을 $x' = Ax$의 일반해라고 약속한다. 또 이때 $x_1, x_2, \cdots, x_n$을 열(Column)벡타로 갖는 $n \times n$행렬 $P(t)$를

$$P(t) = [x_1 x_2 \cdots x_n]$$

로 약속하고 $P(t)$를 기본 행렬이라고 부른다.

참고 : $P(t)$의 행렬식 $\neq 0$

$P(t)$는 $x' = Ax$를 만족하는 해 벡타중 1차 독립의 관계를 갖는 n개의 벡타를 열벡타로 가진 행렬이다. 그런데 앞에서 이렇게 구성된 행렬의 행렬식은 0이 아님을 보았다. 즉 $P(t)$는 행렬식이 0이 아님을 알 수 있으며, 따라서 $P(t)$는 항상 역행렬이 존재한다.

5.3.2 $x' = Ax$의 일반해와 기본 행렬의 관계

$x' = Ax$의 일반해 x가

$$x = a_1x_1 + a_2x_2 + \cdots + a_nx_n \tag{5-19}$$

일때

$$x_1 \triangleq \begin{bmatrix} f_{11} \\ f_{21} \\ \vdots \\ f_{n1} \end{bmatrix} \quad x_2 \triangleq \begin{bmatrix} f_{12} \\ f_{22} \\ \vdots \\ f_{n2} \end{bmatrix} \quad \cdots \; x_n \triangleq \begin{bmatrix} f_{1n} \\ f_{2n} \\ \vdots \\ f_{nn} \end{bmatrix} \tag{5-20}$$

로 약속하면, 일반해 x는 다음과 같이 표현된다.

$$\begin{aligned} x &= a_1\begin{bmatrix} f_{11} \\ f_{21} \\ \vdots \\ f_{n1} \end{bmatrix} + a_2\begin{bmatrix} f_{12} \\ f_{22} \\ \vdots \\ f_{n2} \end{bmatrix} + \cdots + a_n\begin{bmatrix} f_{1n} \\ f_{2n} \\ \vdots \\ f_{nn} \end{bmatrix} \\ &= \begin{bmatrix} a_1f_{11} + a_2f_{12} + \cdots + a_nf_{1n} \\ a_1f_{21} + a_2f_{22} + \cdots + a_nf_{2n} \\ \vdots \qquad \vdots \qquad \vdots \\ a_1f_{n1} + a_2f_{n2} + \cdots + a_nf_{nn} \end{bmatrix} \\ &= \begin{bmatrix} f_{11} & f_{12} & \cdots & f_{1n} \\ f_{21} & f_{22} & \cdots & f_{2n} \\ \vdots & \vdots & & \vdots \\ f_{n1} & f_{n2} & \cdots & f_{nn} \end{bmatrix} \begin{bmatrix} a_1 \\ a_2 \\ \vdots \\ a_n \end{bmatrix} \end{aligned} \tag{5-21}$$

여기서

$$a = \begin{bmatrix} a_1 \\ a_2 \\ \vdots \\ a_n \end{bmatrix} \tag{5-22}$$

으로 약속하면,

$$x = [x_1 x_2 \cdots x_n]a = P(t)a \tag{5-23}$$

의 관계를 얻는다.

참고 : 기본 행렬의 특성

$x' = Ax$의 일반해인

$$\begin{aligned} x &= a_1x_1 + a_2x_2 + \cdots + a_nx_n \\ &= P(t)a \end{aligned} \tag{5-24}$$

는 $x' = Ax$를 만족시키므로, $x' = Ax$에 $x = P(t)a$를 대입하여 보면

$$(P(t)a)' = AP(t)a \tag{5-25}$$

를 얻는다. 이 식을 정리하면

$$(P'(t) - AP(t))a = 0 \tag{5-26}$$

가 되며,

$$P'(t) = AP(t) \tag{5-27}$$

의 관계가 성립함을 알 수 있다.

5.3.3 기본 행렬의 다른 표현

앞의 결과를 보면, $n \times n$크기의 기본 행렬 $P(t)$는

$$P'(t) = AP(t) \tag{5-28}$$

를 만족하는 행렬임을 알 수 있다. 그런데 스칼라 x에 대해서

$$x' = c_1 x \tag{5-29}$$

를 만족하는 해는

$$x(t) = c_2 e^{c_1 t} \tag{5-30}$$

로 표현됨을 알 고 있다. 따라서 이와 유사하게 행렬 함수인 $P(t)$에 대해서도 $P'(t) = AP(t)$를 만족하는 행렬 함수 $P(t)$를

$$P(t) = e^{At} C \tag{5-31}$$

로 가정하여 보자. 여기서 C는 모든 요소가 상수인 $n \times n$ 행렬이고, e^{At}는 행렬 지수(Matrix exponential)이며

$$e^{At} = I + At + \frac{A^2 t^2}{2!} + \cdots + \frac{A^k t^k}{k!} + \cdots \tag{5-32}$$

로 정의된다. 가정한 $P(t) = e^{At}C$가$P'(t) = AP(t)$를 만족하는 지를 확인 해 보기 위해 $P(t) = e^{At}C$로 $P'(t) = AP(t)$의 좌변 및 우변을 계산하여 보면 다음과 같다.

$$P'(t) = \frac{d}{dt}(e^{At}C)$$

$$= \left[A + A^2 t + \frac{A^3 t^2}{2!} + \cdots + \frac{A^k t^{k-1}}{(k-1)!} + \frac{A^{k+1} t^k}{k!} + \cdots\right] C \tag{5-33}$$

$$
\begin{aligned}
AP(t)C &= Ae^{At}C \\
&= A\left(I+At+\frac{A^2t^2}{2!}+\cdots+\frac{A^kt^k}{k!}+\cdots\right)C \\
&= \left(A+A^2t+\frac{A^3t^2}{2!}+\cdots+\frac{A^{k+1}t^k}{k!}\right)C
\end{aligned}
\tag{5-34}
$$

즉 $P(t)=e^{At}C$는 $P'(t)=AP(t)$를 만족하므로 기본 행렬 $P(t)$는

$$P(t)=e^{At}C \tag{5-35}$$

와 같은 행렬 지수 형태로 표현될 수 있다.

5.4 $x'=Ax$의 해법

개념

1장에서 선형 2차 상미분 방정식

$$a_2\frac{d^2y}{dx^2}+a_1\frac{dy}{dx}+a_0y=0 \tag{5-36}$$

의 해를 $y(x)=e^{kx}$로 가정하여 주어진 미분 방정식에 관한 문제를 k에 관한 대수 방정식 문제로 변환하여 k를 구함으로서 선형 2차 미분 방정식의 해를 구할 수 있었다. 마찬가지의 기법이 $\boldsymbol{x}'=A\boldsymbol{x}$의 해 벡타를 구하는 데도 활용될 수 있다. 즉 해 벡타를

$$\boldsymbol{x}=\boldsymbol{K}e^{\alpha t} \tag{5-37}$$

로 가정했을 때 $\boldsymbol{x}'=A\boldsymbol{x}$를 만족시키는 $n\times 1$벡타 $\boldsymbol{K}$와 스칼라 α가 존재하면 $\boldsymbol{x}=\boldsymbol{K}e^{\alpha t}$로 해를 구할 수 있을 것이라는 생각이다.

가정된 해 벡타를 $\boldsymbol{x}'=A\boldsymbol{x}$에 대입하면 다음 관계를 얻는다.

$$(\boldsymbol{K}e^{\alpha t})'=A\boldsymbol{K}e^{\alpha t} \tag{5-38}$$

즉 식 (5-38)을 정리하면

$$(A-\alpha I_{n\times n})\boldsymbol{K}=0 \tag{5-39}$$

이 되는데, 이 결과는 행렬의 고유치(Eigenvalue)와 고유 벡타(Eigenvector)에 관한 식이 된다.

즉 이 연립방정식의 해가 존재하려면

$$\det(A-\alpha I_{n\times n}) = 0 \tag{5-40}$$

이 성립되어야 하며, 여기서 구해진 n개의 서로 다른 실수(Real number) 고유치 $\alpha_i, i=1,2,\cdots,n,$에 대응하는 고유벡타 $\boldsymbol{K_i}$를 구하면 n개의 해 벡타들

$$x_1 = K_1e^{\alpha_1 t}, x_2 = K_2e^{\alpha_2 t}, \cdots, x_n = K_ne^{\alpha_n t} \tag{5-41}$$

를 얻을 수 있으며, $x_1, x_2, \cdots, x_n$ 은 1차 독립의 관계를 가지므로,$x' = Ax$의 일반해는 정의에 의해

$$x = a_1K_1e^{\alpha_1 t} + a_2K_2e^{\alpha_2 t} + \cdots + a_nK_ne^{\alpha_n t} \tag{5-42}$$

가 된다

해법 : $x' = Ax$의 일반해

- **Step 1 :** A의 고유치
  $\det(A-\alpha I_{n\times n})=0$의 대수 방정식을 풀어 A의 고유치 $\alpha_i, i=1,2,\cdots,n,$를 구한다.
- **Step 2 :** A의 고유벡타
  $\alpha_i, i=1,2,\cdots,n,$ 에 대응하는 고유벡타K_i를 $AK_i = \alpha_iK_i$ 를 풀어 구한다.
- **Step 3 :** $x' = Ax$의 일반해
  $x' = Ax$의 일반해는 정의에 의해 다음과 같다.
  $x = a_1K_1e^{\alpha_1 t} + a_2K_2e^{\alpha_2 t} + \cdots + a_nK_ne^{\alpha_n t}$

예제 5.10

다음 미분방정식의 일반해를 구하시오.

$$\begin{bmatrix} x_1' \\ x_2' \end{bmatrix} = \begin{bmatrix} 1 & 4 \\ 3 & 2 \end{bmatrix}\begin{bmatrix} x_1 \\ x_2 \end{bmatrix}$$

풀이

이전에 행렬에서

$$A = \begin{bmatrix} 1 & 4 \\ 3 & 2 \end{bmatrix}$$

의 고유치와 고유벡타들은 구했으므로, 그 결과를 활용한다.

Step 1 : A의 고유치

$$\alpha = -2, 5$$

Step 2 : A의 고유벡타

㉠ $\alpha_1 \triangleq -2$에 대응하는 고유벡타 $K_1 \triangleq [k_{11}\, k_{12}]^T$

$$K_1 = \begin{bmatrix} -4 \\ 3 \end{bmatrix}$$

㉡ $\alpha_2 \triangleq 5$에 대응하는 고유벡타 $K_2 \triangleq [k_{21}\, k_{22}]^T$

$$K_2 = \begin{bmatrix} 1 \\ 1 \end{bmatrix}$$

Step 3 : 일반해 x

$$x = a_1 \boldsymbol{K}_1 e^{\alpha_1 t} + a_2 \boldsymbol{K}_2 e^{\alpha_2 t}$$

$$= a_1 \begin{bmatrix} -4 \\ 3 \end{bmatrix} e^{-2t} + a_2 \begin{bmatrix} 1 \\ 1 \end{bmatrix} e^{5t}$$

■■■

예제 5.11

그림5-3과 같이 질량 m인 물체가 한 쪽이 고정 지지대에 붙어 있는 스프링과 댐퍼에 연결되어 있다. 질량의 초기 위치는 $y(0) = +1$ 이며, 이때 정지 상태에 있고, 스프링의 상수k는 6 및 댐퍼의 댐핑 계수B는 5이다.

① 역학 법칙을 이용하여 질량의 운동 방정식을 구하시오.

② ①에서 구한 운동 방정식을 선형 표준형으로 변환하시오.

③ 선형 표준형의 일반해를 구하시오.

④ $t = \infty$에서 질량의 위치와 속도를 구하시오.

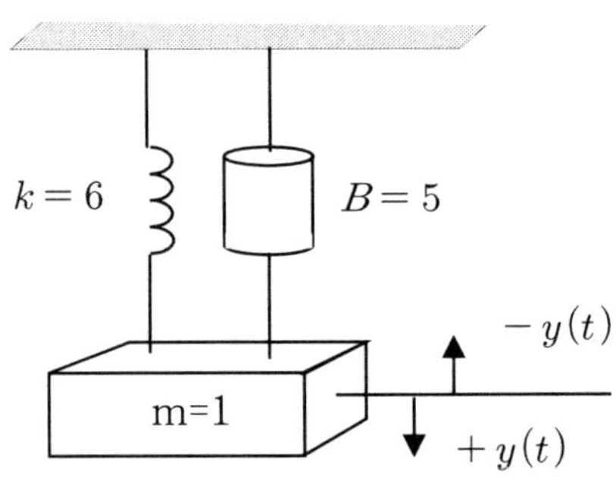

[그림 5-3] 스프링과 댐퍼에 연결된 질량

풀이

① 운동 방정식

뉴우튼의 운동에 관한 제 2법칙으로부터

$$F = ma$$

$$= m\frac{d^2y}{dt^2} = -B\frac{dy}{dt} - ky$$

를 얻는다. 따라서 운동 방정식은 다음과 같다.

$$\frac{d^2y}{dt^2} + 5\frac{dy}{dt} + 6y = 0$$

② 선형표준형으로의 변환

Step 1 : 변수 변환

$$y \triangleq x_1$$

$$y' \triangleq x_2$$

Step 2 : $x_1{}'$ 및 $x_2{}'$의 유도

$$x_1{}' = x_2$$

$$x_2{}' = -6x_1 - 5x_2$$

Step 3 : 선형표준형으로 정리

$$\begin{bmatrix} x_1{}' \\ x_2{}' \end{bmatrix} = \begin{bmatrix} 0 & 1 \\ -6 & -5 \end{bmatrix} \begin{bmatrix} x_1 \\ x_2 \end{bmatrix}$$

③ 선형표준형의 일반해

Step1 : A의 고유치

$$A - \alpha I_{2\times 2} = \begin{bmatrix} 0 & 1 \\ -6 & -5 \end{bmatrix} - \alpha \begin{bmatrix} 1 & 0 \\ 0 & 1 \end{bmatrix}$$

$$= \begin{bmatrix} -\alpha & 1 \\ -6 & -5-\alpha \end{bmatrix}$$

따라서

$$\det(A - \alpha I_{2\times 2}) = \alpha(\alpha+5)+6$$

$$= (\alpha+2)(\alpha+3) = 0$$

이므로

$$\alpha = -2, -3$$

을 얻는다.

Step2 : $\alpha_1 \triangleq -2$에 대응하는 고유 벡타 $\boldsymbol{K_1} \triangleq [k_{11}\ k_{12}]$

$$A-\alpha_1 I_{2\times 2} = \begin{bmatrix} 0 & 1 \\ -6 & -5 \end{bmatrix} - (-2)\begin{bmatrix} 1 & 0 \\ 0 & 1 \end{bmatrix}$$

$$= \begin{bmatrix} 2 & 1 \\ -6 & -3 \end{bmatrix}$$

이므로 $(A-\alpha_1 I_{2\times 2})\boldsymbol{K_1}=0$로부터

$$2k_{11}+k_{12}=0$$

$$-6k_{11}-3k_{12}=0$$

의 두가지 관계를 얻는다. 여기서

$$k_{12}=-2k_{11}$$

이 성립함을 알 수 있으므로, $k_{11}=1$로 가정하면 $k_{12}=-2$가 되므로 $\alpha_1=-2$에 대응하는 고유벡타$\boldsymbol{K_1}$은

$$\boldsymbol{K_1}=\begin{bmatrix} 1 \\ -2 \end{bmatrix}$$ 가 된다.

Step 3 : $\alpha_2 \triangleq -3$에 대응하는 고유벡타 $\boldsymbol{K_2} \triangleq [k_{21}\ k_{22}]$

$$A-\alpha_2 I_{2\times 2} = \begin{bmatrix} 0 & 1 \\ -6 & -5 \end{bmatrix} - (-3)\begin{bmatrix} 1 & 0 \\ 0 & 1 \end{bmatrix}$$

$$= \begin{bmatrix} 3 & 1 \\ -6 & -2 \end{bmatrix}$$

이므로 $(A-\alpha_2 I_{2\times 2})\boldsymbol{K_2}=0$로부터

$$3k_{21}+k_{22}=0$$

$$-6k_{21}-2k_{22}=0$$

이 성립한다. 즉 $k_{22}=-3k_{21}$이 되므로 $k_{21}=1$로 가정하면 $k_{22}=-3$을 얻는다. 따라서 $\alpha_2=-3$에 대응하는 고유 벡타$\boldsymbol{K_2}$는 다음과 같다.

$$\boldsymbol{K_2}=\begin{bmatrix} 1 \\ -3 \end{bmatrix}$$

Step 4 : 선형 표준형의 일반해

$x'=Ax$의 일반해는

$$x=c_1\boldsymbol{K_1}e^{\alpha_1 t}+c_2\boldsymbol{K_2}e^{\alpha_2 t}$$

이므로, 일반해는 다음과 같다.

$$x=c_1\begin{bmatrix} 1 \\ -2 \end{bmatrix}e^{-2t}+c_2\begin{bmatrix} 1 \\ -3 \end{bmatrix}e^{-3t}$$

즉 질량의 운동에 관한 위치 $y(t)$는

$$y(t) = x_1 = c_1e^{-2t} + c_2e^{-3t}$$

이며, 속도 $y'(t)$는

$$y'(t) = x_2 = -2c_1e^{-2t} - 3c_2e^{-3t}$$

가 됨을 알 수 있다. 그런데, $y(0)=+1$ 및 $y'(0)=0$ 이므로

$$c_1 + c_2 = 1$$

$$-2c_1 - 3c_2 = 0$$

이 성립하며, $c_1 = 3$ 및 $c_2 =-2$을 얻는다. 따라서 일반해는 다음과 같다.

$$x = 3\begin{bmatrix} 1 \\ -2 \end{bmatrix}e^{-2t} - 2\begin{bmatrix} 1 \\ -3 \end{bmatrix}e^{-3t}$$

$$= \begin{bmatrix} 3 \\ -6 \end{bmatrix}e^{-2t} + \begin{bmatrix} -2 \\ 6 \end{bmatrix}e^{-3t}$$

④ $t=\infty$에서 질량의 위치와 속도

일반해로부터 질량의 운동에 관한 위치 $y(t)$와 속도 $y'(t)$를 다음과 같이 구할 수 있다.

$$y(t) = x_1 = 3e^{-2t} - 2e^{-3t}$$

$$y'(t) = x_2 = -6e^{-2t} + 6e^{-3t}$$

따라서

$$y(\infty) = y'(\infty) = 0$$

을 얻는다. 즉 $t=0$일 때 $y(0)=1$에서 정지상태에 있는 질량은 시간이 진행됨에 따라 지수 함수 형태로 $y(t)=0$으로 접근함을 알 수 있다.

■■■

예제 5.12

다음 RLC 직렬 회로에서 $R=7[\Omega], L=1[H]$ 및 $C=1/12[F]$ 이며, $v(0)=10[V]$ 및 $i(0)=0[A]$ 이다.

① i 와 v에 관한 회로 방정식을 구하시오.

② ①에서 구한 회로 방정식을 선형 표준형으로 변환하시오.

③ 선형 표준형의 일반해를 구하시오.

④ $v(\infty)$와 $i(\infty)$를 구하시오.

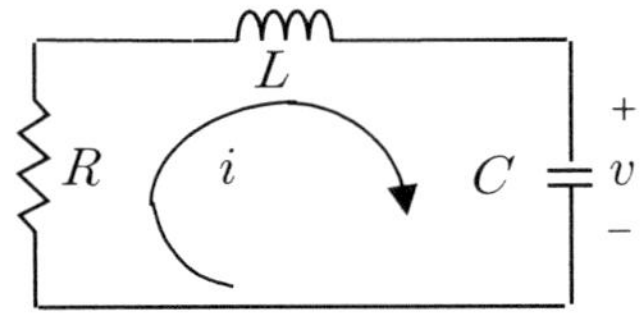

[그림5-4] RLC 직렬 회로

풀이

① 회로 방정식

키르호프의 제 2법칙에 의해

$$Ri + L\frac{di}{dt} + v = 0$$

을 얻을 수 있으며, 콘덴서 양단의 전압에 대해서는

$i = c\frac{dv}{dt}$ 가 성립한다.

따라서 i와v에 관한 회로 방정식은 다음과 같다.

$$\frac{di}{dt} + 7i + v = 0$$

$$\frac{dv}{dt} = 12i$$

② 선형표준형으로의 변환

Step 1 : 변수 변환

$$i \triangleq x_1$$

$$v \triangleq x_2$$

Step 2 : $x_1{}'$ 및 $x_2{}'$의 유도

$$x_1{}' = \frac{di}{dt} = -7x_1 - x_2$$

$$x_2{}' = \frac{dv}{dt} = 12x_1$$

Step 3 : 선형표준형으로 정리

$$\begin{bmatrix} x_1{}' \\ x_2{}' \end{bmatrix} = \begin{bmatrix} -7 & -1 \\ 12 & 0 \end{bmatrix} \begin{bmatrix} x_1 \\ x_2 \end{bmatrix}$$

③ 선형표준형의 일반해

Step1 : A의 고유치

$$A-\alpha I_{2\times2} = \begin{bmatrix} -7 & -1 \\ 12 & 0 \end{bmatrix} - \alpha \begin{bmatrix} 1 & 0 \\ 0 & 1 \end{bmatrix}$$

$$= \begin{bmatrix} -7-\alpha & -1 \\ 12 & -\alpha \end{bmatrix}$$

따라서

$$\det(A-\alpha I_{2\times2}) = \alpha(\alpha+7)+12$$

$$= (\alpha+3)(\alpha+4) = 0$$

이므로 고유치는 다음과 같다.

$\alpha = -3, -4$ 을 얻는다.

Step2 : $\alpha_1 \triangleq -3$에 대응하는 고유 벡타 $\boldsymbol{K}_1 \triangleq [k_{11}\ k_{12}]$

$$A-\alpha_1 I_{2\times2} = \begin{bmatrix} -7 & 1 \\ 12 & 0 \end{bmatrix} - (-3) \begin{bmatrix} 1 & 0 \\ 0 & 1 \end{bmatrix}$$

$$= \begin{bmatrix} -4 & -1 \\ 12 & 3 \end{bmatrix}$$

이므로 $(A-\alpha_1 I_{2\times2})\boldsymbol{K}_1 = 0$ 으로부터

$$-4k_{11} - k_{12} = 0$$

$$12k_{11} + 3k_{12} = 0$$

을 얻는다. 그러므로

$$k_{12} = -4k_{11}$$

이 성립하며, $k_{11} = 1$로 가정하면 $k_{12} = -4$가 되므로 $\alpha_1 = -3$에 대응하는 고유벡타$\boldsymbol{K}_1$은

$\boldsymbol{K}_1 = \begin{bmatrix} 1 \\ -4 \end{bmatrix}$ 가 된다.

Step 3 : $\alpha_2 \triangleq -4$에 대응하는 고유벡타 $\boldsymbol{K}_2 \triangleq [k_{21}\ k_{22}]$

$$A-\alpha_2 I_{2\times2} = \begin{bmatrix} -7 & -1 \\ 12 & 0 \end{bmatrix} - (-4) \begin{bmatrix} 1 & 0 \\ 0 & 1 \end{bmatrix}$$

$$= \begin{bmatrix} -3 & -1 \\ 12 & 4 \end{bmatrix}$$

이므로 $(A-\alpha_2 I_{2\times2})\boldsymbol{K}_2 = 0$ 으로부터

$$-3k_{21} - k_{22} = 0$$

$$12k_{21} + 4k_{22} = 0$$

이 성립한다. 따라서

$$k_{22} = -3k_{21}$$

의 관계를 구할 수 있으며, $k_{21} = 1$ 로 가정하면 $k_{22} = -3$ 을 얻는다. 따라서 $\alpha_2 = -4$ 에 대응하는 고유 벡타 $\boldsymbol{K_2}$는 다음과 같다.

$$\boldsymbol{K_2} = \begin{bmatrix} 1 \\ -3 \end{bmatrix}$$

Step 4 : 선형 표준형의 일반해

일반해 x는 정의에 의해 다음과 같다.

$$x = c_1\boldsymbol{K_1}e^{\alpha_1 t} + c_2\boldsymbol{K_2}e^{\alpha_2 t}$$

$$= c_1\begin{bmatrix} 1 \\ -4 \end{bmatrix}e^{-3t} + c_2\begin{bmatrix} 1 \\ -3 \end{bmatrix}e^{-4t}$$

앞에서 $x_1 = i$ 및 $x_2 = v$ 로 약속했으므로

$$i(t) = c_1e^{-3t} + c_2e^{-4t}$$

$$v(t) = -4c_1e^{-3t} - 3c_2e^{-4t}$$

가 성립한다. 또한 문제에서 초기 조건 $v(0) = 10[V]$ 및 $i(0) = 0[A]$이 주어졌으므로

$$c_1 + c_2 = 0$$

$$-4c_1 - 3c_2 = 10$$

를 얻는다. 여기서 $c_1 = -10$ 및 $c_2 = 10$ 이므로 일반해는 다음과 같다.

$$x = (-10)\begin{bmatrix} 1 \\ -4 \end{bmatrix}e^{-3t} + 10\begin{bmatrix} 1 \\ -3 \end{bmatrix}e^{-4t}$$

$$= \begin{bmatrix} -10 \\ 40 \end{bmatrix}e^{-3t} + \begin{bmatrix} 10 \\ -30 \end{bmatrix}e^{-4t}$$

④ $v(\infty)$ 및 $i(\infty)$

③에서

$$i(t) = -10e^{-3t} + 10e^{-4t}$$

$$v(t) = 40e^{-3t} - 30e^{-4t}$$

를 구했으므로,

$$i(\infty) = v(\infty) = 0$$

임을 알 수 있다.

■■■

5.5 $x' = Ax + G(t)$의 해법

5.5.1 개념

$f(x) \neq 0$일때 선형 n차 상미분 방정식

$$C_n(x)\frac{d^n y}{dx^n} + C_{n-1}(x)\frac{d^{n-1}y}{dx^{n-1}} + \cdots + C_1(x)\frac{dy}{dx} + C_O(x)y = f(x) \tag{5-43}$$

의 일반해는 $f(x) = 0$일때와 $f(x) \neq 0$일때의 해를 각각 구해 더한 것으로 정의되었다. 또 $f(x) \neq 0$인 경우의 해는 $f(x)$의 모양에 따라 해를 가정하여 구하는 미정계수법이 널리 사용되는 쉬운 방법이었다.

$x' = Ax + G(t)$의 경우에도 일반해는 $G(t) = 0$인 경우와 $G(t) \neq 0$인 경우에 각각을 만족하는 해 벡타를 구해 합한 것으로 정의된다.

정의 5-4 : $x' = Ax + G(t)$의 일반해

$x' = Ax$의 일반해를 x_h ,$x' = Ax + G(t)$를 만족하는 특별해를 x_p라 약속하면, $x' = Ax + G(t)$의 일반해 x는

$$x = x_h + x_p$$

로 정의된다.

이미 앞에서 $x' = Ax$의 해법은 언급되었으므로, $G(t) \neq 0$일때 $x' = Ax + G(t)$를 만족하는 해 벡타만 구하면 $x' = Ax + G(t)$의 일반해가 얻어진다. 그런데 이 경우에도 가장 쉽고 간단한 방법이 미정 계수법이다. 즉 $G(t)$에 포함된 함수의 모양에 따라 적절한 해 벡타를 가정하여 $x' = Ax + G(t)$가 만족되는 미지 상수를 계산하면 된다. 적절한 함수를 선정하는 방법은 1장에서 다룬 미정 계수법에 언급한 것과 동일하다.

예제 5.13

다음 미분방정식의 특별해를 구하시오.

$$\begin{bmatrix} x_1' \\ x_2' \end{bmatrix} = \begin{bmatrix} 1 & 4 \\ 3 & 2 \end{bmatrix}\begin{bmatrix} x_1 \\ x_2 \end{bmatrix} + \begin{bmatrix} 3t \\ 2t+1 \end{bmatrix}$$

풀이

Step 1 :x_p의 가정

$G(t)$의 요소가 모두 1차 함수이므로x_p를 다음과 같이 가정한다.

$$x_p = \begin{bmatrix} At+B \\ Ct+D \end{bmatrix}$$

Step 2 : 미지수의 계산

x_p를 주어진 미분 방정식에 대입하면 다음을 얻는다.

$$\begin{bmatrix} A \\ C \end{bmatrix} = \begin{bmatrix} 1 & 4 \\ 3 & 2 \end{bmatrix}\begin{bmatrix} At+B \\ Ct+D \end{bmatrix} + \begin{bmatrix} 3t \\ 2t+1 \end{bmatrix}$$

$$= \begin{bmatrix} (A+4C+3)t+B+4D \\ (3A+2C+2)t+3B+2D+1 \end{bmatrix}$$

따라서 다음 네 가지 관계가 성립해야 됨을 알 수 있다.

$$A+4C+3 = 0$$

$$3A+2C+2 = 0$$

$$B+4D = A$$

$$3B+2D+1 = C$$

여기서

$$A = -\frac{1}{5} \quad B = -\frac{16}{25} \quad C = -\frac{7}{10} \quad D = \frac{11}{100}$$

을 얻는다. 그러므로 특별해 x_p는 다음과 같다.

$$x_p = \begin{bmatrix} -\frac{1}{5}t - \frac{16}{25} \\ -\frac{7}{10}t + \frac{11}{100} \end{bmatrix}$$

■■■

예제 5.14

다음 미분방정식의 일반해를 구하시오.

$$\begin{bmatrix} x_1' \\ x_2' \end{bmatrix} = \begin{bmatrix} 1 & 4 \\ 3 & 2 \end{bmatrix}\begin{bmatrix} x_1 \\ x_2 \end{bmatrix} + \begin{bmatrix} e^t \\ 2e^t \end{bmatrix}$$

풀이

① $x' = Ax$의 일반해 x_h :

$$\begin{bmatrix} x_1' \\ x_2' \end{bmatrix} = \begin{bmatrix} 1 & 4 \\ 3 & 2 \end{bmatrix} \begin{bmatrix} x_1 \\ x_2 \end{bmatrix}$$

의 일반해는 앞의 예제에서

$x_h = a_1 \begin{bmatrix} -4 \\ 3 \end{bmatrix} e^{-2t} + a_2 \begin{bmatrix} 1 \\ 1 \end{bmatrix} e^{5t}$ 로 구했다.

② $x' = Ax + G(t)$의 특별해 x_p :

Step 1 : x_p의 가정

$G(t)$의 요소가 모두 지수함수로 구성되어 있으므로 x_p를 다음과 같이 가정한다.

$$x_p = \begin{bmatrix} c_1 e^t \\ c_2 e^t \end{bmatrix}$$

Step 2 : 미지수의 계산

x_p를 주어진 미분 방정식 $x' = Ax + G(t)$에 대입하면

$$\begin{bmatrix} c_1 e^t \\ c_2 e^t \end{bmatrix} = \begin{bmatrix} 1 & 4 \\ 3 & 2 \end{bmatrix} \begin{bmatrix} c_1 e^t \\ c_2 e^t \end{bmatrix} + \begin{bmatrix} e^t \\ 2e^t \end{bmatrix}$$

를 얻는다. 식을 정리하면 다음과 같다.

$$c_1 = c_1 + 4c_2 + 1$$

$$c_2 = 3c_1 + 2c_2 + 2$$

따라서 $c_1 = -\frac{7}{12}$, $c_2 = -\frac{1}{4}$이 된다.

그러므로 특별해 x_p는

$x_h = \begin{bmatrix} -\frac{7}{12} \\ -\frac{1}{4} \end{bmatrix} e^t$ 가 된다.

③ $x' = Ax + G(t)$의 일반해 x :

$x = x_h + x_p$이므로 x는 다음과 같다.

$$x = a_1 \begin{bmatrix} -4 \\ 3 \end{bmatrix} e^{-2t} + a_2 \begin{bmatrix} 1 \\ 1 \end{bmatrix} e^{5t} + \begin{bmatrix} -\frac{7}{12} \\ -\frac{1}{4} \end{bmatrix} e^t$$

■■■

5.5.2 $x' = Ax + G(t)$의 특별해에 대한 공식

미정계수법을 이용해 $x' = Ax + G(t)$의 특별해를 구하는 방법은 $G(t)$의 형태에 따라 적절한 특별해를 가정해야 되는 번거러움이 있다. 이런 불편함이 없이 공식에 의해 $x' = Ax + G(t)$의 특별해를 구할 수 있는 방법을 다음 정리에 소개한다.

정리 5-2 : $x' = Ax + G(t)$의 특별해에 대한 공식

$P(t)$를 $x' = Ax$의 기본 행렬이라 할때 $x' = Ax + G(t)$의 특별해 x_p 는

$$x_p = P(t)\int P^{-1}(t)G(t)dt$$

로 표현된다.

증명

$x' = Ax$의 일반해 x_h는 기본 행렬을 이용하면

$$x_h = P(t)a \tag{5-44}$$

로 표현되었다. 이 식을 참고로 하여 $x' = Ax + G(t)$의 특별해 x_p를

$$x_h = P(t)f(t) \tag{5-45}$$

로 가정해 보자. 여기서 $n \times 1$ 벡타함수 $f(t)$는

$$f(t) = \begin{bmatrix} f_1(t) \\ f_2(t) \\ \vdots \\ f_n(t) \end{bmatrix} \tag{5-46}$$

와 같다. 이 x_p를 $x' = Ax + G(t)$에 대입하면 다음 식을 얻는다.

$$\{P(t)f(t)\}' = A\{P(t)f(t)\} + G(t) \tag{5-47}$$

행렬함수의 미분에 관한 성질로 부터

$$\{P(t)f(t)\}' = P(t)f'(t) + P'(t)f(t) \tag{5-48}$$

가 성립하고, 앞에서 기본 행렬에 대해서는

$$P'(t) = AP(t) \tag{5-49}$$

의 관계가 성립함을 알고 있으므로

$$\{P(t)f(t)\}' = P(t)f'(t) + AP(t)f(t) \tag{5-50}$$

와 같다.

그러므로

$$P(t)f'(t)+AP(t)f(t)= AP(t)f(t)+G(t) \tag{5-51}$$

으로 부터

$$f'(t)= P^{-1}(t)G(t) \tag{5-52}$$

를 얻는다. 즉

$$f(t) = \int P^{-1}(t)G(t)dt \tag{5-53}$$

로 표현되는 $f(t)$가 존재하므로 $x' = Ax+G(t)$를 만족하는 특별해 x_p는 처음의 가정으로 부터

$$\begin{aligned} x_p &= P(t)f(t) \\ &= P(t)\int P^{-1}(t)G(t)dt \end{aligned} \tag{5-54}$$

가 된다.

■■■

앞의 정리를 이용하여 $x' = Ax+G(t)$의 특별해를 구하는 과정을 다음과 같이 해법으로 요약한다.

해법 : $x' = Ax+G(t)$의 특별해 계산법

- **Step 1** : $x' = Ax$의 1차 독립 해 벡타
  $x' = Ax$를 만족하는 해 벡타 중 서로 1차 독립의 관계를 갖는 해 벡타 $x_1, x_2, \cdots, x_n$을 구한다.
- **Step 2** : 기본 행렬의 구성
  $x_1, x_2, \cdots, x_n$ 으로 기본 행렬 $P(t)$를
  $$P(t)= [x_1 x_2 \cdots x_n]$$
  로 구성한다.
- **Step 3** : $P^{-1}(t)$를 구한다.
  $P(t)$의 역행렬을 구한다.
- **Step 4** : 특별해 x_p의 계산
  특별해 x_p를
  $$x_p= P(t)\int P^{-1}(t)G(t)dt$$
  로 구한다.

예제 5.15

기본 행렬을 이용하여 다음 미분 방정식의 특별해를 구하시오.

$$\begin{bmatrix} x_1{}' \\ x_2{}' \end{bmatrix} = \begin{bmatrix} 1 & 4 \\ 3 & 2 \end{bmatrix} \begin{bmatrix} x_1 \\ x_2 \end{bmatrix} + \begin{bmatrix} e^t \\ 2e^t \end{bmatrix}$$

풀이

Step 1 : $x' = Ax$의 1차 독립 해 벡타

앞의 예제에서 :

$$\boldsymbol{x}_1 = \begin{bmatrix} -4 \\ 3 \end{bmatrix} e^{-2t} \qquad \boldsymbol{x}_2 = \begin{bmatrix} 1 \\ 1 \end{bmatrix} e^{5t}$$

로 구했다.

Step 2 : 기본 행렬의 구성

$$\begin{aligned} P(t) &= [\boldsymbol{x}_1 \, \boldsymbol{x}_2] \\ &= \begin{bmatrix} -4e^{-2t} & e^{5t} \\ 3e^{-2t} & e^{5t} \end{bmatrix} \end{aligned}$$

Step 3 : $P^{-1}(t)$의 계산

$$\det P(t) = -4e^{3t} - 3e^{3t} = -7e^{3t}$$

이므로, $P^{-1}(t)$는 다음과 같다.

$$\begin{aligned} P^{-1}(t) &= \frac{1}{-7e^{3t}} \begin{bmatrix} e^{5t} & -e^{5t} \\ -3e^{-2t} & -4e^{-2t} \end{bmatrix} \\ &= -\frac{1}{7} \begin{bmatrix} e^{2t} & -e^{2t} \\ -3e^{-5t} & -4e^{-5t} \end{bmatrix} \end{aligned}$$

Step 4 : 특별해$\boldsymbol{x}_p$의 계산

$$\begin{aligned} \boldsymbol{x}_p &= P(t) \int P^{-1}(t) \boldsymbol{G}(t) dt \\ &= -\begin{bmatrix} -4e^{-2t} & e^{5t} \\ 3e^{-2t} & e^{5t} \end{bmatrix} \int \frac{1}{7} \begin{bmatrix} e^{2t} & -e^{2t} \\ -3e^{-5t} & -4e^{-5t} \end{bmatrix} \begin{bmatrix} e^t \\ 2e^t \end{bmatrix} dt \\ &= -\frac{1}{7} \begin{bmatrix} -4e^{-2t} & e^{5t} \\ 3e^{-2t} & e^{5t} \end{bmatrix} \int \begin{bmatrix} e^{3t} - 2e^{3t} \\ -3e^{-4t} - 8e^{-4t} \end{bmatrix} dt \end{aligned}$$

$$= -\frac{1}{7}\begin{bmatrix} -4e^{-2t} & e^{5t} \\ 3e^{-2t} & e^{5t} \end{bmatrix}\begin{bmatrix} -\frac{1}{3}e^{3t} \\ \frac{11}{4}e^{-4t} \end{bmatrix}$$

$$= -\frac{1}{7}\begin{bmatrix} \frac{4}{3}e^{t} + \frac{11}{4}e^{t} \\ -e^{t} + \frac{11}{4}e^{t} \end{bmatrix}$$

$$= \begin{bmatrix} -\frac{7}{12}e^{t} \\ -\frac{1}{4}e^{t} \end{bmatrix}$$

■■■

예제 5.16

다음 미분 방정식의 특별해를 구하시오.

$$X' = \begin{bmatrix} -5 & 1 & 1 \\ 1 & -3 & -1 \\ 0 & 1 & -4 \end{bmatrix} X + \begin{bmatrix} 0 \\ 0 \\ 10 \end{bmatrix}$$

풀이

Step 1 : $x' = Ax$의 1차 독립인 해 벡타

㉠ A의 고유치

$$A - \alpha I_{3\times 3} = \begin{bmatrix} -5 & 1 & 1 \\ 1 & -3 & -1 \\ 0 & 1 & -4 \end{bmatrix} - \alpha\begin{bmatrix} 1 & 0 & 0 \\ 0 & 1 & 0 \\ 0 & 0 & 1 \end{bmatrix}$$

$$= \begin{bmatrix} -5-\alpha & 1 & 1 \\ 1 & -3-\alpha & -1 \\ 0 & 1 & -4-\alpha \end{bmatrix}$$

따라서

$$\det(A - \alpha I_{3\times 3}) = -(\alpha+5)(\alpha+3)(\alpha+4) + 1 - (\alpha+5) + (\alpha+4)$$

$$= (\alpha+3)(\alpha+4)(\alpha+5) = 0$$

이므로 고유치는 다음과 같다.

$$\alpha = -3\ ,\ -4,\ -5$$

㉡ $\alpha_1 \triangleq -3$에 대응하는 고유 벡타 $K_1 \triangleq [k_{11}\, k_{12}\, k_{13}]$

$$A-\alpha_1 I_{3\times 3}=\begin{bmatrix}-5 & 1 & 1\\ 1 & -3 & -1\\ 0 & 1 & -4\end{bmatrix}-(-3)\begin{bmatrix}1&0&0\\0&1&0\\0&0&1\end{bmatrix}$$

$$=\begin{bmatrix}-2 & 1 & 1\\ 1 & 0 & -1\\ 0 & 1 & -1\end{bmatrix}$$

이므로 $(A-\alpha_1 I_{3\times 3})\boldsymbol{K_1}=0$으로부터

$$-2k_{11}+k_{12}+k_{13}=0$$

$$k_{11}-k_{13}=0$$

$$k_{12}-k_{13}=0$$

을 얻는다. $k_{11}=k_{13}=k_{12}$ 이므로 $k_{13}=1$로 가정하면 $k_{11}=k_{12}=1$이 되며, $\alpha_1=-3$에 대응하는 고유 벡타$\boldsymbol{K_1}$은 다음과 같다.

$$\boldsymbol{K_1}=\begin{bmatrix}1\\1\\1\end{bmatrix}$$

㉢ $\alpha_2 \triangleq -4$에 대응하는 고유 벡타 $\boldsymbol{K_2}\triangleq[k_{21}\ k_{22}\ k_{23}]$

$$A-\alpha_2 I_{3\times 3}=\begin{bmatrix}-5 & 1 & 1\\ 1 & -3 & -1\\ 0 & 1 & -4\end{bmatrix}-(-4)\begin{bmatrix}1&0&0\\0&1&0\\0&0&1\end{bmatrix}$$

$$=\begin{bmatrix}-1 & 1 & 1\\ 1 & 1 & -1\\ 0 & 1 & 0\end{bmatrix}$$

이므로 $(A-\alpha_2 I_{3\times 3})\boldsymbol{K_2}=0$으로부터

$$-k_{21}+k_{22}+k_{23}=0$$

$$k_{21}+k_{22}-k_{23}=0$$

$$k_{22}=0$$

을 얻는다. 여기서 $k_{21}=k_{23}$이므로, $k_{23}=1$로 가정하면$\boldsymbol{K_2}$는 다음과 같다.

$$\boldsymbol{K_2}=\begin{bmatrix}1\\0\\1\end{bmatrix}$$

㉣ $\alpha_3 \triangleq -5$에 대응하는 고유 벡타 $\boldsymbol{K_3}\triangleq[k_{31}\ k_{32}\ k_{33}]$

$$A-\alpha_3 I_{3\times 3}=\begin{bmatrix}-5 & 1 & 1\\ 1 & -3 & -1\\ 0 & 1 & -4\end{bmatrix}-(-5)\begin{bmatrix}1&0&0\\0&1&0\\0&0&1\end{bmatrix}=\begin{bmatrix}0 & 1 & 1\\ 1 & 2 & -1\\ 0 & 1 & 1\end{bmatrix}$$

이므로 $(A-\alpha_3 I_{3\times 3})\boldsymbol{K_3}=0$으로부터

$$\begin{aligned} k_{32}+k_{33} &= 0 \\ k_{31}+2k_{32}-k_{33} &= 0 \\ k_{32}+k_{33} &= 0 \end{aligned}$$

을 얻는다. $k_{32}=-k_{33}$ 이므로 $k_{33}=1$로 가정하면 $k_{32}=-1$이며, $k_{31}=3$이 된다. 따라서$\boldsymbol{K_3}$는 다음과 같다.

$$\boldsymbol{K_3}=\begin{bmatrix} 3 \\ -1 \\ 1 \end{bmatrix}$$

그러므로 $x'=Ax$의 1차 독립인 해 벡타들은 다음과 같다.

$$\boldsymbol{x_1}=\begin{bmatrix} 1 \\ 1 \\ 1 \end{bmatrix}e^{-3t} \quad \boldsymbol{x_2}=\begin{bmatrix} 1 \\ 0 \\ 1 \end{bmatrix}e^{-4t} \quad \boldsymbol{x_3}=\begin{bmatrix} 3 \\ -1 \\ 1 \end{bmatrix}e^{-5t}$$

Step 2 : 기본 행렬의 구성

$$\begin{aligned} P(t) &= [x_1\, x_2\, x_3] \\ &= \begin{bmatrix} e^{-3t} & e^{-4t} & 3e^{-5t} \\ e^{-3t} & 0 & -e^{-5t} \\ e^{-3t} & e^{-4t} & e^{-5t} \end{bmatrix} \end{aligned}$$

Step 3 : $P^{-1}(t)$의 계산

$$\begin{aligned} \det P(t) &= -e^{-3t}e^{-4t}e^{-5t}+3e^{-3t}e^{-4t}e^{-5t}+e^{-3t}e^{-4t}e^{-5t}-e^{-3t}e^{-4t}e^{-5t} \\ &= 2e^{-12t} \end{aligned}$$

이므로, $P^{-1}(t)$는 다음과 같다.

$$\begin{aligned} P^{-1}(t) &= \frac{1}{2e^{-12t}}\begin{bmatrix} e^{-9t} & 2e^{-9t} & -e^{-9t} \\ -2e^{-8t} & -2e^{-8t} & 4e^{-8t} \\ e^{-7t} & 0 & -e^{-7t} \end{bmatrix} \\ &= \frac{1}{2}\begin{bmatrix} e^{3t} & 2e^{3t} & -e^{3t} \\ -2e^{4t} & -2e^{4t} & 4e^{4t} \\ e^{5t} & 0 & -e^{5t} \end{bmatrix} \end{aligned}$$

Step 4 : 특별해 x_β의 계산

$$x_\beta = P(t)\int P^{-1}(t)G(t)dt$$

$$= \begin{bmatrix} e^{-3t} & e^{-4t} & 3e^{-5t} \\ e^{-3t} & 0 & -e^{-5} \\ e^{-3t} & e^{-4t} & e^{-5} \end{bmatrix} \int \frac{1}{2}\begin{bmatrix} e^{3t} & 2e^{3t} & -e^{3t} \\ -2e^{4t} & -2e^{4t} & 4e^{4t} \\ e^{5t} & 0 & -e^{5t} \end{bmatrix}\begin{bmatrix} 0 \\ 0 \\ 10 \end{bmatrix} dt$$

$$= \frac{1}{2}\begin{bmatrix} e^{-3t} & e^{-4t} & 3e^{-5t} \\ e^{-3t} & 0 & -e^{-5t} \\ e^{-3t} & e^{-4t} & e^{-5t} \end{bmatrix} \int \begin{bmatrix} -10e^{3t} \\ 40e^{4t} \\ -10e^{5t} \end{bmatrix} dt$$

$$= \frac{10}{2}\begin{bmatrix} e^{-3t} & e^{-4t} & 3e^{-5t} \\ e^{-3t} & 0 & -e^{-5t} \\ e^{-3t} & e^{-4t} & e^{-5t} \end{bmatrix} \begin{bmatrix} -\frac{1}{3}e^{3t} \\ e^{4t} \\ -\frac{1}{5}e^{5t} \end{bmatrix}$$

$$= \begin{bmatrix} \frac{1}{3} \\ -\frac{2}{3} \\ \frac{7}{3} \end{bmatrix}$$

참고로 주어진 미분 방정식의 일반해(x)는 $x' = Ax$의 일반해(x_h)와 본 문제의 풀이 결과에서 구한 특별해(x_p)를 더한 것인데, $x' = Ax$의 일반해는 풀이 과정에서 $x' = Ax$의 1차 독립인 해 벡타들을 구했으므로 x는 다음과 같이 표현됨을 알 수 있다.

$$x = x_h + x_p$$

$$= a_1\begin{bmatrix} 1 \\ 1 \\ 1 \end{bmatrix} e^{-3t} + a_2\begin{bmatrix} 1 \\ 0 \\ 1 \end{bmatrix} e^{-4t} + a_3\begin{bmatrix} 3 \\ -1 \\ 1 \end{bmatrix} e^{-5t} + \begin{bmatrix} \frac{1}{3} \\ -\frac{2}{3} \\ \frac{7}{3} \end{bmatrix}$$

■■■

5.6 Laplace 변환을 이용한 $x' = Ax + G(t)$의 해법

Laplace 변환을 이용하면 선형 n차 상미분 방정식을 대수 방정식으로 변환할 수 있었다. 이와 마찬가지로 $x' = Ax + G(t)$는 1차 미분 방정식 n개가 연립된 형태일

뿐, 역시 상미분 방정식이라는 사실을 생각하면 $x' = Ax + G(t)$의 양변에 Laplace변환을 취해 구하고자 하는 $x(t)$의 Laplace변환된 함수에 관한 대수 방정식으로 변환할 수 있음을 알 수있다. 즉 $X(s)$ 및 $G(s)$를 다음과 같이 약속한다.

$$X(s) \triangleq \begin{bmatrix} X_1(s) \\ X_2(s) \\ \vdots \\ X_n(s) \end{bmatrix} \tag{5-55}$$

$$G(s) \triangleq \begin{bmatrix} G_1(s) \\ G_2(s) \\ \vdots \\ G_n(s) \end{bmatrix} \tag{5-56}$$

여기서 $i = 1, 2, \cdots, n,$에 대해 $X_i(s) = \mathrm{L}\{x_i(t)\}$ 및 $G_i(s) = \mathrm{L}\{g_i(t)\}$이다.

이제 $x' = A\,x + G\,(t)$의 양변에 Laplace변환을 취하면 다음 식을 얻는다.

$$sX(s) - x(0) = AX(s) + G(s) \tag{5-57}$$

정리하면,

$$(sI_{n\times n} - A)X(s) = x(0) + G(s) \tag{5-58}$$

가 되며, 따라서 $X(s)$는

$$X(s) = (sI_{n\times n} - A)^{-1}x(0) + (sI_{n\times n} - A)^{-1}G(s) \tag{5-59}$$

를 얻는다. $x(t)$를 구하기 위해 $X(s)$의 Laplace 역변환을 취하면 $x(t)$는 다음과 같다.

$$x(t) = \mathrm{L\text{-}1}\{(sI_{n\times n} - A)^{-1}\}x(0) + \mathrm{L\text{-}1}\{(sI_{n\times n} - A)^{-1}G(s)\} \tag{5-60}$$

여기서

$$\mathrm{L\text{-}1}\{(sI_{n\times n} - A)^{-1}\} \triangleq \Phi(t) \tag{5-61}$$

로 약속하자. 또한 합성곱(Convolution integral)의 Laplace변환 성질을 이용하면

$$\mathrm{L\text{-}1}\{(sI_{n\times n} - A)^{-1}G(s)\} = \int \Phi(t-\tau)G(\tau)d\tau \tag{5-62}$$

의 관계가 성립하므로,

$$x(t) = \Phi(t)x(0) + \int_0^t \Phi(t-\tau)G(\tau)d\tau \tag{5-63}$$

를 얻는다.

해법 : Laplace 변환을 이용한 $x' = Ax + G(t)$의 일반해

- **Step 1** :$\Phi(t)$의 유도

  $\Phi(t) = \text{L-1}\{(sI - A)^{-1}\}$ 를 구한다.
- **Step 2** :일반해, $x(t)$, 의 유도

$$x(t) = \Phi(t)x(0) + \int_O^t \Phi(t-\tau)G(\tau)d(\tau)$$

예제 5.17

다음 RLC회로에 대해

① v와 i_L에 관한 회로 방정식을 유도하시오.

② ①에서 구한 회로 방정식을 선형 표준형으로 변환하시오.

③ $\Phi(t)$를 구하시오.

④ $\Phi(t)$를 이용하여 v 와 i_L을 구하시오.

단, $v(0) = i_L(0) = 0$ 이며 $i_s = 10 + 2e^{-t}$, $t > 0$이다.

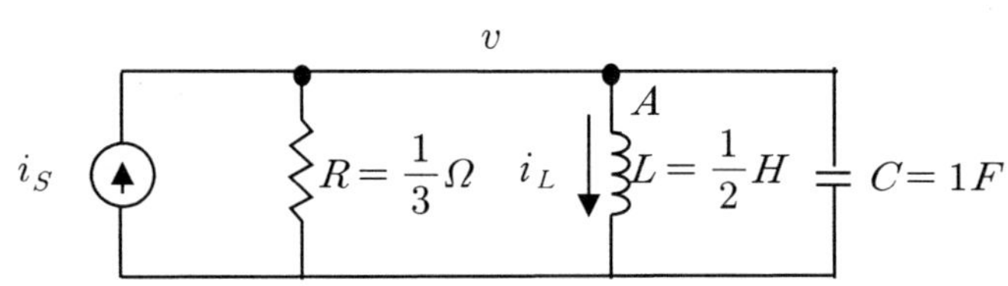

[그림 5-5] RLC회로

풀이

① v와 i_L에 관한 회로 방정식

A점에서 키르호프 전류 법칙을 사용하면

$i_s = \dfrac{v}{R} + i_L + C\dfrac{dv}{dt}$ 를 얻는다. 즉

$$v' = -3v - i_L + i_s$$

의 관계를 구할 수 있다. 다음에 코일에 대해서는

$v = L\dfrac{di_L}{dt}$ 의 관계가 성립하므로

$i_L' = 2v$ 가 된다.

② 선형 표준형으로의 변환

Step 1 : 변수 변환

$$v \triangleq x_1$$

$$i_L \triangleq x_2$$

Step 2 : $x_1{}'$및 $x_2{}'$의 유도

$$x_1{}' = v' = -3x_1 - x_2 + i_s$$

$$x_2{}' = i_L{}' = 2x_1$$

Step 3 : 표준형으로 정리

$$\begin{bmatrix} x_1{}' \\ x_2{}' \end{bmatrix} = \begin{bmatrix} -3 & -1 \\ 2 & 0 \end{bmatrix} \begin{bmatrix} x_1 \\ x_2 \end{bmatrix} + \begin{bmatrix} i_s \\ 0 \end{bmatrix}$$

③ $\Phi(t)$의 유도

$$\begin{aligned} \Phi(t) &= \mathrm{L{-}1}\{(sI-A)^{-1}\} \\ &= \mathrm{L{-}1}\left\{\begin{bmatrix} s+3 & 1 \\ -2 & s \end{bmatrix}\right\} \\ &= \mathrm{L{-}1}\left\{\frac{1}{s(s+3)+2}\begin{bmatrix} s & -1 \\ 2 & s+3 \end{bmatrix}\right\} \\ &= \mathrm{L{-}1}\left\{\begin{bmatrix} \frac{-1}{s+1}+\frac{2}{s+2} & \frac{-1}{s+1}+\frac{1}{s+2} \\ \frac{2}{s+1}+\frac{-2}{s+2} & \frac{2}{s+1}+\frac{-1}{s+2} \end{bmatrix}\right\} \\ &= \begin{bmatrix} -e^{-t}+2e^{-2t} & -e^{-t}+e^{-2t} \\ 2e^{-t}-2e^{-2t} & 2e^{-t}-e^{-2t} \end{bmatrix} \end{aligned}$$

④ $\Phi(t)$를 이용한 v와 i_L의 계산

$$x(t) = \Phi(t)x(0) + \int_O^t \Phi(t-\tau)G(\tau)d\tau$$

에서 $v(0) = i_L(0) = 0$ 이므로 $x_1(0) = x_2(0) = 0$, 즉 $x(0) = 0$이다. 따라서

$$x(t) = \int_0^t \Phi(t-\tau)G(\tau)d\tau$$

$$= \int_0^t \begin{bmatrix} -e^{(t-\tau)}+2e^{-2(t-\tau)} & -e^{-(t-\tau)}+e^{-2(t-\tau)} \\ 2e^{-(t-\tau)}-2e^{-2(t-\tau)} & 2e^{-(t-\tau)}-e^{-2(t-\tau)} \end{bmatrix} \begin{bmatrix} 10+2e^{-\tau} \\ 0 \end{bmatrix} d\tau$$

$$= \int_0^t \begin{bmatrix} -10e^{-t}e^{\tau} + 20e^{-2t}e^{2\tau} - 2e^{-t} + 4e^{-2t}e^{\tau} \\ 20e^{-t}e^{\tau} - 20e^{-2t}e^{2\tau} + 4e^{-t} - 4e^{-2t}e^{\tau} \end{bmatrix} d\tau$$

$$= \begin{bmatrix} -10e^{-t}e^{\tau}\mid_0^t + 20e^{-2t}\dfrac{e^{2\tau}}{2}\mid_0^t - 2e^{-t}\tau\mid_0^t + 4e^{-2t}e^{\tau}\mid_0^t \\ 20e^{-t}e^{\tau}\mid_0^t - 20e^{-2t}\dfrac{e^{2\tau}}{2}\mid_0^t + 4e^{-t}\tau\mid_0^t - 4e^{-2t}e^{\tau}\mid_0^t \end{bmatrix}$$

$$= \begin{bmatrix} 14e^{-t} - 2te^{-t} - 14e^{-2t} \\ 10 - 24e^{-t} + 4te^{-t} + 14e^{-2t} \end{bmatrix}$$

따라서 다음을 얻는다.

$$v = 14e^{-t} - 2te^{-t} - 14e^{-2t}$$

$$i_L = 10 - 24e^{-t} + 4te^{-t} + 14e^{-2t}$$

여기서 $t=0$일 때 $v(0)=i_L(0)=0$이 성립하고, $t=\infty$일때는 $v(\infty)=0$ 및 $i_L(\infty)=10$이 된다. 즉 주어진 RLC 회로의 실제 응답과 일치됨을 알 수 있다. ■■■

연 습 문 제

1. 다음의 선형 4차 상미분 방정식을 표준형으로 변환하시오.

$$\frac{d^4y}{dt^4}+10\frac{d^3y}{dt^3}-7\frac{d^2y}{dt^2}-4\frac{dy}{dt}+5y=2t$$

2. 세 개의 벡타 함수

$$x_1=\begin{bmatrix}e^t\\2e^t\\3e^t\end{bmatrix}\qquad x_2=\begin{bmatrix}2e^t\\3e^t\\4e^t\end{bmatrix}\qquad x_3=\begin{bmatrix}3e^t\\4e^t\\5e^t\end{bmatrix}$$

가 1차 독립의 관계를 갖는 지를 판정하시오.

3. 기본 행렬을 이용하여 다음 미분 방정식의 특별해를 구하시오.

$$\begin{bmatrix}x_1'\\x_2'\end{bmatrix}=\begin{bmatrix}1&4\\3&2\end{bmatrix}\begin{bmatrix}x_1\\x_2\end{bmatrix}+\begin{bmatrix}e^t\\e^{2t}\end{bmatrix}$$

4. 다음 미분 방정식의 일반해를 Laplace 변환을 이용하여 구하시오.

$$\begin{bmatrix}x_1'\\x_2'\end{bmatrix}=\begin{bmatrix}1&4\\3&2\end{bmatrix}\begin{bmatrix}x_1\\x_2\end{bmatrix}$$

PART 6
Fourier 급수

6.1 직교함수와 그 성질

6.1.1 개요

임의의 함수 $f(x)$가 주어져 있다고 생각해 보자. 이때 함수 $f(x)$에 포함된 정보 중 필요한 내용을 찾고자 할 때 어떤 방법이 있을까? 만약 이미 알고 있는 함수 중에 필요한 내용에 관련된 함수들을 $\phi_i(x)$, $i=0,1,2,\cdots,$라 약속한 경우 함수 $f(x)$가 $\phi_i(x)$의 선형 결합(Linear combination)인

$$f(x)=\sum_{i=0}^{\infty}c_i\phi_i(x) \qquad (6\text{-}1)$$

$$=c_0\phi_0(x)+c_1\phi_1(x)+\cdots+c_n\phi_n(x)+\cdots$$

의 형태로 표현될 수 있다면, $\phi_i(x)$는 특성을 알고 있으므로 상수 c_i를 이용하여 함수 $f(x)$의 정보 중 $\Phi_i(x)$에 관련된 정보를 얻을 수 있을 것이다.

그런데 임의의 함수 $f(x)$가 $\Phi_i(x)$의 선형 결합으로 표현되기 위해서는 $\Phi_i(x)$가 만족시켜야 할 조건이 있으며, 그 중 가장 기본이 되는 요건이 직교 함수가 되는 것이다.

6.1.2 직교함수 (Orthogonal functions)

직교함수란 함수들 사이의 특별한 수학적 관계를 의미하는데 두 개의 함수 $\Phi_1(x)$와 $\Phi_2(x)$에 대해 다음과 같이 정의된다.

정의 6-1 : 직교 함수

$\phi_1(x)$와 $\phi_2(x)$가 구간 $[p\quad q]$에서

$$\int_p^q \phi_1(x)\phi_2(x)dx=0$$

의 관계를 가지면 $\phi_1(x)$와 $\phi_2(x)$는 직교(Orthogonal)한다고 하며, 이때 $\phi_1(x)$와 $\phi_2(x)$는 직교 함수들이라고 부른다.

예제 6.1

$\phi_1(x)=e^x$와 $\phi_2(x)=e^{2x}$ 가 구간 $[-1 \quad 1]$에서 직교하는 지를 판정하시오.

풀이

$$\int_{-1}^{1} e^x \cdot e^{2x}\, dx = \int_{-1}^{1} e^{3x}\, dx$$

$$= \frac{1}{3}e^{3x}\Big|_{-1}^{1}$$

$$= \frac{1}{3}(e^3 - e^{-3}) \neq 0$$

따라서 $\Phi_1(x)$와 $\Phi_2(x)$는 직교하지 않는다.

■■■

예제 6.2

$\phi_1(x)=x$ 와 $\phi_2(x)=-x$ 가 구간 $[-10 \quad 10]$에서 직교하는 지를 판정하시오.

풀이

$$\int_{-10}^{10} x \cdot (-x)\, dx = -\int_{-10}^{10} x^2\, dx$$

$$= -\frac{1}{3}x^3\Big|_{-10}^{10}$$

$$= -\frac{2000}{3}$$

따라서 $\phi_1(x)$와 $\phi_2(x)$는 직교하지 않는다.

■■■

예제 6.3

$\phi_1(x)=x$ 와 $\phi_2(x)=x^2$ 이 구간 $[-1 \quad 1]$에서 직교하는 지를 판정하시오

풀이

$$\int_{-1}^{1} x \cdot x^2 \, dx = \int_{-1}^{1} x^3 \, dx$$

$$= \frac{1}{4} x^4 \Big|_{-1}^{1}$$

$$= \frac{1}{4}(1-1) = 0$$

즉 $\Phi_1(x)$와 $\Phi_2(x)$는 서로 직교의 관계를 갖는다.

■■■

◉ 참고 : 직교함수의 의미

벡타 사이의 곱하기에는 내적과 외적이 있었다. 내적이 0이면 두 벡타 사이의 각도는 90°가 되며, 외적이 0이면 두 벡타는 평행한 관계를 가진다. 즉 내적이나 외적이라는 것은 공간에서의 위치에 관한 정보를 가진 것이다. 그러나 직교함수는 두 개의 함수를 곱해서 정해진 구간에서 적분한 것이 0이라는 수학적 관계를 의미하는데, 여기에는 두 개의 함수 사이에 기하학적인 어떤 의미가 포함된 것이 아니라 단순히 적분 결과가 숫자적으로 0이 된다는 것만을 뜻한다.

앞의 예제를 보면 $\phi_1(x) = x$와 $\phi_2(x) = -x$는 구간 $[-10 \quad 10]$에서 기하학적으로는 90°의 관계를 갖지만 직교 함수는 되지 못하며, $\phi_1(x) = x$와 $\phi_2(x) = x^2$은 구간 $[-1 \quad 1]$에서 기하학적으로는 특별한 관계가 없지만 직교 함수의 관계를 갖는다. 그림 6-1과 그림 6-2에 이 관계를 보인다.

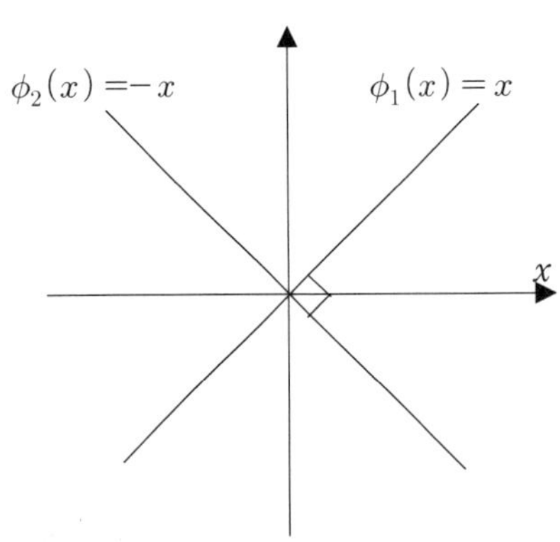

[그림 6-1] x와 $-x$

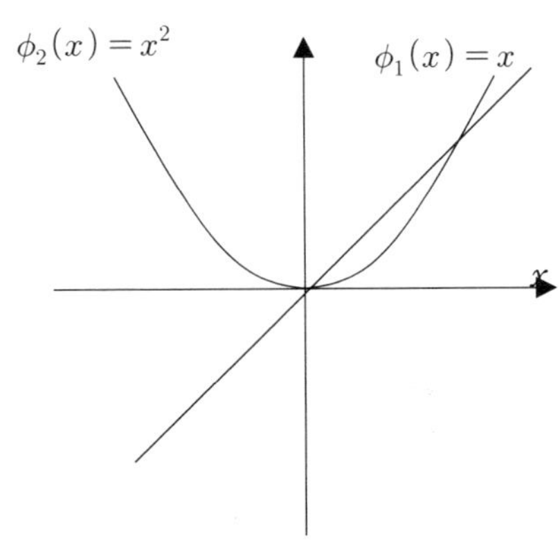

[그림 6-2] x와 x^2

6.1.3 직교 집합

임의의 함수 $f(x)$를

$$f(x) = \sum_{i=0}^{\infty} c_i \Phi_i(x) \tag{6-2}$$

로 표현하기 위해서는 많은 갯수의 $\phi_i(x)$가 필요하다. 따라서 서로 직교 함수의 관계를 갖는 $\phi_i(x)$, $i=0,1,2,\cdots$,를 모아둔 집합을 생각할 필요가 있다. 이 집합을 직교 집합(Orthogonal set)이라 하며 다음과 같이 정의된다.

정의 6-2 : 직교 집합

함수 $\phi_i(x)$, $i=0,1,2,\cdots$, 를 요소로 갖는 집합
$\{\phi_0(x),\ \phi_1(x),\ \ \phi_2(x),\cdots$
내의 모든 $\phi_i(x)$에 대해 구간 $[p\ q]$에서
$$\int_p^q \phi_m(x)\phi_n(x)dx = 0,\ \ m \neq n$$
를 만족하면, 이를 직교 집합이라고 한다.

예제 6.4

집합 $\{\cos x,\ \cos 2x, \cos 3x, \cdots$ 이 구간 $[-\pi\ \ \pi]$에서 직교 집합이 되는 지를 보이시오.

풀이

집합내에는 $\cos mx, m=1,2,\cdots,$만이 존재하므로

$$\int_{-\pi}^{\pi} \cos mx \cdot \cos nx\, dx = 0, m \neq n$$

가 성립하는 지를 확인해 보면 된다.

$$\int_{-\pi}^{\pi} \cos mx \cdot \cos nx\, dx$$

$$= \int_{-\pi}^{\pi} \frac{1}{2}\{\cos(m+n)x + \cos(m-n)x RIGHT dx$$

$m, n = 1, 2, \cdots,$ 이며 $m \neq n$이면 $m - n \neq 0$이고

$$\sin(m+n)\pi = \sin(m+n)(-\pi) = \sin(m-n)(\pi) = \sin(m-n)(-\pi) = 0$$

이므로

$$\int_{-\pi}^{\pi} \cos mx \cdot \cos nx \, dx = 0$$

이 성립한다. 따라서 주어진 집합은 직교 집합이 된다.

■■■

예제 6.5

집합 $\{\sin x, \sin 2x, \sin 3x, \cdots$ 이 구간 $[-\pi \quad \pi]$에서 직교 집합이 되는 지를 보이시오.

풀이

집합내에는 $\sin nx, n = 1, 2, \cdots,$만이 존재한다. 따라서 다음 관계가 성립함을 보이면 된다.

$$\int_{-\pi}^{\pi} \sin nx \cdot \sin mx \, dx = 0, \quad m \neq n$$

그런데

$$\begin{aligned}
&\int_{-\pi}^{\pi} \sin nx \cdot \sin mx \, dx \\
&\quad = -\frac{1}{2} \int_{-\pi}^{\pi} [\cos(n+m)x - \cos(n-m)x] \, dx \\
&\quad = -\frac{1}{2} \left[\frac{\sin(n+m)x}{n+m} - \frac{\sin(n-m)x}{n-m} \right]_{-\pi}^{\pi}
\end{aligned}$$

이며,

$$\sin(n+m)\pi = \sin(n-m)\pi = \sin(n+m)(-\pi) = \sin(n-m)(-\pi) = 0$$

이므로

$$\int_{-\pi}^{\pi} \sin nx \cdot \sin mx \, dx = 0$$

이 된다. 따라서 주어진 집합은 직교 집합이다.

■■■

예제 6.6

집합 $\left\{1,\ \cos\frac{\pi}{Q}x, \cos\frac{2\pi}{Q}x, \cdots,\ \sin\frac{\pi}{Q}x,\ \sin\frac{2\pi}{Q}x,\ \cdots\right.$ 이 구간 $[-Q\quad Q]$에서 직교 집합이 되는 지를 보이시오.

풀이

집합내에는 상수, cosine 함수 및 sine 함수가 있다. 즉 세가지 종류의 함수가 있으므로 집합내에 있는 임의의 함수 두 개를 곱했을 때 다섯 가지 종류의 함수가 발생할 수 있다. 따라서 각 경우에 대해 직교 함수의 관계가 성립하는 지를 확인해야 한다.

① 1과 $\cos\frac{n\pi}{Q}x,\ n=1,2,\cdots$

$$\begin{aligned}\int_{-Q}^{Q}1\cdot\cos\frac{n\pi}{Q}x\,dx &= \frac{Q}{n\pi}\left[\sin\frac{n\pi}{Q}x\right]_{-Q}^{Q}\\ &= \frac{Q}{n\pi}[\sin n\pi-\sin(-n\pi)]\\ &= \frac{2Q}{n\pi}\sin n\pi\\ &= 0\end{aligned}$$

② 1과 $\sin\frac{n\pi}{Q}x,\ n=1,2,\cdots$

$$\begin{aligned}\int_{-Q}^{Q}1\cdot\sin\frac{n\pi}{Q}x\,dx &= \frac{Q}{n\pi}\left[-\cos\frac{n\pi}{Q}x\right]_{-Q}^{Q}\\ &= \frac{Q}{n\pi}[-\cos n\pi+\cos(-n\pi)]\\ &= 0\end{aligned}$$

③ $\cos\frac{m\pi}{Q}x$ 와 $\sin\frac{n\pi}{Q}x,\ m,n=1,2,\cdots$

$$\begin{aligned}&\int_{-Q}^{Q}\cos\frac{m\pi}{Q}x\cdot\sin\frac{n\pi}{Q}x\,dx\\ &= \frac{1}{2}\int_{-Q}^{Q}\left\{\sin\frac{(m+n)\pi}{Q}x-\sin\frac{(m-n)\pi}{Q}x\right\}dx\\ &= \frac{1}{2}\left[-\frac{Q}{(m+n)\pi}\cos\frac{(m+n)\pi}{Q}x+\frac{Q}{(m-n)\pi}\cos\frac{(m-n)\pi}{Q}x\right]_{-Q}^{Q}\\ &= 0,\quad m\neq n\end{aligned}$$

④ $\cos\frac{n\pi}{Q}x$ 와 $\cos\frac{m\pi}{Q}x$, $m,n=1,2,\cdots$, 단 $n \neq m$일 때

앞의 예제 결과를 보면

$$\int_{-Q}^{Q} \cos\frac{n\pi}{Q}x \cdot \cos\frac{m\pi}{Q}x\, dx = 0$$

임을 알 수 있다.

⑤ $\sin\frac{n\pi}{Q}x$ 와 $\sin\frac{m\pi}{Q}x$, $m,n=1,2,\cdots$, 단 $n \neq m$일 때

앞의 예제에서 다음을 알 수 있다.

$$\int_{-Q}^{Q} \sin\frac{n\pi}{Q}x \cdot \sin\frac{m\pi}{Q}x\, dx = 0$$

따라서 주어진 집합은 구간 $[-Q \quad Q]$에서 직교 집합이 된다.

■■■

6.1.4 직교 함수들의 선형 결합을 이용한 임의 함수의 표현

함수 $\phi_i(x)$, $i=0,1,2,\cdots$, 를 모아둔 집합

$$\{\phi_0(x),\ \phi_1(x), \phi_2(x),\ \cdots$$

가 직교 집합이라고 할 때, 임의의 함수 $f(x)$를 구간 $[p \quad q]$에서

$$f(x) = c_0\phi_0(x) + c_1\phi_1(x) + \cdots + c_n\phi_n(x) + \cdots \tag{6-3}$$

와 같이 $\phi_i(x)$의 선형 결합으로 표현하려면, 등식을 만족하도록 c_i, $i=0,1,2,\cdots$,를 구하면 된다. 이제 c_i를 찾는 방법을 알아 보자.

앞에서 직교 집합은 집합내의 모든 함수들에 대해 구간 $[p \quad q]$에서

$$\int_p^q \phi_m(x)\phi_n(x)\, dx = 0, \quad m \neq n \tag{6-4}$$

의 관계를 만족한다고 했다. 따라서 $f(x)$를 $\phi_i(x)$의 선형 결합으로 표현한 식에서 $\phi_n(x)$의 계수 c_n을 구하고 싶다면 양 변에 $\phi_n(x)$을 곱하여 구간 $[p \quad q]$에서 적분을 하면, 직교 집합의 성질에 의해 $\sum_{i=0}^{\infty} c_i\phi_i(x)$에서 $\phi_n(x)$ 항을 제외한 나머지 모든 항들이 0이 되어 c_n을 찾을 수 있다. 즉

$$f(x) = \sum_{i=0}^{\infty} c_i \phi_i(x) \tag{6-5}$$

의 양변에 $\phi_n(x)$을 곱하고 구간 $[p \quad q]$에서 적분하면

$$\int_p^q f(x)\phi_n(x)\,dx$$
$$= \int_p^q c_0\phi_0(x)\phi_n(x)\,dx + \int_p^q c_1\phi_1(x)\phi_n(x)dx + \cdots + \int_p^q c_n\phi_n(x)\phi_n(x)dx + \cdots \tag{6-6}$$

을 얻는다. 그런데

$$\int_p^q \phi_m(x)\phi_n(x)\,dx = 0, \quad m \neq n \tag{6-7}$$

의 성질에 의해

$$\int_p^q f(x)\phi_n(x)\,dx = \int_p^q c_n\phi_n^2(x)\,dx \tag{6-8}$$

를 얻는다. 따라서 구하고자 하는 c_n은

$$c_n = \frac{\int_p^q f(x)\phi_n(x)\,dx}{\int_p^q \phi_n^2(x)\,dx} \tag{6-9}$$

로 표현된다. 즉 $f(x)$는 다음과 같이 바꾸어 쓸 수 있다.

$$f(x) = \sum_{n=0}^{\infty} \frac{\int_p^q f(x)\phi_n(x)\,dx}{\int_p^q \phi_n^2(x)\,dx}\phi_n(x) \tag{6-10}$$

6.2 Fourier 급수

6.2.1 왜 Fourier 급수인가?

임의의 함수를 직교 함수들의 선형 결합으로 표현할 때 가장 중요한 것은 적절

한 직교 집합의 선정이다. 직교 집합의 조건을 만족하는 집합에는 여러 가지가 있다. 임의의 함수를 표현하는데 사용할 직교 집합이 갖추어야 할 좋은 조건은 다음과 같다.

- 대상 함수에 포함된 모든 형태의 정보를 표현할 수 있을 것
- c_n의 계산이 용이할 것
- c_n의 물리적 의미가 명백할 것

첫 번째 조건은 대상 함수에는 상수를 포함하는 함수도 있으므로 상수 및 기타 함수들을 다 표현할 수 있어야 함을 의미하고, 두 번째 조건은 c_n을 계산해야 직교 함수의 선형 결합으로 표현한 식이 완성되므로 c_n의 계산이 쉬운 형태가 되면 좋다는 뜻이다. 세 번째 조건은 c_n의 계산에 의해 임의의 함수를 직교 함수의 선형 결합으로 나타냈을 때 $\phi_n(x)$와 c_n, $n = 0, 1, 2, \cdots$, 을 관찰하면 주어진 함수에 포함된 정보 중 얻고자 하는 내용을 쉽게 이해할 수 있어야 한다는 의미이다. 이런 조건들을 잘 만족하는 대표적인 직교 집합이 상수, cosine 함수 및 sine 함수들로 구성된 것인데, 임의의 함수를 이 직교 집합내의 함수들로 표현한 것을 주어진 함수의 Fourier 급수라 한다.

6.2.2 Fourier 급수란?

상수, cosine 함수 및 sine 함수로 구성된 집합

$$\left\{1,\ \cos\frac{\pi}{Q}x,\ \cos\frac{2\pi}{Q}x, \cdots,\ \sin\frac{\pi}{Q}x,\ \sin\frac{2\pi}{Q}, \cdots\right.$$

이 직교 집합이 됨을 앞의 예제에서 보았다. 따라서 임의의 함수 $f(x)$를 구간 $[-Q \quad Q]$에서 이 직교 집합내에 있는 함수들의 선형 결합 형태로 표현할 수가 있다. 이를 Fourier 급수라 하고 다음과 같이 정의된다.

정의 6-3 : Fourier 급수

구간 $[-Q \quad Q]$에서 정의된 함수 $f(x)$를 직교 집합

$$\left\{1,\ \cos\frac{\pi}{Q}x,\ \cos\frac{2\pi}{Q}x, \cdots,\ \sin\frac{\pi}{Q}x,\ \sin\frac{2\pi}{Q}, \cdots\right.$$

내에 있는 요소들의 선형 결합으로

$$f(x) = \frac{a_0}{2}\cdot 1 + \sum_{n=1}^{\infty} a_n \cos\frac{n\pi}{Q}x + \sum_{n=1}^{\infty} b_n \sin\frac{n\pi}{Q}x$$

와 같이 표현한 식을 $f(x)$의 Fourier 급수라 한다.

6.2.3 Fourier 급수의 계산법

임의의 함수 $f(x)$를 $[-Q \quad Q]$에서 Fourier 급수로 표현하려면 a_0, a_n 및 b_n을 구해야 하는데, 이를 정리 6-1에 보인다.

정리 6-1 : Fourier 급수에서 $a_{0,} a_n$ 및 b_n의 계산

구간 $[-Q \quad Q]$에서 임의의 함수 $f(x)$를

$$f(x) = \frac{a_0}{2}\cdot 1 + \sum_{n=1}^{\infty} a_n \cos\frac{n\pi}{Q}x + \sum_{n=1}^{\infty} b_n \sin\frac{n\pi}{Q}x$$

로 표현했을 때, $a_{0,} a_n$ 및 b_n 은

$$a_0 = \frac{1}{Q}\int_{-Q}^{Q} f(x)\,dx$$

$$a_n = \frac{1}{Q}\int_{-Q}^{Q} f(x)\cos\frac{n\pi}{Q}x\,dx$$

$$b_n = \frac{1}{Q}\int_{-Q}^{Q} f(x)\sin\frac{n\pi}{Q}x\,dx$$

와 같다.

증명

$a_{0,} a_n$ 및 b_n을 각각 유도하여 증명한다.

① a_0의 유도

$f(x)$의 급수 전개식에 대해 양변을 각각 구간 $[-Q \quad Q]$에서 적분하면 다음 식을 얻는다.

$$\int_{-Q}^{Q} f(x)\,dx$$

$$= \int_{-Q}^{Q} \frac{a_0}{2} \cdot 1dx + \sum_{n=1}^{\infty} a_n \int_{-Q}^{Q} 1 \cdot \cos\frac{n\pi}{Q}x\,dx + \sum_{n=1}^{\infty} b_n \int_{-Q}^{Q} 1 \cdot \sin\frac{n\pi}{Q}xdx \quad (6\text{-}11)$$

직교 함수의 성질에 의해

$$\int_{-Q}^{Q} 1 \cdot \cos\frac{n\pi}{Q}x\,dx = 0,\ n = 1,2,\cdots \quad (6\text{-}12)$$

$$\int_{-Q}^{Q} 1 \cdot \sin\frac{n\pi}{Q}x\,dx = 0,\ n = 1,2,\cdots \quad (6\text{-}13)$$

이므로,

$$\int_{-Q}^{Q} f(x)\,dx = \int_{-Q}^{Q} \frac{a_0}{2}\,dx = Qa_0 \quad (6\text{-}14)$$

가 된다. 따라서 a_0는 다음과 같다.

$$a_0 = \frac{1}{Q}\int_{-Q}^{Q} f(x)\,dx \quad (6\text{-}15)$$

② a_n의 유도

$f(x)$의 급수 전개식에 대해 양변에 $\cos\frac{m\pi}{Q}x$ 를 곱하고, 양변을 각각 구간 $[-Q\quad Q]$에서 적분하면 다음과 같다.

$$\int_{-Q}^{Q} f(x)\cos\frac{m\pi}{Q}x\,dx = \frac{a_0}{2}\int_{-Q}^{Q} 1 \cdot \cos\frac{m\pi}{Q}x\,dx \quad (6\text{-}16)$$

$$+ \sum_{n=1}^{\infty} a_n \int_{-Q}^{Q} \cos\frac{n\pi}{Q}x \cdot \cos\frac{m\pi}{Q}x\,dx$$

$$+ \sum_{n=1}^{\infty} b_n \int_{-Q}^{Q} \sin\frac{n\pi}{Q}x \cdot \cos\frac{m\pi}{Q}x\,dx$$

그런데 직교 함수의 성질에 따라 다음 식들이 성립한다.

$$\int_{-Q}^{Q} 1 \cdot \cos\frac{m\pi}{Q}x\,dx = 0 \quad (6\text{-}17)$$

$$\int_{-Q}^{Q} \sin\frac{n\pi}{Q}x \cdot \cos\frac{m\pi}{Q}x\,dx = 0 \quad (6\text{-}18)$$

$$\int_{-Q}^{Q} \cos\frac{n\pi}{Q}x \cdot \cos\frac{m\pi}{Q}x\,dx = 0, \quad m \neq n\text{일 때} \tag{6-19}$$

또한 $m = n$일 때

$$\int_{-Q}^{Q} \cos\frac{n\pi}{Q}x \cdot \cos\frac{n\pi}{Q}x\,dx = \int_{-Q}^{Q} \frac{1+\cos\frac{2n\pi}{Q}x}{2}\,dx \tag{6-20}$$

$$= Q$$

가 성립한다. 따라서 $m = n$일 때

$$\int_{-Q}^{Q} f(x)\cos\frac{n\pi}{Q}x\,dx = a_n Q \tag{6-21}$$

이므로,

$$a_n = \frac{1}{Q}\int_{-Q}^{Q} f(x)\cos\frac{n\pi}{Q}x\,dx \tag{6-22}$$

를 얻는다.

③ b_n의 유도

$f(x)$의 급수 전개식에 대해 양변에 $\sin\frac{m\pi}{Q}x$ 를 곱하고 양변을 각각 구간 $[-Q \quad Q]$에서 적분하면 다음과 같다.

$$\int_{-Q}^{Q} f(x)\sin\frac{m\pi}{Q}x\,dx = \frac{a_0}{2}\int_{-Q}^{Q} 1 \cdot \sin\frac{m\pi}{Q}x\,dx \tag{6-23}$$

$$+ \sum_{n=1}^{\infty} a_n \int_{-Q}^{Q} \cos\frac{n\pi}{Q}x \cdot \sin\frac{m\pi}{Q}x\,dx$$

$$+ \sum_{n=1}^{\infty} b_n \int_{-Q}^{Q} \sin\frac{n\pi}{Q}x \cdot \sin\frac{m\pi}{Q}x\,dx$$

앞에서와 동일하게 직교 함수의 성질에 따라 다음 관계를 얻는다.

$$\int_{-Q}^{Q} 1 \cdot \sin\frac{m\pi}{Q}x\,dx = 0 \tag{6-24}$$

$$\int_{-Q}^{Q} \cos\frac{n\pi}{Q}x \cdot \sin\frac{m\pi}{Q}x\,dx = 0 \tag{6-25}$$

$$\int_{-Q}^{Q} \sin\frac{n\pi}{Q}x \cdot \sin\frac{m\pi}{Q}x\,dx = 0, \quad m \neq n\text{일 때} \tag{6-26}$$

한편 $m = n$일 때

$$\int_{-Q}^{Q} \sin\frac{n\pi}{Q}x \cdot \sin\frac{n\pi}{Q}x\,dx \tag{6-27}$$

$$= \int_{-Q}^{Q} \frac{1-\cos\frac{2n\pi}{Q}x}{2}\,dx$$

$$= Q$$

이므로, $m = n$일 때

$$\int_{-Q}^{Q} f(x)\sin\frac{n\pi}{Q}x\,dx = b_n Q \tag{6-28}$$

가 성립하며,

$$b_n = \frac{1}{Q}\int_{-Q}^{Q} f(x)\sin\frac{n\pi}{Q}x\,dx \tag{6-29}$$

이다.

■■■

예제 6.7

$[-\pi \quad \pi]$에서 정의된 다음 함수 $f(x)$의 Fourier 급수를 구하시오.

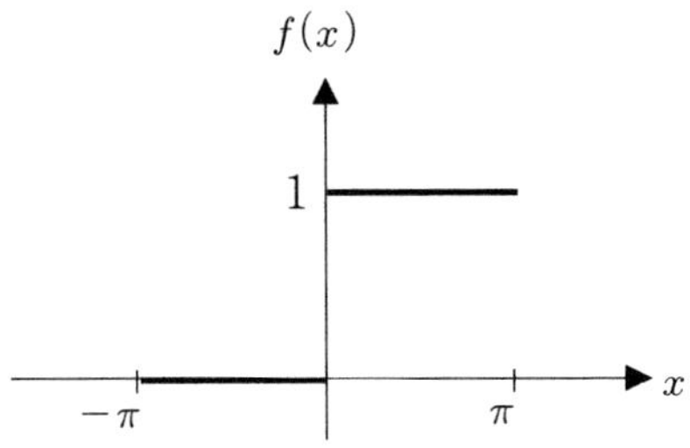

[그림 6-3] 함수 $f(x)$의 모양

풀이

Step 1 : a_0의 연산

$$a_0 = \frac{1}{Q}\int_{-Q}^{Q} f(x)\,dx$$
$$= \frac{1}{\pi}\left[\int_{-\pi}^{0} 0\,dx + \int_{0}^{\pi} 1\,dx\right]$$
$$= \frac{1}{\pi}\cdot x\Big|_0^{\pi}$$
$$= \frac{1}{\pi}(\pi - 0)$$
$$= 1$$

Step 2 : a_n의 연산

$$a_n = \frac{1}{Q}\int_{-Q}^{Q} f(x)\cos\frac{n\pi}{Q}x\,dx$$
$$= \frac{1}{\pi}\left[\int_{-\pi}^{0} 0\,dx + \int_{0}^{\pi} 1\cdot\cos\frac{n\pi}{\pi}x\,dx\right]$$
$$= \frac{1}{\pi}\cdot\frac{1}{n}\cdot\sin nx\Big|_0^{\pi}$$
$$= \frac{1}{n\pi}(\sin n\pi - 0)$$
$$= 0$$

Step 3 : b_n의 연산

$$b_n = \frac{1}{Q}\int_{-Q}^{Q} f(x)\sin\frac{n\pi}{Q}x\,dx$$
$$= \frac{1}{\pi}\left[\int_{-\pi}^{0} 0\,dx + \int_{0}^{\pi} 1\cdot\sin\frac{n\pi}{\pi}x\,dx\right]$$
$$= \frac{1}{\pi}\cdot\frac{-1}{n}\cos nx\Big|_0^{\pi}$$
$$= \frac{-1}{n\pi}(\cos n\pi - 1)$$
$$= \frac{1-(-1)^n}{n\pi}$$

따라서 $f(x)$의 Fourier 급수는 다음과 같다.

$$f(x) = \frac{a_0}{2} + \sum_{n=1}^{\infty} a_n\cos\frac{n\pi}{Q}x + \sum_{n=1}^{\infty} b_n\sin\frac{n\pi}{Q}x$$
$$= \frac{1}{2} + \sum_{n=1}^{\infty}\frac{1-(-1)^n}{n\pi} sinnx$$

■■■

참고 : $f(x)$에 대한 Fourier 급수의 의미

예제에서 주어진 함수의 Fourier 급수를

$$f(x)=\frac{1}{2}+\sum_{n=1}^{\infty}\frac{1-(-1)^n}{n\pi}sinnx \tag{6-30}$$

로 유도하였다. 이 급수의 의미를 알아보기 위해 $f(x)$의 Fourier 급수를 다음과 같이 풀어서 표현해 보자.

$$f(x)=\frac{1}{2}+\frac{2}{\pi}sinx+\left(\frac{1}{3}\right)\frac{2}{\pi}sin3x+\left(\frac{1}{5}\right)\frac{2}{\pi}sin5x+\cdots \tag{6-31}$$

전기 신호의 관점에서 보면 $f(x)$는 직류 성분이 $\frac{1}{2}$, 교류 성분 중에 기본파 성분의 최대값이 $\frac{2}{\pi}$, 3고조파 성분의 최대값이 $\left(\frac{1}{3}\right)\frac{2}{\pi}$ 등으로 구성되어 있으며, 기본파의 짝수배가 되는 성분은 존재하지 않는다. 이 결과를 그림으로 표현하면 상수항은 그림 6-4, $\sin x$ 항은 그림 6-5 및 $\sin 3x$ 항은 그림 6-6과 같다.

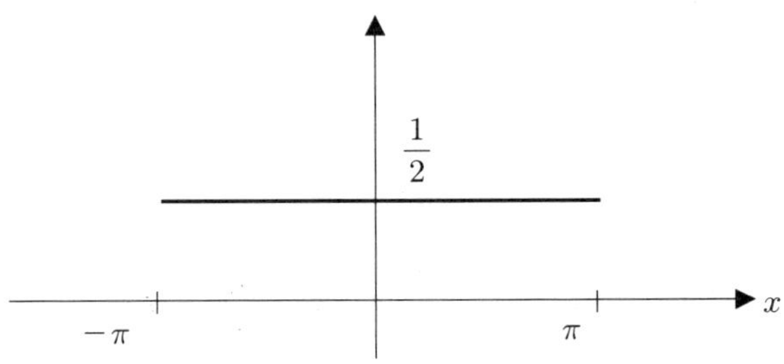

[그림] 6-4

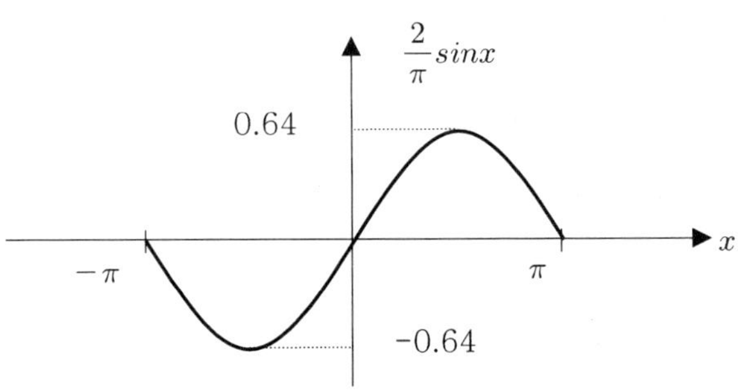

[그림] 6-5

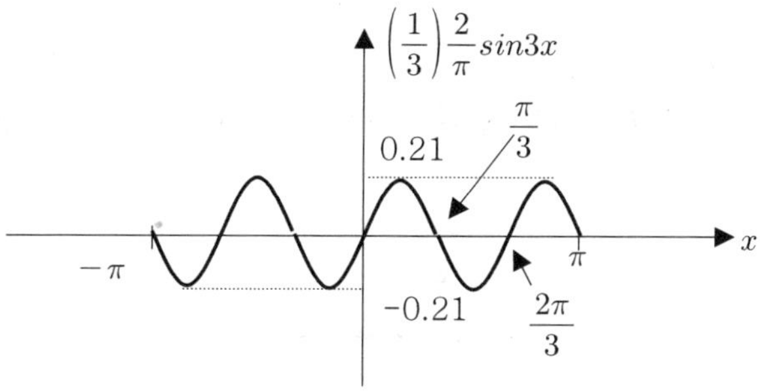

[그림] 6-6

그림 6-4와 그림 6-5를 더하면 그림 6-7과 같다.

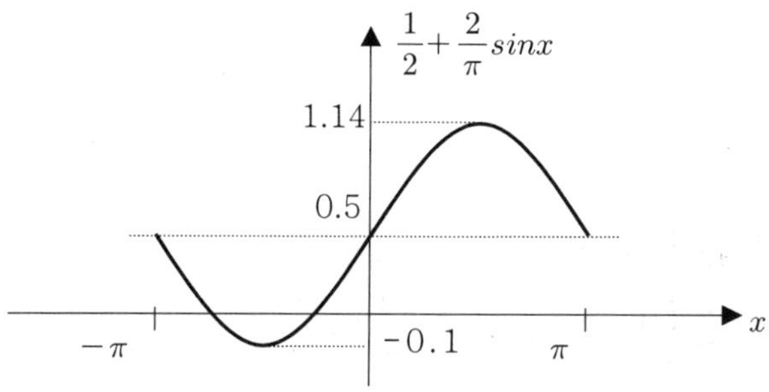

[그림] 6-7

다음에 여기에 3고조파항까지 더하면 그림 6-8와 같다.

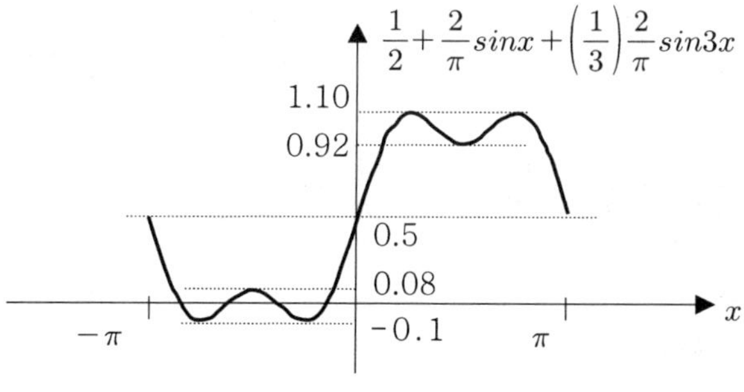

[그림] 6-8

즉 항의 개수가 증가될수록 Fourier 급수는 원 함수에 수렴해 감을 알 수 있다.

예제 6.8

$[-2\pi \quad 2\pi]$에서 정의된 다음 함수 $f(x)$의 Fourier 급수를 구하시오.

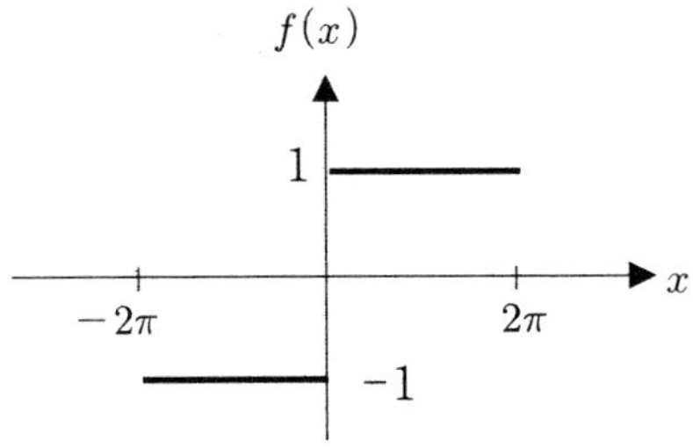

[그림 6-9] 함수 $f(x)$의 모양

풀이

Step 1 : a_0의 연산

$$\begin{aligned} a_0 &= \frac{1}{Q}\int_{-Q}^{Q} f(x)\,dx \\ &= \frac{1}{2\pi}\left[\int_{-2\pi}^{0}(-1)\,dx + \int_{0}^{2\pi} 1\,dx\right] \\ &= 0 \end{aligned}$$

Step 2 : a_n의 연산

$$\begin{aligned} a_n &= \frac{1}{Q}\int_{-Q}^{Q} f(x)\cos\frac{n\pi}{Q}x\,dx \\ &= \frac{1}{2\pi}\left[\int_{-2\pi}^{0}(-1)\cos\frac{nx}{2}\,dx + \int_{0}^{2\pi} 1\cdot\cos\frac{nx}{2}\,dx\right] \\ &= \frac{1}{2\pi}\left[-\frac{2}{n}sin\frac{nx}{2}\bigg|_{-2\pi}^{0} + \frac{2}{n}sin\frac{nx}{2}\bigg|_{0}^{2\pi}\right] \\ &= 0 \end{aligned}$$

Step 3 : b_n의 연산

$$\begin{aligned} b_n &= \frac{1}{Q}\int_{-Q}^{Q} f(x)\sin\frac{n\pi}{Q}x\,dx \\ &= \frac{1}{2\pi}\left[\int_{-2\pi}^{0}(-1)\sin\frac{nx}{2}\,dx + \int_{0}^{2\pi}1\cdot\sin\frac{nx}{2}\,dx\right] \\ &= \frac{1}{2\pi}\left[\frac{2}{n}\cos\frac{nx}{2}\Big|_{-2\pi}^{0} - \frac{2}{n}\cos\frac{nx}{2}\Big|_{0}^{2\pi}\right] \\ &= \frac{1}{2\pi}\left(\frac{2}{n}\right)[(1-\cos n\pi)-(\cos n\pi - 1)] \\ &= \frac{2}{n\pi}(1-(-1)^n) \end{aligned}$$

따라서 $f(x)$의 Fourier 급수는 다음과 같다.

$$f(x) = \sum_{n=1}^{\infty}\frac{2}{n\pi}(1-(-1)^n)\sin\frac{nx}{2}$$

■■■

예제 6.9

$[-\frac{\pi}{2}\quad \frac{\pi}{2}]$에서 정의된 다음 함수 $f(x)$의 Fourier 급수를 구하시오.

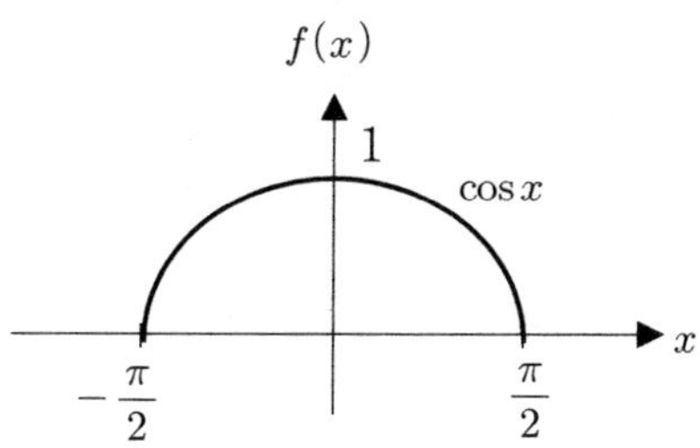

[그림 6-10] 함수 $f(x)$의 모양

풀이

Step 1 : a_0의 연산

$$a_0 = \frac{1}{Q}\int_{-Q}^{Q} f(x)\,dx$$

$$= \frac{2}{\pi}\int_{-\frac{\pi}{2}}^{\frac{\pi}{2}}\cos x\,dx$$

$$= \frac{2}{\pi} \cdot \sin x \Big|_{-\frac{\pi}{2}}^{\frac{\pi}{2}}$$

$$= \frac{4}{\pi}$$

Step 2 : a_n의 연산

$$a_n = \frac{1}{Q} \int_{-Q}^{Q} f(x) \cos \frac{n\pi}{Q} x \, dx$$

$$= \frac{2}{\pi} \int_{-\frac{\pi}{2}}^{\frac{\pi}{2}} \cos x \cdot \cos 2nx \, dx$$

$$= \frac{2}{\pi} \int_{-\frac{\pi}{2}}^{\frac{\pi}{2}} \frac{1}{2} \{ \cos(1+2n)x + \cos(1-2n)x \} \, dx$$

$$= \frac{1}{\pi} \left[\frac{\sin(1+2n)x}{1+2n} \Big|_{-\frac{\pi}{2}}^{\frac{\pi}{2}} + \frac{\sin(1-2n)x}{1-2n} \Big|_{-\frac{\pi}{2}}^{\frac{\pi}{2}} \right]$$

$$= \frac{1}{\pi} \left[\frac{1}{1+2n} \left\{ 2\sin\left(\frac{\pi}{2} + n\pi\right) \right\} + \frac{1}{1-2n} \left\{ 2\sin\left(\frac{\pi}{2} - n\pi\right) \right\} \right]$$

$$= \frac{2}{\pi} \left[\frac{\cos n\pi}{1+2n} + \frac{\cos n\pi}{1-2n} \right]$$

$$= \frac{4}{\pi} \cdot \frac{(-1)^n}{1-4n^2}$$

Step 3 : b_n의 연산

$$b_n = \frac{1}{Q} \int_{-Q}^{Q} f(x) \sin \frac{n\pi}{Q} x \, dx$$

$$= \frac{2}{\pi} \int_{-\frac{\pi}{2}}^{\frac{\pi}{2}} \cos x \cdot \sin 2nx \, dx$$

$$= \frac{2}{\pi} \int_{-\frac{\pi}{2}}^{\frac{\pi}{2}} \frac{1}{2} \{ \sin(1+2n)x - \sin(1-2n)x \} \, dx$$

$$= \frac{1}{\pi} \left[\frac{-\cos(1+2n)x}{1+2n} \Big|_{-\frac{\pi}{2}}^{\frac{\pi}{2}} - \frac{-\cos(1-2n)x}{1-2n} \Big|_{-\frac{\pi}{2}}^{\frac{\pi}{2}} \right]$$

$$= \frac{1}{\pi} \left[\frac{-1}{1+2n} \left\{ \cos\left(\frac{\pi}{2} + n\pi\right) - \cos\left(\frac{\pi}{2} + n\pi\right) \right\} \right.$$

$$\left. + \frac{1}{1-2n} \left\{ \cos\left(\frac{\pi}{2} - n\pi\right) - \cos\left(\frac{\pi}{2} - n\pi\right) \right\} \right]$$

$$= 0$$

따라서 $f(x)$의 Fourier 급수는 다음과 같다.

$$f(x) = \frac{2}{\pi} + \sum_{n=1}^{\infty} \frac{4}{\pi} \cdot \frac{(-1)^n}{1-4n^2} cos 2nx$$

■■■

예제 6.10

$[-\pi \quad \pi]$에서 정의된 다음 함수 $f(x)$의 Fourier 급수를 구하시오.

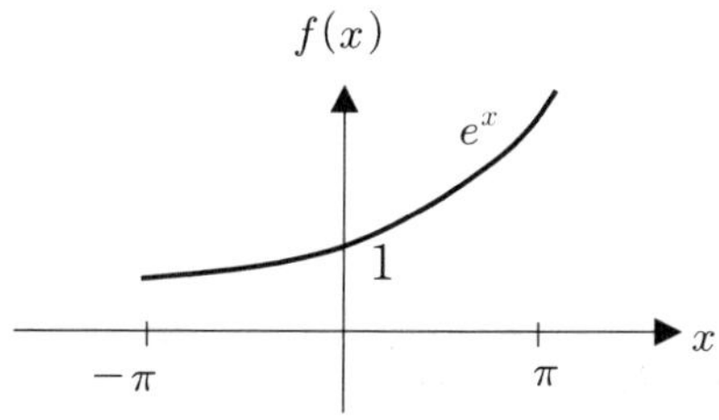

[그림 6-11] 함수 $f(x)$의 모양

풀이

Step 1 : a_0의 연산

$$a_0 = \frac{1}{Q}\int_{-Q}^{Q} f(x)\,dx$$

$$= \frac{1}{\pi}\int_{-\pi}^{\pi} e^x\,dx$$

$$= \frac{e^{\pi} - e^{-\pi}}{\pi}$$

Step 2 : a_n의 연산

$$a_n = \frac{1}{Q}\int_{-Q}^{Q} f(x)\cos\frac{n\pi}{Q}x\,dx$$

$$= \frac{1}{\pi}\int_{-\pi}^{\pi} e^x \cos nx\,dx$$

그런데 a_n에 관한 식에서 적분 안의 연산은 다음과 같다.

$$\int_{-\pi}^{\pi} e^{x}\cos nx\, dx$$

$$= e^{x}\cos nx|_{-\pi}^{\pi} - \int_{-\pi}^{\pi} e^{x}\cdot(-n\sin nx)\, dx$$

$$= e^{\pi}\cos n\pi - e^{-\pi}\cos n\pi + n\int_{-\pi}^{\pi} e^{x}\sin nx\, dx$$

$$= (-1)^{n}(e^{\pi} - e^{-\pi}) + n\left[e^{x}\sin nx\mathit{RIGHT}|_{-\pi}^{\pi} - \int_{-\pi}^{\pi} e^{x}\cdot(n\cos nx)dx\right]$$

$$= (-1)^{n}(e^{\pi} - e^{-\pi}) - n^{2}\int_{-\pi}^{\pi} e^{x}\cos nx\, dx$$

따라서

$$\int_{-\pi}^{\pi} e^{x}\cos nx\, dx = \frac{(e^{\pi} - e^{-\pi})(-1)^{n}}{1+n^{2}}$$

을 얻으므로, a_n은 다음과 같다.

$$a_n = \frac{1}{\pi}\cdot\frac{(e^{\pi} - e^{-\pi})(-1)^{n}}{1+n^{2}}$$

Step 3 : b_n의 연산

$$b_n = \frac{1}{Q}\int_{-Q}^{Q} f(x)\sin\frac{n\pi}{Q}x\, dx$$

$$= \frac{1}{\pi}\int_{-\pi}^{\pi} e^{x}\sin nx\, dx$$

a_n 에서와 마찬가지로 b_n 에 관한 식에서 적분 안의 연산은 다음과 같다.

$$\int_{-\pi}^{\pi} e^{x}\sin nx\, dx$$

$$= e^{x}\sin nx|_{-\pi}^{\pi} - \int_{-\pi}^{\pi} e^{x}\cdot(n\cos nx)\, dx$$

$$= -n\int_{-\pi}^{\pi} e^{x}\cos nx\, dx$$

$$= -n\left[e^{x}\cos nx|_{-\pi}^{\pi} - \int_{-\pi}^{\pi} e^{x}\cdot(-n\sin nx)\, dx\right]$$

$$= -n\left[e^{\pi}\cos n\pi - e^{-\pi}\cos n\pi + n\int_{-\pi}^{\pi} e^{x}\sin nx\, dx\right]$$

$$= -n(-1)^{n}(e^{\pi} - e^{-\pi}) - n^{2}\int_{-\pi}^{\pi} e^{x}\sin nx\, dx$$

그러므로

$$\int_{-\pi}^{\pi} e^x \sin nx \, dx = \frac{-n(-1)^n(e^{\pi}-e^{-\pi})}{1+n^2}$$

가 되며, b_n은 다음과 같다.

$$b_n = \frac{1}{\pi} \cdot \frac{n \cdot (-1)^{n+1}(e^{\pi}-e^{-\pi})}{1+n^2}$$

따라서 함수 $f(x)$의 Fourier 급수는 다음과 같다.

$$\begin{aligned} f(x) &= \frac{e^{\pi}-e^{-\pi}}{2\pi} + \sum_{n=1}^{\infty} \frac{1}{\pi} \cdot \frac{(e^{\pi}-e^{-\pi})(-1)^n}{1+n^2} \cos nx \\ &\quad + \sum_{n=1}^{\infty} \frac{1}{\pi} \cdot \frac{(e^{\pi}-e^{-\pi})n(-1)^{n+1}}{1+n^2} \sin nx \\ &= \frac{e^{\pi}-e^{-\pi}}{\pi}\left[\frac{1}{2} + \sum_{n=1}^{\infty} \frac{(-1)^n}{1+n^2}\cos nx + \sum_{n=1}^{\infty} \frac{n \cdot (-1)^{n+1}}{1+n^2} \sin nx\right] \end{aligned}$$

■■■

6.3 Fourier cosine 급수와 sine 급수

xy 좌표 평면에서 정의된 함수 $f(x)$가 y축 대칭인 우함수(Even function) 또는 원점 대칭인 기함수(Odd function)인 경우에는 다음의 성질이 성립한다.

$$\text{우함수의 경우 : } f(-x) = f(x) \tag{6-32}$$

$$\text{기함수의 경우 : } f(-x) = -f(x) \tag{6-33}$$

또한 우함수와 기함수의 곱에 대해서는 다음과 같은 특성이 있다.

$$(\text{우함수})(\text{우함수}) = \text{우함수} \tag{6-34}$$

$$(\text{우함수})(\text{기함수}) = \text{기함수} \tag{6-35}$$

$$(\text{기함수})(\text{기함수}) = \text{우함수} \tag{6-36}$$

그리고 구간 $[-Q \quad Q]$에서 함수를 적분할 때는

$$\int_{-Q}^{Q} (\text{우함수})\, dx = 2\int_{0}^{Q} (\text{우함수})\, dx \tag{6-37}$$

$$\int_{-Q}^{Q} (\text{기함수})\, dx = 0 \tag{6-38}$$

이 성립한다. 이 사실들을 상기하고 Fourier 급수에서 a_0, a_n 및 b_n을 자세히 관찰해 보자.

먼저 a_0는

$$a_0 = \frac{1}{Q}\int_{-Q}^{Q} f(x)\,dx \tag{6-39}$$

이므로 함수 $f(x)$를 구간 $[-Q\quad Q]$에서 적분한 것이다. 따라서 a_0는 다음과 같이 바꾸어 표현될 수 있다.

$$f(x) = \text{우함수인 경우} : a_0 = \frac{2}{Q}\int_{0}^{Q} f(x)\,dx \tag{6-40}$$

$$f(x) = \text{기함수인 경우} : a_0 = 0 \tag{6-41}$$

다음에 a_n은

$$a_n = \frac{1}{Q}\int_{-Q}^{Q} f(x)\cos\frac{n\pi}{Q}x\,dx = \frac{1}{Q}\int_{-Q}^{Q} f(x)\cdot(\text{우함수})\,dx \tag{6-42}$$

이다. 즉 cosine 함수는 y축 대칭인 우함수이므로 $f(x)\cos\frac{n\pi}{Q}x$는 $f(x)$가 우함수이면 우함수가 되고 $f(x)$가 기함수이면 기함수가 된다. 따라서 a_n은 다음과 같이 바꾸어 쓸 수 있다.

$$f(x) = \text{우함수인 경우}: a_n = \frac{2}{Q}\int_{0}^{Q} f(x)\cos\frac{n\pi}{Q}x\,dx \tag{6-43}$$

$$f(x) = \text{기함수인 경우}: a_n = 0 \tag{6-44}$$

마지막으로 b_n은

$$b_n = \frac{1}{Q}\int_{-Q}^{Q} f(x)\sin\frac{n\pi}{Q}x\,dx = \frac{1}{Q}\int_{-Q}^{Q} f(x)\cdot(\text{기함수})\,dx \tag{6-45}$$

이므로 기함수인 sine 함수의 성질에 의해 $f(x)\sin\frac{n\pi}{Q}x$는 $f(x)$가 우함수이면 기함수가 되고 $f(x)$가 기함수이면 우함수가 된다. 즉 b_n은

$$f(x) = \text{우함수인 경우}: b_n = 0 \tag{6-46}$$

$$f(x) = \text{기함수인 경우}: b_n = \frac{2}{Q}\int_{0}^{Q} f(x)\sin\frac{n\pi}{Q}x\,dx \tag{6-47}$$

와 같이 표현된다.

즉 $f(x)$가 우함수이면 a_0와 a_n만 존재하며, $f(x)$가 기함수이면 b_n만이 남게 된다. 따라서 주어진 함수가 우함수 또는 기함수인 경우에는 Fourier 급수를 보다 간략하게 표현할 수 있다. 이때 $f(x)$가 우함수인 경우의 Fourier 급수를 Fourier cosine 급수라 하며, $f(x)$가 기함수인 경우의 Fourier 급수를 Fourier sine 급수라고 부른다. 다음에 이 결과를 요약한다.

정의 6-3 : Fourier cosine 급수

구간 $[-Q \quad Q]$에서 정의된 함수 $f(x)$가 우함수인 경우

$$f(x) = \frac{a_0}{2} + \sum_{n=1}^{\infty} a_n \cos\frac{n\pi}{Q}x$$

를 $f(x)$의 Fourier cosine 급수라 하며, a_0 및 a_n은 다음과 같다.

$$a_0 = \frac{2}{Q}\int_0^Q f(x)\,dx$$

$$a_n = \frac{2}{Q}\int_0^Q f(x)\cos\frac{n\pi}{Q}x\,dx$$

정의 6-4 : Fourier sine 급수

구간 $[-Q \quad Q]$에서 정의된 함수 $f(x)$가 기함수인 경우

$$f(x) = \sum_{n=1}^{\infty} b_n \sin\frac{n\pi}{Q}x$$

를 $f(x)$의 Fourier sine 급수라 하며, b_n은 다음과 같다.

$$b_n = \frac{2}{Q}\int_0^Q f(x)\sin\frac{n\pi}{Q}x\,dx$$

예제 6.11

$[-1 \quad 1]$에서 정의된 다음 함수 $f(x)$의 Fourier 급수를 구하시오.

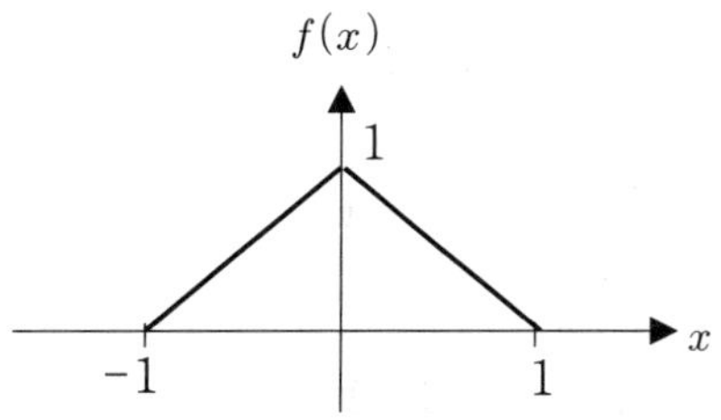

[그림 6-12] 함수 $f(x)$의 모양

풀이

주어진 함수 $f(x)$는 우함수이므로

$$b_n = 0$$

이다. 따라서 a_0와 a_n 만 계산하면 된다.

Step 1 : a_0의 연산

$$a_0 = \frac{2}{Q}\int_0^Q f(x)\,dx$$

$$= 2\int_0^1 (-x+1)\,dx$$

$$= 2\left[-\frac{x^2}{2}+x\right]_0^1$$

$$= 1$$

Step 2 : a_n의 연산

$$a_n = \frac{2}{Q}\int_0^Q f(x)\cos\frac{n\pi}{Q}x\,dx$$

$$= 2\int_0^1 (-x+1)\cos n\pi x\,dx$$

적분내의 연산은 다음과 같다.

$$\int_0^1 (-x+1)\cos n\pi x\,dx$$

$$= \frac{\sin n\pi x}{n\pi}\cdot(-x+1)\Big|_0^1 - \int_0^1 \frac{\sin n\pi x}{n\pi}\cdot(-1)\,dx$$

$$= \frac{1}{n\pi}\left[-\frac{\cos n\pi x}{n\pi}\right]_0^1$$

$$= -\frac{1}{(n\pi)^2}(\cos n\pi - 1)$$

$$= \frac{1}{(n\pi)^2}(1-(-1)^n)$$

따라서 a_n은

$$a_n = \frac{2}{(n\pi)^2}(1-(-1)^n)$$

와 같다.

그러므로 $f(x)$는 다음과 같다.

$$f(x) = \frac{a_0}{2} + \sum_{n=1}^{\infty} a_n \cos\frac{n\pi}{Q}x$$

$$= \frac{1}{2} + \sum_{n=1}^{\infty} \frac{2}{(n\pi)^2}(1-(-1)^n)\cos n\pi x$$

■■■

예제 6.12

$[-\pi \quad \pi]$에서 정의된 다음 함수 $f(x)$의 Fourier 급수를 구하시오.

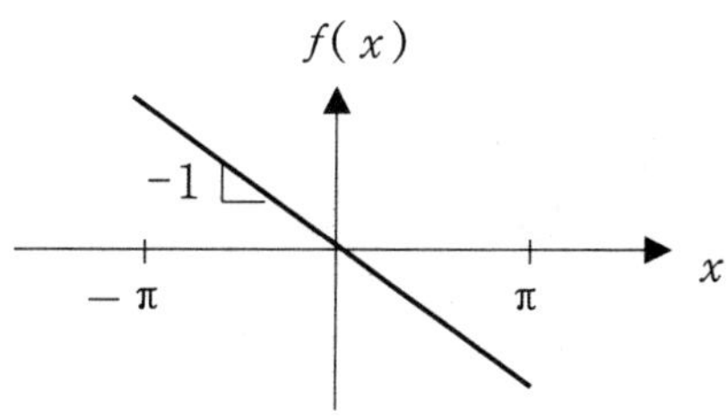

[그림 6-13] 함수 $f(x)$의 모양

풀이

$f(x) = -x$ 는 원점 대칭인 기함수이므로

$$a_0 = a_n = 0$$

임을 알 수 있다. 따라서 b_n 만 계산하면 된다.

$$b_n = \frac{2}{Q}\int_0^Q f(x)\sin\frac{n\pi}{Q}x\,dx$$

$$= \frac{2}{\pi}\int_0^{\pi}(-x)\sin nx\,dx$$

여기서 적분안의 연산은 다음과 같다.

$$\int_0^{\pi} x \sin nx\, dx$$

$$= -\frac{\cos nx}{n} \cdot x\Big|_0^{\pi} - \int_0^{\pi}\left(-\frac{\cos nx}{n}\right) \cdot 1\, dx$$

$$= -\frac{\pi}{n} cos n\pi + \frac{1}{n} \cdot \frac{\sin nx}{n}\Big|_0^{\pi}$$

$$= -\frac{\pi}{n}(-1)^n$$

그러므로

$$b_n = -\frac{2}{\pi}\left[-\frac{\pi}{n}(-1)^n\right]$$

$$= \frac{2}{n}(-1)^n$$

와 같다. 즉 $f(x)$의 Fourier 급수는 다음과 같다.

$$f(x) = \sum_{n=1}^{\infty} b_n \sin\frac{n\pi}{Q}x$$

$$= \sum_{n=1}^{\infty} \frac{2}{n}(-1)^n \sin nx$$

■■■

6.4 복소지수형(Complex exponential) Fourier 급수

Fourier 급수는 상수항, cosine항 및 sine항들로 구성되어 있는데, 오일러 정리를 이용하면 복소 지수의 형태로 표현할 수도 있다. 오일러 정리에 의하면

$$e^{i\theta} = \cos\theta + i\sin\theta \tag{6-48}$$

$$e^{-i\theta} = \cos\theta - i\sin\theta \tag{6-49}$$

이 성립하므로, 여기서

$$\cos\theta = \frac{e^{i\theta} + e^{-i\theta}}{2} \tag{6-50}$$

$$\sin\theta = \frac{e^{i\theta} - e^{-i\theta}}{2i} \tag{6-51}$$

의 관계를 얻는다. 따라서

$$\cos\frac{n\pi}{Q}x=\frac{e^{i\frac{n\pi}{Q}x}+e^{-i\frac{n\pi}{Q}x}}{2} \tag{6-52}$$

$$\sin\frac{n\pi}{Q}x=\frac{e^{i\frac{n\pi}{Q}x}-e^{-i\frac{n\pi}{Q}x}}{2i} \tag{6-53}$$

이므로, Fourier 급수는 다음과 같이 바꾸어 쓸 수 있다.

$$f(x)=\frac{a_0}{2}+\sum_{n=1}^{\infty}a_n\cos\frac{n\pi}{Q}x+\sum_{n=1}^{\infty}b_n\sin\frac{n\pi}{Q}x \tag{6-54}$$

$$=\frac{a_0}{2}+\sum_{n=1}^{\infty}\left(a_n\frac{e^{i\frac{n\pi}{Q}x}+e^{-i\frac{n\pi}{Q}x}}{2}+b_n\frac{e^{i\frac{n\pi}{Q}x}-e^{-i\frac{n\pi}{Q}x}}{2i}\right)$$

$$=\frac{a_0}{2}+\sum_{n=1}^{\infty}\left(\frac{a_n-ib_n}{2}e^{i\frac{n\pi}{Q}x}+\frac{a_n+ib_n}{2}e^{-i\frac{n\pi}{Q}x}\right)$$

여기서 c_0, c_1 및 c_2를 다음과 같이 약속해 보자.

$$c_0=\frac{a_0}{2} \tag{6-55}$$

$$c_1=\frac{a_n-ib_n}{2} \tag{6-56}$$

$$c_2=\frac{a_n+ib_n}{2} \tag{6-57}$$

그러면 $f(x)$는

$$f(x)=c_0+\sum_{n=1}^{\infty}\left(c_1e^{i\frac{n\pi}{Q}x}+c_2e^{-i\frac{n\pi}{Q}x}\right) \tag{6-58}$$

로 표현된다.

한편 a_0, a_n 및 b_n으로부터 c_0, c_1 및 c_2를 구할 수 있다. c_0, c_1 및 c_2의 계산과정과 결과를 다음에 보인다.

$$c_0=\frac{a_0}{2}=\frac{1}{2Q}\int_{-Q}^{Q}f(x)\,dx \tag{6-59}$$

$$c_1 = \frac{a_n - ib_n}{2} \tag{6-60}$$

$$= \frac{1}{2}\left[\frac{1}{Q}\int_{-Q}^{Q} f(x)\cos\frac{n\pi}{Q}x\,dx - i\frac{1}{Q}\int_{-Q}^{Q} f(x)\sin\frac{n\pi}{Q}x\,dx\right]$$

$$= \frac{1}{2Q}\int_{-Q}^{Q} f(x)\left[\cos\frac{n\pi}{Q}x - i\sin\frac{n\pi}{Q}x\right]dx$$

$$= \frac{1}{2Q}\int_{-Q}^{Q} f(x)e^{-i\frac{n\pi}{Q}x}\,dx$$

$$c_2 = \frac{a_n + ib_n}{2} \tag{6-61}$$

$$= \frac{1}{2}\left[\frac{1}{Q}\int_{-Q}^{Q} f(x)\cos\frac{n\pi}{Q}x\,dx + i\frac{1}{Q}\int_{-Q}^{Q} f(x)\sin\frac{n\pi}{Q}x\,dx\right]$$

$$= \frac{1}{2Q}\int_{-Q}^{Q} f(x)\left[\cos\frac{n\pi}{Q}x + i\sin\frac{n\pi}{Q}x\right]dx$$

$$= \frac{1}{2Q}\int_{-Q}^{Q} f(x)e^{i\frac{n\pi}{Q}x}\,dx$$

그런데 유도된 c_0, c_1 및 c_2를 관찰해 보면 a_0, a_n 및 b_n과는 다르게 c_0, c_1 및 c_2는 모두 같은 형태임을 알 수 있다. 즉 c_n을

$$c_n = \frac{1}{2Q}\int_{-Q}^{Q} f(x)e^{-i\frac{n\pi}{Q}x}\,dx \tag{6-62}$$

로 약속하면

$$n = 0 \text{ 인 경우 : } c_n = c_0 \tag{6-63}$$

$$n > 0 \text{ 인 경우 : } c_n = c_1 \tag{6-64}$$

$$n < 0 \text{ 인 경우 : } c_n = c_2 \tag{6-65}$$

가 된다. 따라서 $f(x)$는 다음과 같이 표현될 수 있다.

$$f(x) = c_0 + \sum_{n=1}^{\infty} \left(c_1 e^{i\frac{n\pi}{Q}x} + c_2 e^{-i\frac{n\pi}{Q}x} \right) \tag{6-66}$$

$$= c_n\big|_{n=0} + \sum_{n=1}^{\infty} c_n e^{i\frac{n\pi}{Q}x} + \sum_{n=-\infty}^{-1} c_n e^{-i\frac{(-n)\pi}{Q}x}$$

$$= \sum_{n=-\infty}^{\infty} c_n e^{i\frac{n\pi}{Q}x}$$

이 결과식을 $f(x)$의 복소 지수형 Fourier 급수라고 부른다.

정의 6-5 : 복소 지수형 Fourier 급수

구간 $[-Q \quad Q]$에서 정의된 함수 $f(x)$를

$$f(x) = \sum_{n=-\infty}^{\infty} c_n e^{i\frac{n\pi}{Q}x}$$

와 같이 표현한 것을 $f(x)$의 복소 지수형 Fourier 급수라 하며, 여기서

$$c_n = \frac{1}{2Q}\int_{-Q}^{Q} f(x) e^{-i\frac{n\pi}{Q}x}\, dx$$

이다.

예제 6.13

구간 $[-\frac{T}{2} \quad \frac{T}{2}]$에서 $f(x) = \sum_{k=-\infty}^{\infty} \delta(x - kT)$ 를 복소 지수형 Fourier 급수로 표현하시오. 여기서 T는 상수다.

풀이

구간 $[-\frac{T}{2} \quad \frac{T}{2}]$에 대해 생각하면

$$c_n = \frac{1}{2Q}\int_{-Q}^{Q} f(x)e^{-i\frac{n\pi}{Q}x}\,dx$$

$$= \frac{1}{2\left(\frac{T}{2}\right)}\int_{-\frac{T}{2}}^{\frac{T}{2}} \delta(x)e^{-i\frac{2n\pi}{T}x}\,dx$$

$$= \frac{1}{T}$$

따라서

$$f(x) = \sum_{n=-\infty}^{\infty} c_n e^{i\frac{n\pi}{Q}x}$$

$$= \sum_{n=-\infty}^{\infty} \frac{1}{T} e^{i\frac{2n\pi}{T}x}$$

■■■

예제 6.14

어떤 신호 함수 $x(t)$에 샘플링 함수 $\sum_{k=-\infty}^{\infty} \delta(t-kT)$를 곱하여 얻어진 신호를 $x^*(t)$라 하고, $x^*(t)$ 및 $x(t)$의 Laplace 변환을 각각 $X^*(s)$ 및 $X(s)$라고 할 때

① 복소지수형 Fourier 급수를 이용하여 $X^*(s)$와 $X(s)$의 관계를 유도하시오.

② $X^*(s)$와 $X(s)$의 관계식에 대한 의미를 설명하시오.

풀이

① $X^*(s)$와 $X(s)$의 관계식 :

먼저 $x^*(t)$는

$$x^*(t) = x(t)\sum_{k=-\infty}^{\infty} \delta(t-kT)$$

이며, $X^*(s)$는 Laplace 변환의 정의에 의해 다음과 같다.

$$X^*(s) = \int_{-\infty}^{\infty} x^*(t)e^{-st}\,dt$$

$$= \int_{-\infty}^{\infty} x(t)\sum_{k=-\infty}^{\infty} \delta(t-kT)e^{-st}\,dt$$

그런데 앞의 예제에서 복소 지수형 Fourier 급수를 이용하여

$$\sum_{k=-\infty}^{\infty} \delta(t-kT) = \sum_{n=-\infty}^{\infty} \frac{1}{T} e^{i\frac{2n\pi}{T}t}$$

로 표현되므로, $X^*(s)$는 다음과 같이 간략화 될 수 있다.

$$X^*(s) = \int_{-\infty}^{\infty} x(t) \left(\sum_{n=-\infty}^{\infty} \frac{1}{T} e^{i\frac{2n\pi}{T}t} \right) e^{-st}\, dt$$

$$= \frac{1}{T} \sum_{n=-\infty}^{\infty} \int_{-\infty}^{\infty} x(t) \cdot e^{-(s-\in\omega_s)t}\, dt$$

여기서 $2\pi/T$는 각속도를 의미하므로 ω_s로 바꾸어 표기하였다. 유도된 $X^*(s)$의 식에서 적분의 모양은 $x(t)$에 대한 Laplace 변환의 정의와 같은 형태임을 알 수 있다. 다만 복소 변수가 s에서 $s-in\omega_s$로 변경되어 있을 뿐이다. 즉 $x(t)$에 대한 Laplace 변환을 $X(s)$라고 약속했으므로

$$X(s-IN\omega_s) = \int_{-\infty}^{\infty} x(t) \cdot e^{-(s-in\omega_s)t}\, dt$$

가 성립한다. 따라서 $X^*(s)$는 다음과 같이 표현된다.

$$X^*(s) = \frac{1}{T} \sum_{n=-\infty}^{\infty} X(s-in\omega_s)$$

$$= \frac{1}{T} \sum_{n=-\infty}^{\infty} X(s+in\omega_s)$$

② $X^*(s)$와 $X(s)$의 관계식에 대한 의미 :

$X(s)$와 $X^*(s)$는 각각 $x(t)$ 및 $x^*(t)$의 주파수 스펙트럼에 대한 정보를 가지고 있다. $s=j\omega$를 대입하면 $X^*(j\omega)$와 $X(j\omega)$의 관계는 다음과 같다.

$$X^*(j\omega) = \frac{1}{T}[\cdots + X(j\omega - j\omega_s) + X(j\omega) + X(j\omega + j\omega_s) + \cdots]$$

즉 $X(j\omega)$는 샘플되기 전의 신호 함수에 대한 주파수 스펙트럼이므로, 샘플된 신호의 주파수 스펙트럼인 $X^*(j\omega)$는 모든 주파수 영역에서 존재하며 $X(j\omega)$와 같은 모양이 무한개가 존재함을 알 수 있다. 이 의미를 그림으로 보이면 $X(j\omega)$가 그림 6-14과 같다면, $X^*(j\omega)$는 그림 6-15과 같다.

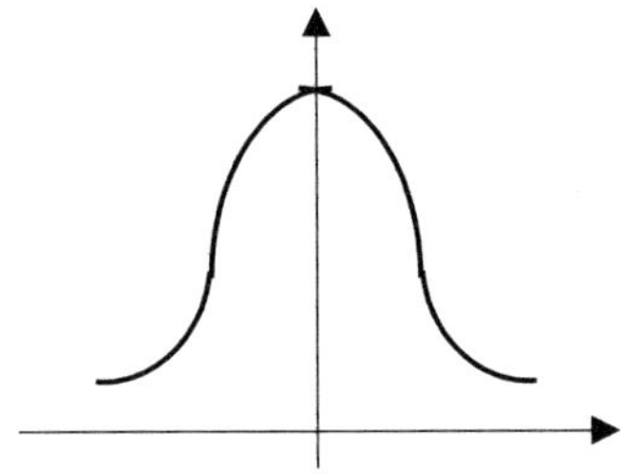

[그림 6-14] $X(j\omega)$

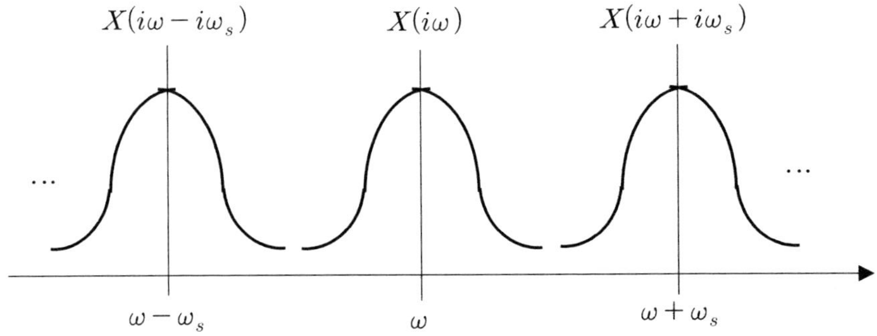

[그림 6-15] $X^*(j\omega)$

■■■

6.5 구간 확장

지금까지 함수 $f(x)$의 Fourier 급수를 구할 때 $f(x)$는 구간 $[-Q \quad Q]$에서 정의된 것으로 가정하였다. 그러나 실제 문제에서는 Fourier 급수로 표현하고자 하는 함수가 $[-Q \quad Q]$가 아닌 구간 $[0 \quad Q]$에 정의된 경우가 많다. 이때는 함수가 존재하는 구간을 확장하여 Fourier 급수의 정의와 부합되는 형태로 변형할 수 있는데, 이런 기법을 구간 확장(Range expansion) 또는 주기 확장이라고 부른다.

구간 확장의 기본 사상은 함수가 주어지지 않은 구간 $[-Q \quad 0]$에 함수가 존재하는 것으로 가정하여, 다룰 함수의 존재 구간을 $[-Q \quad Q]$로 변형한 다음 $[-Q \quad Q]$에서 정의된 함수의 Fourier 급수를 구한 후 그 결과에서 구간 $[0 \quad Q]$에 존재하는 부분만 추출하면 된다는 것이다.

따라서 구간 확장에는 구간 $[-Q \quad 0]$에 함수를 어떤 형태로 가정하느냐에 따라 여러 가지 방법을 생각할 수 있는데 다음에 몇 가지를 소개한다.

6.5.1 Cosine 급수형 확장

cosine 급수형 확장이란 함수가 존재하지 않는 구간 $[-Q \quad 0]$에 $[0 \quad Q]$에 주어진 $f(x)$와 우함수의 관계를 갖는 함수가 존재한다고 가정하는 방법이다. 그림 6-16에 이 방법의 사상을 보인다.

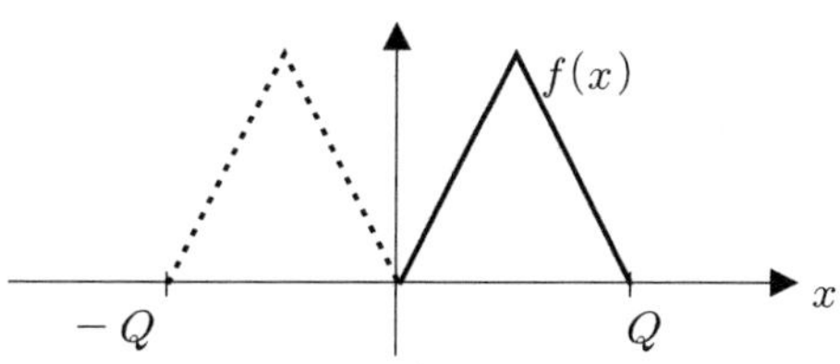

[그림 6-16] cosine 급수형 확장의 의미

이제 구간 $[-Q \quad Q]$에서 주어진 함수의 Fourier 급수를 구하면 되는데, 이렇게 가정된 함수는 y축 대칭인 우함수의 관계를 가지므로 Fourier cosine 급수로 표현된다. 즉 이 경우 $f(x)$의 Fourier 급수는 a_0와 a_n만 존재하며, $f(x)$의 cosine 급수형 확장은 다음과 같이 정의된다.

정의 6-6 : cosine 급수형 확장

구간 $[0 \quad Q]$에서 정의된 함수 $f(x)$의 cosine 급수형 확장은

$$f(x) = \frac{a_0}{2} + \sum_{n=1}^{\infty} a_n \cos \frac{n\pi}{Q} x$$

이며, 여기서

$$a_0 = \frac{2}{Q} \int_0^Q f(x)\, dx$$

$$a_n = \frac{2}{Q} \int_0^Q f(x) \cos \frac{n\pi}{Q} x\, dx$$

이다.

예제 6.15

그림 6-17에 보여진 $f(x)$의 Fourier 급수를 구하시요.

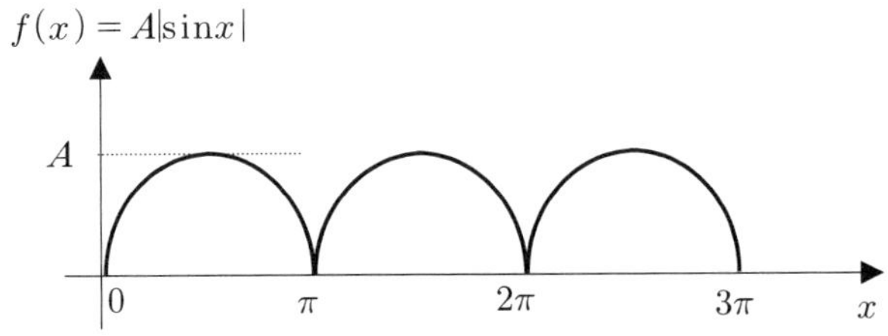

[그림 6-17] 전파 정류 파형

풀이

주어진 $f(x)$는 π를 주기로 반복되는 형태를 갖는 함수다. $[-\pi \ \ 0]$에 $f(x) = |\sin x|$를 가정하면, $[-\pi \ \ \pi]$에서 가정된 함수를 포함한 전체 함수는 다음 그림 6-18과 같다.

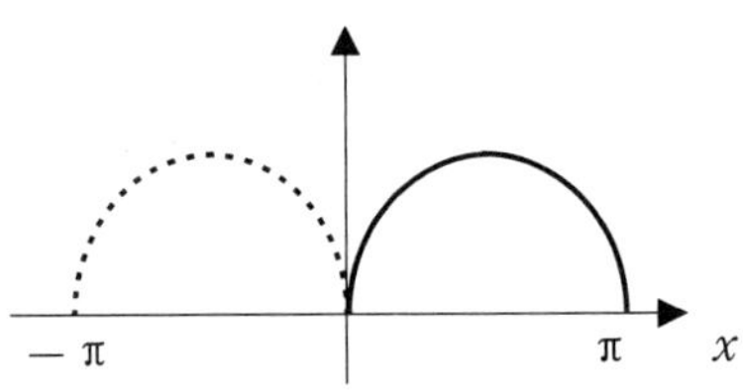

[그림 6-18] 구간 확장된 $f(x)$

확장된 함수는 y축 대칭인 우함수의 형태가 되므로 a_0와 a_n만 존재하며 다음과 같이 계산된다.

$$
\begin{aligned}
a_0 &= \frac{2}{Q}\int_0^Q f(x)\,dx \\
&= \frac{2}{\pi}\int_0^\pi A\sin x\,dx \\
&= \frac{2A}{\pi}[-\cos x]_0^\pi \\
&= \frac{4A}{\pi}
\end{aligned}
$$

$$a_n = \frac{2}{Q}\int_0^Q f(x)\cos\frac{n\pi}{Q}x\,dx$$

$$= \frac{2}{\pi}\int_0^\pi A\sin x \cdot \cos nx\,dx$$

$$= \frac{2A}{\pi}\int_0^\pi \frac{1}{2}[\sin(1+n)x + \sin(1-n)x]\,dx$$

$$= -\frac{A}{\pi}\left[\frac{\cos(1+n)x}{1+n} + \frac{\cos(1-n)x}{1-n}\right]_0^\pi$$

$$= \frac{2A}{\pi}\cdot\frac{1+(-1)^n}{1-n^2}, \quad n \neq 1$$

그런데 $n=1$ 일때는

$$a_1 = \frac{A}{\pi}\int_0^\pi \sin 2x\,dx = 0$$

즉 $a_1 = 0$ 이며, $1+(-1)^n$은 n이 홀수일때는 0이 되므로 a_n은 다음과 같이 바꾸어 쓸 수 있다.

$$a_n = \frac{4A}{\pi}\cdot\frac{1}{1-n^2}, \quad n = 2,4,6,\cdots$$

따라서 $f(x) = A|\sin x|$의 Fourier 급수는 다음과 같다.

$$f(x) = \frac{a_0}{2} + \sum_{n=1}^{\infty} a_n \cos\frac{n\pi}{Q}x$$

$$= \frac{2A}{\pi} + \sum_{n=2}^{\infty}\frac{4A}{\pi}\cdot\frac{1}{1-n^2}\cos nx, \quad n = 2,4,6,\cdots$$

또는 $n = 2,4,6,\cdots,$의 조건을 포함시키면

$$f(x) = \frac{2A}{\pi} + \sum_{n=2}^{\infty}\frac{2A}{\pi}\cdot\frac{1+(-1)^n}{1-n^2}\cos nx$$

로 표현할 수 있다.

■■■

예제 6.16

$[-\pi \quad \pi]$에서 $f(x) = A|\sin x|$의 Fourier 급수를 이용하여

$$\frac{1}{2} = \frac{1}{3} + \frac{1}{15} + \frac{1}{35} + \cdots$$

임을 증명하시오.

풀이

$f(x)$의 Fourier 급수는 다음과 같이 표현된다.

$$f(x)=\frac{2A}{\pi}+\sum_{n=2}^{\infty}\frac{2A}{\pi}\cdot\frac{1+(-1)^n}{1-n^2}cosnx$$

$$=\frac{2A}{\pi}-\frac{4A}{\pi}\left(\frac{1}{3}cos2x+\frac{1}{15}cos4x+\frac{1}{35}cos6x+\cdots\right)$$

그런데 $f(0)=A|\sin 0|=0$이므로,

$$f(0)=\frac{2A}{\pi}-\frac{4A}{\pi}\left(\frac{1}{3}+\frac{1}{15}+\frac{1}{35}+\cdots\right)=0$$

을 얻는다. 식을 정리하면

$$\frac{1}{2}=\frac{1}{3}+\frac{1}{15}+\frac{1}{35}+\cdots$$

이 성립한다.

■■■

예제 6.17

다음 편미분 방정식의 해 $v(x,y)$를 구하시오.

$$\frac{\partial^2 v(x,y)}{\partial x^2}+\frac{\partial^2 v(x,y)}{\partial y^2}=0,\quad 0<x<M,\quad 0<y<L$$

$$\left.\frac{\partial v}{\partial x}\right|_{x=0}=\left.\frac{\partial v}{\partial x}\right|_{x=M}=0$$

$$v(x,0)=0,\qquad v(x,L)=g(x)$$

풀이

Step 1 : $v(x,y)$의 가정

$v(x,y)$가 x만의 함수인 $X(x)$와 y만의 함수인 $Y(y)$의 곱 형태인

$$v(x,y)=X(x)Y(y)$$

로 표현된다고 가정하여 본다.

Step 2 : 상미분 방정식으로의 변환

가정된 $v(x,y)$를 문제에서 주어진 편미분 방정식에 대입하면 다음 관계식들을 얻는다.

$$\frac{\partial^2 v}{\partial x^2} = \frac{\partial^2}{\partial x^2}(X(x)Y(y)) = X''(x)Y(y)$$

$$\frac{\partial^2 v}{\partial y^2} = \frac{\partial^2}{\partial y^2}(X(x)Y(y)) = X(x)Y(y)''$$

이 성립하므로

$$X''(x)Y(y) + X(x)Y''(y) = 0$$

즉

$$\frac{X''}{X} = -\frac{Y''}{Y}$$

이 된다. 그런데 윗식에서 좌변과 우변은 각각 x 및 y만의 함수가 되므로, 좌변과 우변이 모든 x와 y에 대해 항상 같으려면

$$\frac{X''}{X} = -\frac{Y''}{Y} \triangleq -\alpha^2$$

이 성립해야 한다. 여기서 α는 상수이다. 따라서 주어진 편미분 방정식은 다음과 같은 두 개의 상미분 방정식으로 바꾸어 표현될 수 있다.

$$X'' + \alpha^2 X = 0$$

$$Y'' - \alpha^2 Y = 0$$

Step 3 : $X(x)$와 $Y(y)$의 유도

Step 2 에서 구한 두 개의 상미분 방정식은 모두 한 개의 독립 변수를 갖는 선형 2차 상미분 방정식들이다. 따라서 각각의 상미분 방정식에 대한 해는 간단히 구해진다.

먼저 $X'' + \alpha^2 X = 0$의 해는

$$X(x) = c_1 \cos\alpha x + c_2 \sin\alpha x$$

로 표현되며, $Y'' - \alpha^2 Y = 0$의 해는

$$Y(y) = c_3 \cosh\alpha y + c_4 \sinh\alpha y$$

로 쓸 수 있다.

Step 4 : $X(x)$와 $Y(y)$를 이용한 $v(x, y)$의 표현

$v(x,y)$는 $X(x)$와 $Y(y)$의 곱이므로 다음과 같다.

$$v(x,y) = X(x)Y(y)$$

$$= (c_1 \cos\alpha x + c_2 \sin\alpha x)(c_3 \cosh\alpha y + c_4 \sinh\alpha y)$$

미지수를 구하기 위해 문제에서 주어진 조건들을 이용하면 다음을 얻는다.

① $\left.\frac{\partial v}{\partial x}\right|_{x=0} = 0$의 조건 :

$$\frac{\partial v}{\partial x} = X'(x)Y(y)$$

$$= (-c_1\alpha\sin\alpha x + c_2\alpha\cos\alpha x)Y(y)$$

이므로

$$\left.\frac{\partial v}{\partial x}\right|_{x=0} = X'(0)Y(y)$$

$$= (c_2\alpha)Y(y) = 0$$

즉 $c_2 = 0$을 얻는다.

② $\left.\frac{\partial v}{\partial x}\right|_{x=M} = 0$의 조건 :

$$\left.\frac{\partial v}{\partial x}\right|_{x=M} = (-c_1\alpha\sin\alpha M)Y(y) = 0$$

이므로

$$\alpha M = n\pi, \qquad n = 0, 1, 2, \cdots$$

가 성립하며

$$\alpha = \frac{n\pi}{M}$$

를 얻는다. 그런데 $n = 0$ 일때와 $n \neq 0$일때는 α의 값이 전혀 다른 형태가 되므로 각 경우에 대해 α를 분리하여 생각해 본다. 즉 만약 $n = 0$ 이면 $\alpha = 0$이 되며, 이때는 Step 2에서 유도된 두 개의 상미분 방정식의 구조가 다음과 같이 달라진다.

$$X'' = 0$$

$$Y'' = 0$$

즉 이 경우에 $X(x)$와 $Y(y)$는 Step 3에서 유도된 $X(x)$ 및 $Y(y)$와는 구조가 달라지므로 주어진 조건을 만족하는 $X(x)$와 $Y(y)$를 다시 구해야 한다.

$X'' = 0$ 및 $Y'' = 0$의 해들은

$$X(x) = c_1 + c_2 x$$

$$Y(y) = c_3 + c_4 y$$

로 표현된다. 그런데 초기 조건으로부터 다음을 얻는다.

㉠ $\left.\frac{\partial v}{\partial x}\right|_{x=0} = X'(0)Y(y)$

$$= c_2 Y(y) = 0$$

따라서 $X(x) = c_1$이 된다.

ㄴ $v(x,0) = X(x)Y(0)$

$$= X(x)c_3 = 0$$

즉 $c_3 = 0$이 성립한다. 그러므로 $Y(y) = c_4 y$가 된다. 따라서 $v(x,y)$는 다음과 같다.

$n=0$일 때

$$v(x,y) = c_1 \cdot c_4 y \triangleq c_0 y$$

$n \neq 0$일 때

$$v(x,y) = \left(c_1 \cos\frac{n\pi}{M}x\right)\left(c_3 \cosh\frac{n\pi}{M}y + c_4 \sinh\frac{n\pi}{M}y\right)$$

그런데 $n \neq 0$일 때 조건 $v(x,0) = 0$ 을 이용하면

$$v(x,0) = X(x)(c_3) = 0$$

으로부터 $c_3 = 0$을 얻으므로 $n \neq 0$일 때 $v(x,y)$는 다음과 같이 간략화된다.

$$v(x,y) = c_1 c_4 \cdot \sinh\frac{n\pi}{M}y \cos\frac{n\pi}{M}x$$

$$\triangleq c_n \cdot \sinh\frac{n\pi}{M}y \cos\frac{n\pi}{M}x$$

여기서 $v(x,y)$는 각 $n = 1, 2, \cdots,$ 대해 한 개씩 존재하므로 무한개가 된다. 그러므로 $n=0$일때와 $n \neq 0$일 때를 종합하면 주어진 편미분 방정식을 만족하는 해 $v(x,y)$는 다음과 같이 모든 해의 선형 결합 형태로 표현된다.

$$v(x,y) = c_0 y + \sum_{n=1}^{\infty} c_n \cdot \sinh\frac{n\pi}{M}y \cos\frac{n\pi}{M}x$$

Step 5 : Fourier 급수를 이용한 c_0, c_n의 유도

문제에서 주어진 조건을 보면 $v(x,y)$에서 x의 존재 범위는 $0 < x < M$ 이다. 이제 c_0와 c_n을 구하기 위해 남은 하나의 조건 $v(x,L) = g(x)$를 사용하면 다음을 얻는다.

$$v(x,L) = g(x) = c_0 L + \sum_{n=1}^{\infty} c_n \cdot \sinh\frac{n\pi}{M}L \cos\frac{n\pi}{M}x$$

이 식을 자세히 관찰해 보면 $0 < x < M$ 에서 $g(x)$에 대해 cosine 급수형 확장으로 Fourier 급수를 구한 것임을 알 수 있다. 따라서 c_0와 c_n은 다음과 같이 구해진다.

$$c_0 L = \frac{1}{2} \cdot \frac{2}{M} \int_0^M g(x)\,dx$$

$$c_n \cdot \sinh\frac{n\pi}{M}L = \frac{2}{M}\int_0^M g(x)\cos\frac{n\pi}{M}x\,dx$$

따라서

$$c_0 = \frac{1}{ML}\int_0^M g(x)\,dx$$

$$c_n = \frac{2}{M\sinh\frac{n\pi}{M}L}\int_0^M g(x)\cos\frac{n\pi}{M}x\,dx$$

를 얻는다. 그러므로 해 $v(x,y)$는 다음과 같다.

$$v(x,y) = c_0 y + \sum_{n=1}^{\infty} c_n \cdot \sinh\frac{n\pi}{M}y\,\cos\frac{n\pi}{M}x$$

$$= \left(\frac{1}{ML}\int_0^M g(x)\,dx\right)y$$

$$+ \sum_{n=1}^{\infty}\left(\frac{2}{M\sinh\frac{n\pi}{M}L}\int_0^M g(x)\cos\frac{n\pi}{M}x\,dx\right)\sinh\frac{n\pi}{M}y\,\cos\frac{n\pi}{M}x$$

■■■

6.5.2 Sine 급수형 확장

sine 급수형 확장은 함수가 존재하지 않는 구간 $[-Q \quad 0]$에 $[0 \quad Q]$에서 정의된 $f(x)$와 기함수의 관계를 갖는 함수가 존재한다고 가정하는 방법이며, 그림 6-19에 이 방법의 의미를 보인다.

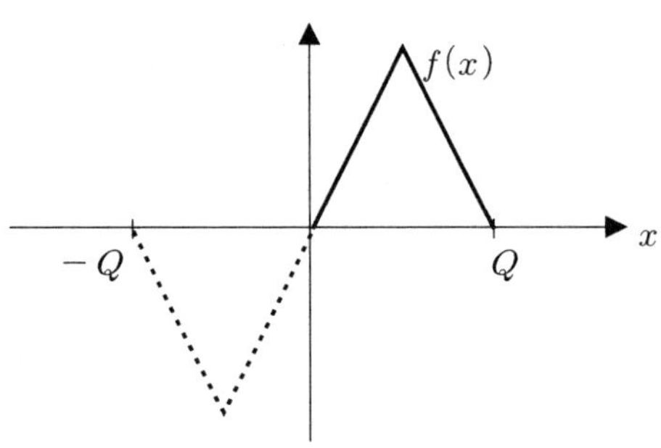

[그림 6-19] sine 급수형 확장의 의미

가정된 함수를 포함하면 $[-Q \quad Q]$에서 정의된 함수의 Fourier 급수를 구할 수 있으며, 이 함수는 $[-Q \quad Q]$에서 원점 대칭인 기함수의 관계가 있으므로 Fourier sine 급수로 표현된다. 따라서 이때 $f(x)$의 Fourier 급수는 b_n만이 존재한다. $f(x)$의 sine 급수형 확장을 다음과 같이 요약한다.

정의 6-7 : sine 급수형 확장

구간 $[0 \quad Q]$에서 정의된 함수 $f(x)$의 sine 급수형 확장은

$$f(x)=\sum_{n=1}^{\infty} b_n \sin\frac{n\pi}{Q}x$$

이며, 여기서

$$b_n=\frac{2}{Q}\int_0^Q f(x)\sin\frac{n\pi}{Q}x\,dx$$

이다.

예제 6.18

그림 6-20에 보여진 $f(x)$의 Fourier 급수를 구하시오.

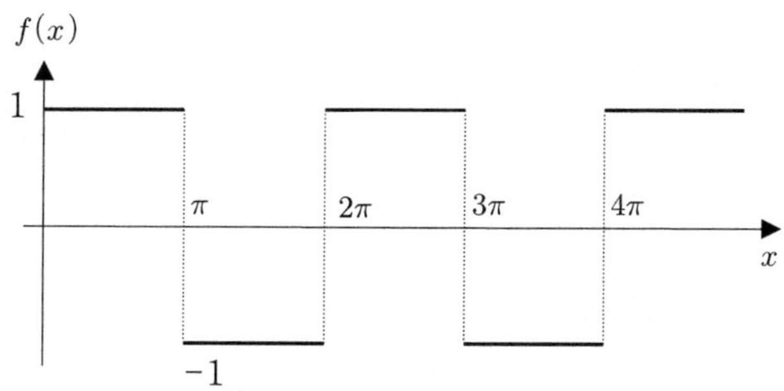

[그림 6-20] 직사각형 함수

풀이

주어진 함수는 2π를 주기로 반복되는 형태이다. 따라서 $[-2\pi \quad 0]$에 그림 6-21과 같이 함수를 가정하여 확장한다.

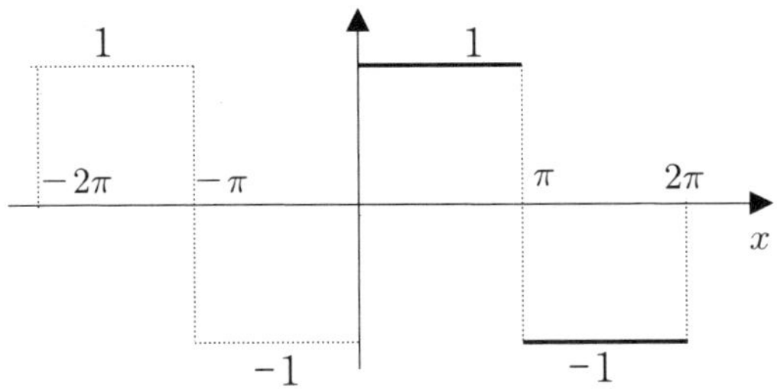

[그림 6-21] 구간 확장된 $f(x)$

그림 6-21을 보면 이런 경우에는 $f(x)$의 Fourier 급수를 구할 때 함수의 존재 구간을 선택할 수 있는 방법이 두 가지가 있음을 알 수 있다. 즉 첫 번째는 $[-2\pi \;\; 2\pi]$ 구간에 있는 두 개의 구형파가 계속 반복되는 함수로 보는 것이며, 두 번째는 $[-\pi \;\; \pi]$ 구간에 있는 한 개의 구형파가 반복되는 함수로 간주하는 것이다. 첫 번째 방법은 $[-2\pi \;\; 2\pi]$에서 두 개의 구형파를 Fourier 급수로 표현하는 것이며, 두 번째 방법은 $[-\pi \;\; \pi]$에서 한 개의 구형파를 Fourier 급수로 표현하는 것이다. 두 가지 방법의 결과들은 서로 다른 식으로 표현되지만, 실제 의미는 동일하다. 다음에 각 방법별로 $f(x)$의 Fourier 급수를 구해 본다.

방법 1

$[-2\pi \;\; 2\pi]$에 확장된 $f(x)$ 전체의 Fourier 급수는 확장된 함수가 원점 대칭인 기함수이므로 $a_0 = a_n = 0$이며, b_n만 존재한다. b_n은 다음과 같다.

$$
\begin{aligned}
b_n &= \frac{2}{Q}\int_0^Q f(x)\sin\frac{n\pi}{Q}x\,dx \\
&= \frac{2}{2\pi}\left[\int_0^{\pi} 1\cdot\sin\frac{n\pi}{2}\,dx + \int_{\pi}^{2\pi}(-1)\cdot\sin\frac{n\pi}{2}\,dx\right] \\
&= \frac{1}{\pi}\left[-\frac{2}{n}\cos\frac{nx}{2}\Big|_0^{\pi} + \frac{2}{n}\cos\frac{nx}{2}\Big|_{\pi}^{2\pi}\right] \\
&= \frac{2}{n\pi}\left(1+(-1)^n-2\cos\frac{n\pi}{2}\right)
\end{aligned}
$$

따라서 $f(x)$의 Fourier 급수는 다음과 같이 구해진다.

$$
\begin{aligned}
f(x) &= \sum_{n=1}^{\infty} b_n \sin\frac{n\pi}{Q}x \\
&= \sum_{n=1}^{\infty}\frac{2}{n\pi}\left(1+(-1)^n-2\cos\frac{n\pi}{2}\right)\sin\frac{n}{2}x
\end{aligned}
$$

방법 2

$[-\pi \quad \pi]$에 있는 함수의 Fourier 급수는 $[-\pi \quad \pi]$ 내의 함수가 원점 대칭인 기함수이므로 방법1과 마찬가지로 b_n만 구하면 되며, 다음과 같다.

$$b_n = \frac{2}{Q}\int_0^Q f(x)\sin\frac{n\pi}{Q}x\,dx$$

$$= \frac{2}{\pi}\int_0^\pi 1 \cdot \sin nx\,dx$$

$$= \frac{2}{\pi}\left[-\frac{\cos nx}{n}\right]_0^\pi$$

$$= \frac{2}{n\pi}(1-(-1)^n)$$

그러므로 $f(x)$의 Fourier 급수는

$$f(x) = \sum_{n=1}^{\infty} b_n \sin\frac{n\pi}{Q}x$$

$$= \sum_{n=1}^{\infty}\frac{2}{n\pi}(1-(-1)^n)\sin nx$$

로 표현된다.

■■■

예제 6.19

직사각형 함수 $f(x)$의 Fourier 급수를 이용하여

$\pi = 4\left(1-\frac{1}{3}+\frac{1}{5}-\frac{1}{7}+\cdots\right)$

로 표현됨을 보이시오.

풀이

$f(x)$의 Fourier 급수는 다음과 같다.

$$f(x) = \sum_{n=1}^{\infty}\frac{2}{n\pi}(1-(-1)^n)\sin nx$$

몇 개의 항을 계산하여 풀어 쓰면 $f(x)$는

$$f(x) = \frac{4}{\pi}\left(\sin x + \frac{1}{3}sin3x + \frac{1}{5}sin5x + \frac{1}{7}sin7x + \cdots\right)$$

로 표현된다. 그런데 $f(x)$의 그림으로부터

$$f\left(\frac{\pi}{2}\right)=1$$

임을 알 수 있다. $x=\dfrac{\pi}{2}$를 $f(x)$의 Fourier 급수에 대입하면 다음을 얻는다.

$$f(x)=\frac{4}{\pi}\left(\sin\frac{\pi}{2}+\frac{1}{3}sin\frac{3\pi}{2}+\frac{1}{5}sin\frac{5\pi}{2}+\frac{1}{7}sin\frac{7\pi}{2}+\cdots\right)$$
$$=\frac{4}{\pi}\left(1-\frac{1}{3}+\frac{1}{5}-\frac{1}{7}+\cdots\right)$$

따라서

$$\frac{4}{\pi}\left(1-\frac{1}{3}+\frac{1}{5}-\frac{1}{7}+\cdots\right)=1$$

이 성립하므로, 다음 관계를 알 수 있다.

$$\pi=4\left(1-\frac{1}{3}+\frac{1}{5}-\frac{1}{7}+\cdots\right)$$

■■■

예제 6.20

다음 편미분 방정식에 대해

$$\sigma\frac{\partial^2 v(x,t)}{\partial x^2}=\frac{\partial v(x,t)}{\partial t},\quad 0<x<M,\quad t>0$$

$v(0,t)=v(M,t)=0$

$v(x,0)=g(x)$

① $v(x,t)$를 구하시오.

② $g(x)=1$일 때 $v(x,t)$를 구하시오.

풀이

① $v(x,t)$:

Step 1 : $v(x,t)$ 의 가정

$v(x,\ t)$를 x 만의 함수인 $X(x)$와 t만의 함수인 $T(t)$의 곱 형태인

$$v(x,t)=X(x)T(t)$$

로 가정하여 본다.

Step 2 : 상미분 방정식으로의 변환

가정된 $v(x,t)$를 주어진 편미분 방정식에 대입하면 다음과 같다.

$$\frac{\partial^2 v}{\partial x^2} = \frac{\partial^2}{\partial x^2}(X(x)T(t))$$

$$= T(t)X''(x)$$

$$\frac{\partial v}{\partial t} = \frac{\partial}{\partial t}(X(t)T(t))$$

$$= X(x)T'(t)$$

이므로,

$$\sigma T(t)X''(x) = X(x)T'(t)$$

로부터

$$\frac{X''}{X} = \frac{T'}{\sigma T}$$

의 관계를 얻는다. 그런데 윗식에서 좌변은 x에만 관계된 함수이며 우변은 t에만 관계된 함수이므로, 좌변과 우변이 모든 x와 t에 대해 항상 같으려면 상수가 되어야 한다.

즉

$$\frac{X''}{X} = \frac{T'}{\sigma T} \triangleq -\alpha^2$$

의 형태가 되어야 하며, 여기서 α는 상수이다. 이 결과로부터 다음의 두 가지 관계식을 얻을 수 있다.

$$X'' + \alpha^2 X = 0$$

$$T' + \sigma\alpha^2 T = 0$$

Step 3 : $X(x)$와 $T(t)$의 유도

Step 2 에서 구한 $X'' + \alpha^2 X = 0$는 독립 변수가 x이며 종속 변수가 X인 선형 2차 상미분 방정식이고, $T' + \sigma\alpha^2 T = 0$은 독립 변수가 t 및 종속변수가 T인 선형 1차 상미분 방정식이다. 따라서 각 미분 방정식의 해는 다음과 같이 간단하게 구할 수 있다.

$$X(x) = a_1\cos\alpha x + a_2\sin\alpha x$$

$$T(t) = a_3 e^{-\sigma\alpha^2 t}$$

Step 4 : $X(x)$와 $T(t)$를 이용한 $v(x, t)$의 표현

이제 $v(x,t)$는 Step 3 에서 구한 $X(x)$와 $T(t)$의 곱으로 다음과 같이 표현된다.

$$v(x,t) = X(x)T(t)$$

$$= (a_1\cos\alpha x + a_2\sin\alpha x)(a_3e^{-\sigma\alpha^2 t})$$

미지수를 구하기 위해 주어진 조건을 대입하면

$$v(0,t) = X(0)T(t) = 0$$

$$v(M,t) = X(M)T(t) = 0$$

을 얻는다. 그런데 이 식들은 임의의 t에 대해서 성립해야 하므로

$$X(0) = X(M) = 0$$

의 관계로 바꾸어 쓸 수 있다. 먼저 $X(0) = 0$으로부터

$$X(0) = a_1 = 0$$

을 알 수 있으며, $X(M) = 0$으로부터

$$X(M) = a_2\sin\alpha M = 0$$

이므로,

$$\alpha M = n\pi, \qquad n = 1,2,3,\cdots$$

즉

$$\alpha = \frac{n\pi}{M}$$

를 얻는다.

따라서 $v(x,t)$는 다음과 같다.

$$v(x,t) = a_2\sin\frac{n\pi}{M}x \cdot a_3e^{-\sigma(\frac{n\pi}{M})^2 t}$$

$$\triangleq a_4e^{-\sigma(\frac{n\pi}{M})^2 t}\sin\frac{n\pi}{M}x$$

여기서 $a_4 \triangleq a_2a_3$ 이다. 그런데 $n = 1,2,3,\cdots$, 이므로 무한개의 $v(x,t)$가 존재한다. 이 사실을 고려하면 $v(x,t)$는 다음과 같이 쓰는 것이 일반적이다.

$$v(x,t) = \sum_{n=1}^{\infty} c_n e^{-\sigma(\frac{n\pi}{M})^2 t}\sin\frac{n\pi}{M}x$$

여기서 c_n은 각 n에서의 a_4를 의미한다.

Step 5 : Fourier 급수를 이용한 c_n의 유도

이제 c_n을 구하기 위해 주어진 조건 $v(x,0) = g(x)$를 사용하면 다음 관계를 얻는다.

$$v(x,0) = g(x) = \sum_{n=1}^{\infty} c_n\sin\frac{n\pi}{M}x, \qquad 0 < x < M$$

이 식을 잘 관찰해보면 $[0 \quad M]$에 정의된 함수 $g(x)$에 대해 sine 급수형 확장으로 Fourier 급수를 구한 것임을 알 수 있다. 따라서 c_n은

$$c_n = \frac{2}{M}\int_0^M g(x)\sin\frac{n\pi}{M}x\,dx$$

로 표현된다.

그러므로 $v(x,t)$는 다음과 같다.

$$v(x,t) = \sum_{n=1}^{\infty}\frac{2}{M}\left(\int_0^M g(x)\sin\frac{n\pi}{M}x\,dx\right)e^{-\sigma(\frac{n\pi}{M})^2 t}\sin\frac{n\pi}{M}x$$

② $g(x)=1$일 때 $v(x,t)$:

$g(x)=1$이면

$$\int_0^M g(x)\sin\frac{n\pi}{M}x\,dx = \left[-\frac{M}{n\pi}cos\frac{n\pi}{M}x\right]_0^M$$

$$= \frac{M}{n\pi}(1-(-1)^n)$$

이 된다. 따라서 $v(x,t)$는 다음과 같다.

$$v(x,t) = \frac{2}{\pi}\sum_{n=1}^{\infty}\frac{1-(-1)^n}{n}e^{-\sigma(\frac{n\pi}{M})^2 t}\sin\frac{n\pi}{M}x$$

■■■

$a_2\sin\alpha M=0$에서 $\alpha M=n\pi$일 때 $n=0$인 경우?

풀이 과정의 Step 4에서

$$X(M) = a_2\sin\alpha M = 0 \tag{6-67}$$

을 만족하는 α를 구할 때

$$\alpha M = n\pi, \qquad n = 1, 2, 3, \cdots \tag{6-68}$$

으로 표현하였다. 즉 $n=0$인 경우는 등식이 성립하는데도 제외되었다. 그 이유는 다음과 같다. $n=0$이면 $\alpha=0$이 된다. 따라서

$$X'' = 0 \tag{6-69}$$

$$T' = 0 \tag{6-70}$$

으로부터

$$X(x) = c_1 + c_2 x$$

(6-71)

$$T(t) = c_3 \tag{6-72}$$

를 얻는다. 즉 $v(x, t)$는

$$v(x,t) = X(x)T(t) = (c_1 + c_2 x)c_3 \tag{6-73}$$

로 표현된다. 그런데 문제에 주어진 조건을 대입하면

$$v(0,t) = c_1 c_3 = 0 \tag{6-74}$$

$$v(M,t) = (c_1 + c_2 M)c_3 = 0 \tag{6-75}$$

이 성립해야 한다. 즉 $c_1 c_3 = c_2 c_3 = 0$을 얻는다. 그러면 $v(x,t) = 0$이 되므로 의미가 없어진다. 즉 $n = 0$인 경우에는 의미없는 해가 되기 때문에 $n = 0$은 제외해야 한다.

예제 6.21

다음의 RLC 직렬회로에서 물음에 답하시오.

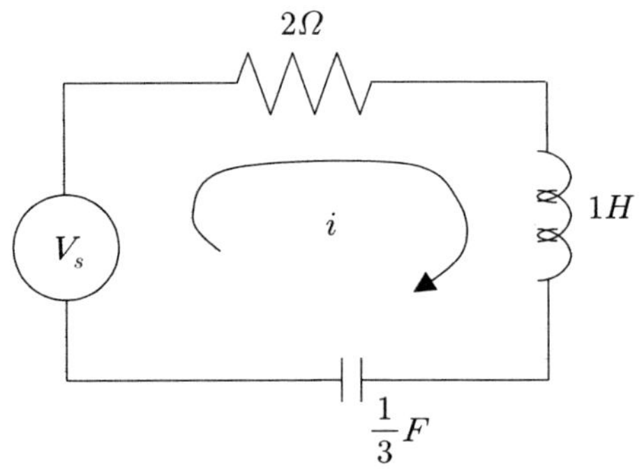

[그림 6-22] RLC 직렬 회로

① $v_s' \triangleq f(t)$가 다음 그림과 같을 때 $f(t)$의 Fourier 급수를 구하시오.

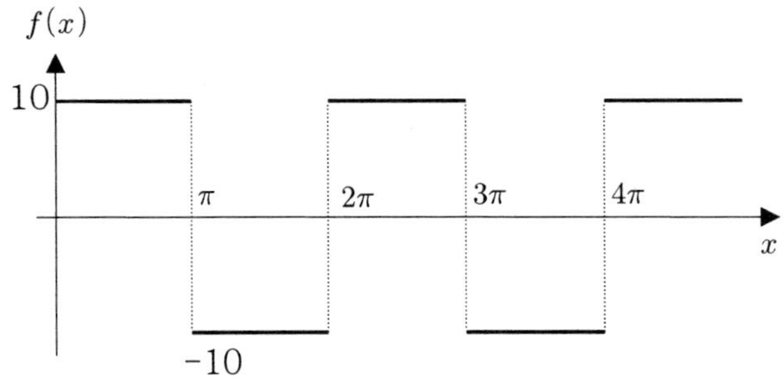

[그림 6-23] $f(t)$의 모양

② 정상 상태에서 회로 전류에 대한 식을 구하시오.
③ 정상 상태에서 회로에 흐르는 전류에는 무한개의 주파수 성분이 포함되어 있다. 그 중 기본파부터 시작하여 주파수가 증가되는 순서대로 5개 주파수 성분의 크기를 구하고, 가장 지배적인 주파수 성분이 무엇인 지를 찾으시오.

풀이

① $f(x)$의 Fourier 급수 :
앞의 sine 급수형 확장에서 다룬 예제의 결과를 이용하면, (방법 2)의 결과 식으로부터 다음 식을 얻을 수 있다.

$$f(t)=\sum_{n=1}^{\infty}\frac{20}{n\pi}(1-(-1)^n)\sin nt$$

$$=\frac{40}{\pi}\left(\sin t+\frac{1}{3}\sin 3t+\frac{1}{5}\sin 5t+\frac{1}{7}\sin 7t+\frac{1}{9}\sin 9t+\cdots\right)$$

② 정상 상태의 회로 전류 :
회로 방정식은 다음과 같다.

$$v_s = 2i+1\cdot\frac{di}{dt}+3\int i\,dt$$

따라서

$$\frac{d^2i}{dt^2}+2\frac{di}{dt}+3i=v_s{}'=f(t)$$

를 얻는다. 그런데 정상 상태에서의 i는 $f(t)$에 의해서만 결정되며, $f(t)$는

$$f(t)=\sum_{n=1}^{\infty}b_n\sin nt,\qquad b_n=\frac{20}{n\pi}(1-(-1)^n)$$

로 표현되므로 선형 2차 상미분 방정식으로 표현된 회로 방정식의 특별해는 미정 계수법으로 구해질 수 있다. 각 n에 대응하는 정상 상태의 회로 전류를 $i_n(t)$라 하면

$$i_n(t)=A_n\sin nt+B_n\cos nt$$

로 가정할 수 있으며, $i_n(t), n=1,2,3,\cdots,$가 동시에 인가되었을때의 전류를 $i_p(t)$라 하면 $i_p(t)$는 중첩의 원리에 의해

$$i_p(t)=\sum_{n=1}^{\infty}i_n(t)$$

로 표현된다.
가정된 $i_n(t)$에 대해 $i_n{}'(t)$와 $i_n{}''(t)$ 는 다음과 같다.

$$i_n'(t) = \quad A_n n\cos nt - B_n n \sin nt$$
$$i_n''(t) = -A_n n^2 \sin nt - B_n n^2 \cos nt$$

따라서

$$\frac{d^2 i}{dt^2} + 2\frac{di}{dt} + 3i$$
$$= -A_n n^2 \sin nt - B_n n^2 \cos nt - 2B_n n \sin nt + 2A_n n\cos nt + 3A_n \sin nt + 3B_n \cos nt$$
$$= (3A_n - 2B_n n - A_n n^2)\sin nt + (3B_n + 2A_n n - B_n n^2)\cos nt$$
$$= b_n \sin nt$$

이므로

$$(3-n^2)A_n - 2nB_n = b_n$$
$$2nA_n + (3-n^2)B_n = 0$$

을 얻는다. 그러므로 A_n과 B_n은 다음과 같다.

$$A_n = \frac{\begin{vmatrix} b_n & -2n \\ 0 & 3-n^2 \end{vmatrix}}{\begin{vmatrix} 3-n^2 & -2n \\ 2n & 3-n^2 \end{vmatrix}} = \frac{(3-n^2)b_n}{(3-n^2)^2 + (2n)^2}$$

$$B_n = \frac{\begin{vmatrix} 3-n^2 & b_n \\ 2n & 0 \end{vmatrix}}{\begin{vmatrix} 3-n^2 & -2n \\ 2n & 3-n^2 \end{vmatrix}} = \frac{-2nb_n}{(3-n^2)^2 + (2n)^2}$$

즉 가정된 $i_n(t)$는 다음과 같이 유도된다.

$$i_n(t)$$

$$= \frac{(3-n^2)b_n}{(3-n^2)^2+(2n)^2} sinnt + \frac{-2nb_n}{(3-n^2)^2+(2n)^2} cosnt$$

$$= \frac{b_n}{\sqrt{(3-n^2)^2+(2n)^2}}\left(\sin nt \cdot \frac{3-n^2}{\sqrt{(3-n^2)^2+(2n)^2}} + \cos nt \cdot \frac{-2n}{\sqrt{(3-n^2)^2+(2n)^2}}\right)$$

$$= \frac{b_n}{\sqrt{(3-n^2)^2+(2n)^2}} sin(nt-\theta)$$

여기서 $\theta = \tan^{-1}\dfrac{2n}{3-n^2}$ 이다.

그러므로 $i_p(t)$는

$$i_p(t) = \sum_{n=1}^{\infty} i_n(t)$$

$$= \sum_{n=1}^{\infty} \frac{b_n}{\sqrt{(3-n^2)^2+(2n)^2}} sin(nt-\theta)$$

③ 5개 주파수 성분의 크기 :

기본파부터 시작하여 5개 주파수 성분의 크기는 다음과 같다.

$n=1$ 일 때 : $|i_1(t)| = 4.5016$

$n=3$ 일 때 : $|i_3(t)| = 0.5002$

$n=5$ 일 때 : $|i_5(t)| = 0.1054$

$n=7$ 일 때 : $|i_7(t)| = 0.0378$

$n=9$ 일 때 : $|i_9(t)| = 0.0177$

즉 가장 지배적인 성분은 기본파 성분임을 알 수 있다.

■■■

6.5.3 일반형 확장

주어진 함수의 모양이 y축 또는 원점 대칭형이 아니어 cosine 급수형 또는 sine 급수형 확장으로 표현하기에 적절하지 못한 경우에는 함수가 존재하지 않는 구간 $[-Q \quad 0]$ 에 $[0 \quad Q]$에 존재하는 함수가 있다고 가정하고 구간 $[-Q \quad Q]$ 또는 더 간결하게 표현될 수 있는 적절한 구간 $[-Q' \quad Q']$에 주어진 함수에 대한 Fourier 급수를 구하는 방법이다. 예제를 통해 일반적 확장 방법의 의미를 알아 본다.

예제 6.22

그림 6-22은 $A\sin x$를 반파 정류한 파형을 의미한다. $f(x)$의 Fourier 급수를 구하시오.

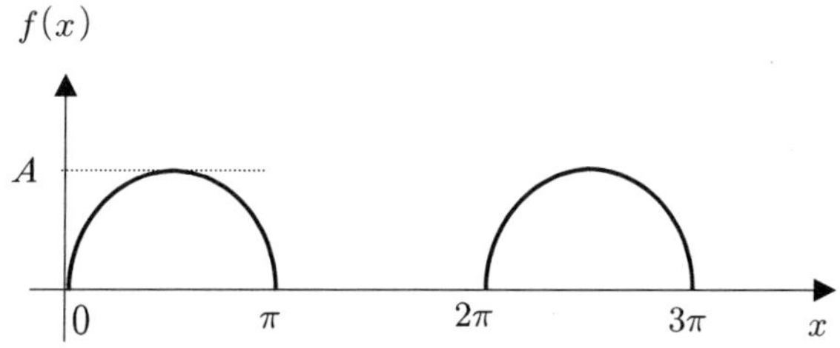

[그림 6-24] 반파 정류 파형

풀이

$f(x)$는 주기가 2π인데 반 주기 동안에만 함수가 존재한다. $[-2\pi \quad 0]$에 $[0 \quad 2\pi]$에 존재하는 함수와 같은 함수를 가정하면 $[-2\pi \quad 2\pi]$에서 $f(x)$는 그림 6-25과 같다.

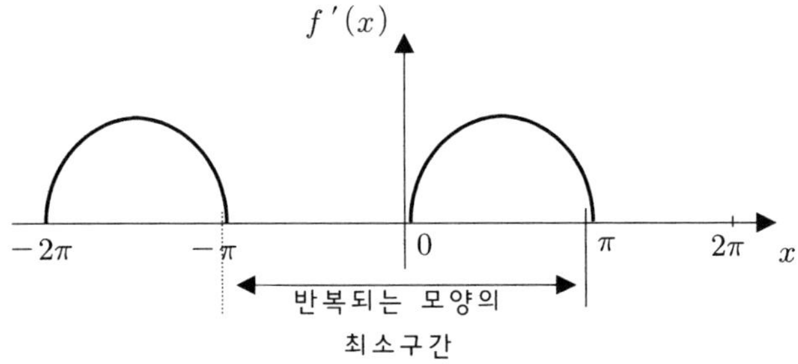

[그림 6-25] 구간 확장된 $f(x)$

이제 $[-2\pi \quad 2\pi]$에 존재하는 확장된 함수에 대해 Fourier 급수를 구하면 되지만, 그림 6-25를 잘 관찰하여 보면 계산을 간략하게 할 수 있음을 알 수 있다.

즉 주어진 함수는 구간 확장된 함수에서 $[-\pi \quad \pi]$에 존재하는 모양이 반복되는 것이라고 볼 수 있다. 따라서 구간 확장된 $f(x)$에서 $[-\pi \quad \pi]$에 존재하는 함수에 대한 Fourier 급수를 구하면 문제에서 주어진 함수에 대한 Fourier 급수가 된다. 그런데 이 경우에는 $[-\pi \quad \pi]$에 주어진 함수가 우함수도 아니며 기함수도 아니므로 a_0, a_n 및 b_n을 모두 계산해야 된다. 먼저 a_0는 다음과 같다.

$$
\begin{aligned}
a_0 &= \frac{1}{Q}\int_{-Q}^{Q} f'(x)\,dx \\
&= \frac{1}{\pi}\left[\int_{-\pi}^{0} 0\,dx + \int_{0}^{\pi} A\sin x\,dx\right] \\
&= \frac{A}{\pi}[-\cos x]_0^{\pi} \\
&= \frac{2A}{\pi}
\end{aligned}
$$

다음에 a_n을 구한다.

$$a_n = \frac{1}{Q}\int_{-Q}^{Q} f'(x)\cos\frac{n\pi}{Q}x\,dx$$

$$= \frac{1}{\pi}\left[\int_{-\pi}^{0} 0\,dx + \int_{0}^{\pi} A\sin x \cdot \cos nx\,dx\right]$$

$$= \frac{A}{\pi}\int_{0}^{\pi}\frac{1}{2}[\sin(1+n)x + \sin(1-n)x]\,dx$$

$$= -\frac{A}{2\pi}\left[\frac{\cos(1+n)x}{1+n} + \frac{\cos(1-n)x}{1-n}\right]_0^{\pi}$$

$$= \frac{A}{\pi}\cdot\frac{1+(-1)^n}{1-n^2}, \qquad n \neq 1$$

$n=1$일때는 $a_1=0$이다. 마지막으로 b_n은 다음과 같다.

$$b_n = \frac{1}{Q}\int_{-Q}^{Q} f'(x)\sin\frac{n\pi}{Q}x\,dx$$

$$= \frac{1}{\pi}\left[\int_{-\pi}^{0} 0\,dx + \int_{0}^{\pi} A\sin x \cdot \sin nx\,dx\right]$$

$$= -\frac{A}{\pi}\int_{0}^{\pi}\frac{1}{2}[\cos(1+n)x - \cos(1-n)x]\,dx$$

$$= -\frac{A}{2\pi}\left[\frac{\sin(1+n)x}{1+n} - \frac{\sin(1-n)x}{1-n}\right]_0^{\pi}$$

$$= 0, \qquad n \neq 1$$

그러나 $n=1$ 일 때 b_1은

$$b_1 = \frac{A}{\pi}\int_{0}^{\pi}\sin x \cdot \sin x\,dx$$

$$= \frac{A}{\pi}\int_{0}^{\pi}\frac{1-\cos 2x}{2}\,dx$$

$$= \frac{A}{2\pi}\left[x - \frac{\sin 2x}{2}\right]_0^{\pi}$$

$$= \frac{A}{2}$$

따라서 $f(x)$의 Fourier 급수는 다음과 같다.

$$f(x) = \frac{a_0}{2} + \sum_{n=1}^{\infty} a_n\cos\frac{n\pi}{Q}x + \sum_{n=1}^{\infty} b_n\sin\frac{n\pi}{Q}x$$

$$= \frac{A}{\pi} + \sum_{n=2}^{\infty}\frac{A}{\pi}\cdot\frac{1+(-1)^n}{1-n^2}\cos nx + \frac{A}{2}\sin x$$

■■■

연 습 문 제

1. 다음의 $\phi_1(x)$ 와 $\phi_2(x)$ 가 구간 $[-1\ 1]$에서 직교하는 지를 판정하시오.

01 $\phi_1(x) = x^2,\ \phi_2(x) = x^3$

02 $\phi_1(x) = x^2,\ \phi_2(x) = x^2$

03 $\phi_1(x) = x,\ \phi_2(x) = e^x$

2. 집합 $\{x^0, x^1, x^2, \cdots$ 이 직교집합이 되는 지를 판정하시오.

3. 다음 함수들의 Fourier 급수를 구하시오.

01 $f(x) = -x, \quad 0 \le x \le 1$

02 $f(x) = \begin{cases} x, & 0 \le x \le \pi \\ 0, & \pi \le x \le 2\pi \end{cases}$

03 $f(x) = \begin{cases} 0, & -1 \le x \le 0 \\ -x+1, & 0 < x \le 1 \end{cases}$

04 $f(x) = \begin{cases} 0, & -2\pi \le x \le -\pi \\ \cos x, & -\pi \le x \le \pi \\ 0, & \pi \le x \le 2\pi \end{cases}$

4. 함수 $f(x) = e^x$, $[-\pi\pi]$의 복소 지수형 Fourier 급수를 구하시오.

연습문제정답

제1장

1. ① $y = \frac{1}{10}e^{10x} + C$

   ② $y = C(x+2)$

   ③ $x^3(x^3 + 2y^3) = C$

2. ① $y = C_1 e^{-3x} + C_2 e^{-4x}$

   ② $y = e^{-x}(C_1 \cos 2x + C_2 \sin 2x)$

   ③ $y = C_1 e^{-3x} + C_2 x e^{-3x}$

3. ① $y_p = -\frac{1}{85} sin5x - \frac{4}{85} cos5x$

   ② $y_p = \frac{2}{3}x^2 - \frac{13}{9}x + \frac{49}{27}$

   ③ $y_p = -\frac{275}{3034}e^{2x}\cos 5x + \frac{15}{3034}e^{2x}\sin 5x$

4. $y = C_1 e^{-3x} + C_2 e^{-4x} + \frac{7}{182}e^{10x}$

제2장

1. ① $\frac{2!}{x^3} - \frac{1}{s^2} - \frac{2}{s}$

   ② $\frac{1-e^{-s}}{s}$

   ③ $\frac{2!}{(s+3)^3} - \frac{10}{(s-2)^2 - 10^2}$

2. $y(\infty) = \frac{1}{15}$

3. ① $\frac{1}{5}-\frac{1}{5}e^{5t}$

② $1-t+\frac{1}{2}t^2-e^{-t}$

③ $e^{t-5}u(t-5)$

4. $y(x)=-\frac{13}{195}e^{2x}+\frac{1}{78}e^{5x}+\frac{7}{130}cosx+\frac{9}{130}sinx$

제3장

1. ① $\langle 3,\ 3,\ 3\rangle$
② 4
③ $-6i+3j+3k$
④ $\langle -5,\ -15,\ 5\rangle$
⑤ $\sqrt{5}$
⑥ $\frac{4}{\sqrt{14}}$

2. ① y^2+x^2+y
② 중심이 $(0,-\frac{1}{2})$이고, 반경이 $\frac{\sqrt{5}}{2}$인 원상의 모든 점

3. ① $<3t^2,\ \cos t,\ -\sin t>$
② $<6t,\ -\sin t,\ -\cos t>$
③ $<\frac{t^4}{4},\ -\cos t,\ \sin t>$
④ $e^t<3t^2+t^3,\ \cos t+\sin t,\ -\sin t+\cos t>$
⑤ $6t^5$
⑥ $\langle 0,\ 0,\ 1\rangle$

4. $x(t)=<\cos t,\ \sin t,\ 0>$ 또는 $<\sin t,\ \cos t,\ 0>$

제4장

1. ① $\begin{bmatrix} 3 & 3 \\ 1 & 3 \end{bmatrix}$

   ② $\begin{bmatrix} 3 & 9 \\ -1 & 3 \end{bmatrix}$

   ③ $\begin{bmatrix} 4 & 5 \\ 1 & 2 \end{bmatrix}$

   ④ $\begin{bmatrix} 2 & 5 \\ 1 & 4 \end{bmatrix}$

   ⑤ $\begin{bmatrix} 1 & 0 \\ 2 & 1 \end{bmatrix}$

   ⑥ $\begin{bmatrix} 3 & 0 \\ 6 & 3 \end{bmatrix}$

   ⑦ 3

   ⑧ $\begin{bmatrix} 1 & -2 \\ 0 & 1 \end{bmatrix}$

2. ① $\begin{bmatrix} e^t & -\sin t \\ 0 & 0 \end{bmatrix}$

   ② $\begin{bmatrix} e^t & \sin t \\ 0 & t \end{bmatrix}$

   ③ $\begin{bmatrix} e^t+1 & -\sin t+2t \\ 0 & e^t \end{bmatrix}$

3. $y = 1.05x - 0.13$

4. $x_1 = \frac{11}{43},\quad x_2 = \frac{5}{43},\quad x_3 = \frac{13}{43}$

제5장

1. $$\begin{bmatrix} x_1{}' \\ x_2{}' \\ x_3{}' \\ x_4{}' \end{bmatrix} = \begin{bmatrix} 0 & 1 & 0 & 0 \\ 0 & 0 & 1 & 0 \\ 0 & 0 & 0 & 1 \\ -5 & 4 & 7 & -10 \end{bmatrix} \begin{bmatrix} x_1 \\ x_2 \\ x_3 \\ x_4 \end{bmatrix} + \begin{bmatrix} 0 \\ 0 \\ 0 \\ 2t \end{bmatrix}$$

2. 1차 독립의 관계를 갖지 않는다.

3. $x_p = \begin{bmatrix} \frac{1}{12}e^{t} - \frac{1}{3}e^{2t} \\ -\frac{1}{4}e^{t} - \frac{1}{12}e^{2t} \end{bmatrix}$

4. $x(t) = \frac{1}{7}\begin{bmatrix} 3e^{5t} + 4e^{-2t} & 4e^{5t} - 4e^{-2t} \\ 3e^{5t} - 3e^{-2t} & 4e^{5t} + 3e^{-2t} \end{bmatrix}\begin{bmatrix} x_1(0) \\ x_2(0) \end{bmatrix}$

여기서 $x_1(0)$및 $x_2(0)$는 초기값을 의미한다.

제6장

1. ① 직교한다.
   ② 직교하지 않는다.
   ③ 직교한다.
2. 직교집합이 아니다.

3. ① $f(x) = \sum_{n=1}^{\infty} \frac{2(-1)^n}{n\pi} sin n\pi x$

   ② $f(x) = \frac{\pi}{4} + \sum_{n=1}^{\infty} \frac{(-1)^n - 1}{n\pi^2} cos nx + \sum_{n=1}^{\infty} \frac{(-1)^{n+1}}{n} sin nx$

   ③ $f(x) = \frac{1}{4}\sum_{n=1}^{\infty} \frac{1-(-1)^n}{(n\pi)^2} cos n\pi x + \sum_{n=1}^{\infty} \frac{1}{n\pi} sin n\pi x$

   ④ $f(x) = \sum_{n=1}^{\infty} a_n \cos \frac{n}{2} x$

   여기서 $a_n = \frac{1}{2}$, $n = 2$, $a_n = \frac{2n}{\pi(4-n^2)} sin \frac{n\pi}{2}$, $n \neq 2$

4. $f(x) = \sum_{n=-\infty}^{\infty} \frac{(-1)^n \sin n\pi}{\pi(1-\in)} e^{\in\pi}$

정가 18,000원

공업수학

2011년 2월 25일 초판 인쇄
2011년 3월 2일 초판 발행

저 자 : 이 해 영
발행자 : 우 명 찬·송 준
발행처 : 홍릉과학출판사
주 소 : ㊌ 142-885 서울시 강북구 인수동 455-60
등 록 : 1976년 10월 21일 제5-66호
전 화 : 999－2274~5, 996－8341, 903－7037
팩 스 : 905-6729
ISBN : 978-89-7283-930-9

hongpub@hongpub.co.kr
www.hongpub.co.kr

저자와의 협의하에 인지생략